高等职业教育大数据与人工智能专业群系列教材

大数据技术基础与实战

主　编　李丽萍　周永福　吴明宇

副主编　王兰丰　魏育华　李任鹤

主　审　王建华

中国水利水电出版社
www.waterpub.com.cn
·北京·

内 容 提 要

本书由基础篇和实战篇两部分组成。基础篇包括大数据概述、大数据技术、大数据处理平台、大数据采集与存储、新型数据库、大数据分析与处理、数据可视化。通过基础篇的学习，读者可对大数据技术有一个概括性的了解。实战篇以企业案例为主线，详细介绍大数据分析与处理的技术实现过程，包括大数据分析基础环境搭建、大数据平台搭建、大数据分析案例技术实战。

本书可作为高职院校电子信息类、计算机类及相关专业大数据基础课程教材，也可供大数据爱好者自学使用。

本书配有电子教案，读者可以从中国水利水电出版社网站（www.waterpub.com.cn）或万水书苑网站（www.wsbookshow.com）免费下载。

图书在版编目（CIP）数据

大数据技术基础与实战 / 李丽萍，周永福，吴明宇主编. -- 北京 : 中国水利水电出版社，2022.8

高等职业教育大数据与人工智能专业群系列教材

ISBN 978-7-5226-0866-2

Ⅰ. ①大… Ⅱ. ①李… ②周… ③吴… Ⅲ. ①数据处理－高等职业教育－教材 Ⅳ. ①TP274

中国版本图书馆CIP数据核字(2022)第134111号

策划编辑：石永峰　责任编辑：石永峰　加工编辑：白绍昀　封面设计：梁　燕

书　名	高等职业教育大数据与人工智能专业群系列教材 大数据技术基础与实战 DASHUJU JISHU JICHU YU SHIZHAN
作　者	主　编　李丽萍　周永福　吴明宇 副主编　王兰丰　魏育华　李任鹤 主　审　王建华
出版发行	中国水利水电出版社 （北京市海淀区玉渊潭南路1号D座　100038） 网址：www.waterpub.com.cn E-mail：mchannel@263.net（万水） sales@mwr.gov.cn 电话：（010）68545888（营销中心）、82562819（万水）
经　售	北京科水图书销售有限公司 电话：（010）68545874、63202643 全国各地新华书店和相关出版物销售网点
排　版	北京万水电子信息有限公司
印　刷	三河市鑫金马印装有限公司
规　格	184mm×260mm　16开本　15印张　365千字
版　次	2022年8月第1版　2022年8月第1次印刷
印　数	0001—3000册
定　价	45.00元

前　言

进入21世纪以来，云计算、大数据、人工智能等新兴信息技术飞速发展，快速融入人类社会的各个领域，对社会的发展起到了重要的促进作用。新时代的到来、新兴技术的兴起，对从事信息技术行业的技术人员和高职信息技术人才培养是一个新的挑战，各级各类学校都在大力倡导和推进新兴信息技术在教育教学中的普及和深入应用。从学习者角度，高职电子信息类、计算机类专业的学生和社会上从事信息技术相关工作的人员渴望了解和学习大数据知识和技术，因此需要一本既可以把大数据相关概念介绍清楚，又能教会大数据分析与处理全栈技术的书籍。基于此需求，我们编写了本书。

本书分为基础篇和实战篇。基础篇主要阐述大数据基本知识和基本技术：项目 1 阐述大数据概念、大数据来源、大数据价值、大数据影响和大数据安全；项目 2 主要介绍大数据基本技术；项目 3 介绍大数据平台架构、大数据平台采用的技术；项目 4 介绍大数据采集、预处理和存储技术；项目 5 介绍关系型数据库、新型数据库 NoSQL 和 NoSQL 产品；项目 6 介绍大数据分析方法和分析技术；项目 7 介绍大数据可视化技术。实战篇以企业案例为主线，介绍环境和平台搭建真实场景、大数据分析处理过程的技术实现：项目 8 介绍大数据分析与处理基本环境搭建，包括虚拟系统的搭建、Linux 主机配置；项目 9 介绍大数据平台搭建，包括 Hadoop 平台搭建、离线大数据分析平台搭建和实时大数据分析平台搭建；项目 10 介绍基于 Maven 项目的开发环境搭建、案例的离线基础数据分析与统计、案例的离线基础数据过滤与处理、实时数据分析与处理技术实现。实战篇内容兼顾企业岗位要求、职业技能竞赛和 1+X 证书知识范围，具有很强的实用价值。

本书由李丽萍、周永福、吴明宇任主编，王兰丰、魏育华、李任鹤任副主编，王建华任主审，杨一冬、孙梦琳、李景华、邢雅丹和李依桐参与编写。李丽萍负责全书统稿工作。本书编写人员均为高职计算机类专业大数据技术相关课程一线教师，多次参加企业 1+X 证书技术培训，指导学生参加职业技能竞赛并多次获奖，积累了丰富的大数据技术教学经验。

在本书编写过程中，编者参阅并引用了部分论文、专著和文献资料，在此对其作者表示感谢。本书实战篇大数据分析案例由广州泰迪智能科技股份有限公司提供，在此深表谢意。由于编者水平有限，书中难免存在疏漏和不足之处，恳请读者批评指正。

编者

2022 年 6 月

目　　录

基础篇

项目 1　大数据概述

项目导读

随着计算机技术的进步以及移动互联网、物联网、5G 移动通信网络技术的发展，信息技术已经明显呈现“人—机—物”三元融合的态势，新兴应用不断出现，各种数据信息汹涌而至，数据规模爆发式增长。大数据时代的到来，对我们的生活产生了巨大的影响。各类基于大数据的应用正日益对全球生产、流通、分配、消费活动以及经济运行机制、社会生活方式和国家治理能力产生重要影响。本项目介绍大数据基本概念、大数据来源、大数据价值、大数据影响、大数据应用案例以及大数据安全相关知识。

教学目标

- 爱国做到知行合一，兴国必须科技创新，报国重在责任担当。
- 掌握大数据概念。
- 掌握大数据来源。
- 掌握大数据价值，了解大数据的影响。
- 了解大数据应用与大数据安全知识。

任务 1　大数据概念

【任务描述】

大数据概念从 2008 年第一次被正式提出，距今已近 14 年。随着信息时代的快速发展，人们逐渐意识到大数据的重要价值，并且逐渐使用大数据技术改变社会的生产活动和日常生活。工业和信息化部《大数据产业发展规划（2016—2020 年）》中指出：数据是国家基础性战略资源，是 21 世纪的“钻石矿”。中国信息通信研究院《大数据白皮书（2021 年）》指出：历经多年发展，大数据从一个新兴的技术产业，正在成为融入经济社会发展各领域的要素、资源、动力和观念。

那什么是大数据？大数据有哪些特征？大数据时代的数据类型又有哪些？

【任务目标】

- 掌握大数据概念。
- 了解大数据发展历程。

- 了解大数据的特征。
- 掌握大数据的结构和类型。

【知识链接】

1. 大数据定义及发展历程

2008年9月，美国《自然》(*Nature*)杂志专刊——*The next Google*，第一次正式提出了“大数据”概念。大数据(Big Data)，指无法在一定时间范围内用常规软件工具进行捕捉、管理和处理的数据集合，需要新处理模式才能具有更强的决策力、洞察发现力和流程优化能力的海量、高增长率和多样化的信息资产。

大数据发展历程可以划分为以下几个阶段：

(1)萌芽阶段。在20世纪90年代，“大数据”一词开始出现。1998年，SGI(美国硅图公司)首席科学家约翰·马西(John R.Masey)在USENIX会议上提出了大数据的概念。当时，其发表了一篇名为《大数据和下一波基础设施》的论文，该论文使用大数据来描述数据爆炸现象。但是在那时，大数据仅意味着“大量数据或数据集”的字面含义，并没有涵盖现在大数据所包含的收集、存储、分析和挖掘、应用等相关技术方法和特征。

(2)突破阶段。21世纪的第一个十年是大数据的发展时期。在这十年里，大数据逐渐成为一个课题，被学术界的相关人员所研究。正因为这些研究，大数据的定义、内涵以及特征得到了更进一步的丰富和发展。2003—2006年，非结构化的数据大量出现，传统的数据库难以应对，因此也将其称为非结构化数据阶段。

(3)成熟阶段。从21世纪的第二个十年至今，属于大数据发展的成熟阶段。大数据在大多数人眼中已经不再是刻板的技术概念，它已转变成一种信息资源甚至是一种数据处理的思维方式。在一些国家，大数据被认为是具有重要战略意义的科学技术。社会中的学术组织甚至是商业企业都开始对大数据展开研究，并将更多学术领域的研究转化到实际应用领域中。在现代社会，商业、科技、医疗、政府、教育、经济、运输、物流以及居家生活都离不开大数据技术。

(4)应用阶段。从2009年开始，大数据基础技术成熟之后，学术界及企业界纷纷开始转向应用研究，2013年大数据技术开始在各个领域渗透，因此2013年也被称为大数据元年。

2. 大数据基本特征

通常，大数据具备以下基本特征(即4V特征，英文首字母都是V)：

(1)数据量大(Volume)。大数据采集、存储和计算的量都非常大。大数据的起始计量单位是PB(1000个TB)、EB(100万个TB)甚至ZB(10亿个TB)。

图灵奖获得者吉姆·格雷(Jim Gray)提出的“新摩尔定律”指出，每18个月全球新增数据量是计算机有史以来全部信息量的总和。

(2)数据类型繁多(Variety)。大数据与传统数据相比，数据来源广、维度多、类型杂。大数据中包括经济贸易的结构化数据、电子邮件的半结构化数据以及图像等非结构化数据，如网络日志、音频、视频、图片、地理位置信息等。多类型的数据对数据的处理能力提出了更高的要求，因此，大数据解决方案需要支持多种不同格式、不同类型的数据。

(3)价值密度低(Value)。大数据虽然有着巨大的潜在价值，但与其呈几何指数的爆发式增长相比，其价值密度相对较低，或者说是大浪淘沙却又弥足珍贵。如何将这些 PB、ZB 级的数据，结合其业务逻辑并通过强大的机器算法来挖掘数据价值，是大数据时代最需要解决的问题。

（4）速度快、时效高（Velocity）。大数据时代，数据产生的速度很快，在极短的时间内就能聚集起大量的数据集。例如，一分钟内能够生成下列数据：35 万条推文、300 小时的 YouTube 视频、1.71 亿份电子邮件，以及 330GB 飞机引擎的传感器数据。

大数据强调数据量在 PB 级以上，是静态数据；而快数据（Fast Data）在数据量的基础上，更强调速度和变化，客户可以更加实时化、更加快速地进行数据处理。互联网数据中心（IDC）在一份新白皮书中表示，到 2025 年全球近 30%数据将是实时的。

随着互联网的高速发展，现在的大数据不仅数量庞大，还强调数据是在线的（Online），数据随时能被调用和计算。比如，对于打车工具，客户的数据和出租车司机的数据都是实时在线的，这样的数据才有意义。如果是放在磁盘中且离线的，这些数据远远不如在线的数据商业价值大。

总之，大数据时代已经到来，数据已经快速渗透到当今每一个行业和业务职能领域。传统产业如何借助大数据持续创新发展，使企业成功转型，具有非凡的意义。

3. 大数据结构和类型

（1）大数据结构。大数据包括结构化数据、半结构化数据和非结构化数据，非结构化数据逐渐成为数据的主要部分。IDC 的调查报告显示：企业中 80%的数据都是非结构化数据，并且这些数据每年都按指数增长 60%。

1）结构化数据。结构化数据是指具有较强的结构模式，可以使用关系型数据库表示和存储，表现为二维形式的数据。

2）半结构化数据。半结构化数据是结构化数据的一种形式，它并不符合关系型数据库或其他数据表的形式关联起来的数据模型结构，但包含相关标记，用来分隔语义元素以及对记录和字段进行分层。

3）非结构化数据。非结构化数据是没有固定结构的数据。像各种文档、图片、音频、视频等都属于非结构化数据。对于这类数据，一般直接整体进行存储，而且一般存储为二进制的数据格式。

（2）大数据的类型。大数据的种类诸多，从社会宏观角度根据其使用主体可以分为以下 3 类：

1）政府大数据。各级政府、各个机构拥有海量的原始数据，如环保、气象、电力等生活数据；道路交通、自来水、住房等公共数据；安全、海关、旅游等管理数据；教育、医疗、信用及金融等服务数据。将单一部门里面的数据进行关联、综合分析和有效管理，将产生巨大的社会价值和经济效益，目前此类大数据已将成为智慧城市的核心资本。

2）企业大数据。企业有效决策离不开数据支持，只有积极地利用这些海量数据，才能使大数据助力企业快速发展。例如企业使用实时大数据动态处理大数据并提供分析结果；分析历史数据，通过机器学习，辅助企业管理者更好地作出决策。在企业，大数据应用最广泛的是营销分析、客户分析和内部运营管理领域。还有企业应用大数据提升了运营效率、降低了管理风险，创造了新的业务收入，增强了生产能力。

3）个人大数据。在信息化时代，个人的大部分行为已经转化为数据记录，这些数据记录经过各部门或者企业的整理而形成了个人的大数据。这些数据包括金融消费、互联网消费、家庭和身份信息、保险信息、手机号码定位信息、个人资产、车辆信息、互联网使用信息、个人信誉等。

随着大数据时代发展，个人信息保护面临着新的挑战和困难。目前，我国宪法、民法、刑法、网络安全法等都有针对个人信息保护的相关规定。随着数字经济时代的迅猛发展，个人信息保护已成为全球关注的焦点，我们还需要加强对个人信息的保护，借鉴一些发达国家立法中的有益经验，加快个人信息保护法的制定步伐，构建体系化的个人信息保护法律。

【任务实施】

1. 结构化数据

先打开一张 Excel 表格，在表格中输入如表 1-1 所示的内容。此表的数据以行为单位，一行数据表示一个实体的信息，每一行数据的属性是相同的，诸如此类型的数据称为结构化数据。

表 1-1 结构化数据

id	name	age	gender	height（cm）
1	lyh	10	female	165
2	liuyang	12	male	175
3	lili	11	female	168

2. 半结构化数据

常见的半结构化数据有可扩展标记语言 XML、轻量级的文本数据交换格式 JSON 等数据文件。请打开记事本编写如下信息，用 XML 语言片段来描述表 1-1 给出的三个实体。在练习过程中注意标签成对出现。

```
<persons>
    <student>
      <id>1</id>
      <name> lyh </name>
      <age>10</age>
      < gender> female </gender>
      <height>165</height>
    </student>
<student>
      <id>2</id>
      <name> liuyang </name>
      <age>12</age>
      < gender> male </gender>
      <height>175</height>
    </student>
<student>
      <id>3</id>
      <name> lili </name>
      <age>11</age>
```

```
        < gender> female </gender>
        <height>168</height>
    </student>
</persons>
```

【任务小结】

本任务介绍了大数据概念和发展历程，重点介绍了大数据特征和大数据类型，举例说明了结构化数据和半结构化数据。

【考核评价】

评价内容	评分项	考核点	自评	教师考评
学习态度	课堂表现、学习活动态度（40分）	积极主动、虚心求教（10分）；自主学习、细致严谨（10分）；团结协作，沟通合作（10分）；课后作业（10分）		
知识技能目标	大数据概念及大数据发展历史（20分）	能够熟练掌握大数据概念（10分）；说出大数据在现代生产生活中的作用、熟练掌握大数据几个发展阶段的特征（10分）		
	大数据特征及大数据类型（20分）	熟练掌握4V的基本内容（10分）；举例说明结构化、半结构化和非结构化数据（10分）		
	大数据的类型(20分）	能举例说出哪些属于政府大数据、企业大数据和个人大数据，各有什么作用（20分）		
总得分				

任务2　大数据来源

【任务描述】

近年来，伴随着云计算、大数据、物联网、人工智能等信息技术的快速发展和传统产业数字化的转型，数据量呈现爆发式增长，根据IDC统计和预测，到2025年，全球数据量将比2016年的16.1ZB增加10倍，达到163ZB。大数据的来源也非常广泛，如信息管理系统、网络信息系统、物联网系统、科学实验系统等，其数据类型呈现出多样性，信息获取的手段也呈现出多样性。

【任务目标】

了解大数据的来源以及大数据分析数据来源的类型和大数据的获取方式。

【知识链接】

1. 大数据的来源

在数据量巨大的今天，如何以更高的效率获取分析所需的数据，以及如何利用这些数据反映最真实的情况，是业界不断讨论的话题。典型的生成大量数据的数据源主要包括以下几个方面：

（1）信息管理系统。企业内部使用的信息系统包括办公自动化系统、业务管理系统等。信息管理系统主要通过用户输入和系统二次加工的方式产生数据，其产生的大数据多为结构化数据，通常存储在数据库中。

（2）网络信息系统。基于网络运行的信息系统是大数据产生的重要来源，如电子商务系统（在线交易，例如官方在线销售点和网银）、社交网络、社交媒体、搜索引擎等都是常见的网络信息系统。网络信息系统产生的大数据多为半结构化或非结构化的数据。

（3）物联网系统。物联网是新一代信息技术，其核心和基础仍然是互联网，是在互联网基础上延伸和扩展的网络，其用户端延伸和扩展到了任何物品与物品之间，以进行信息交换和通信，而其具体实现是通过传感技术获取外界的物理、化学、生物等数据信息，例如 GPS 传感器、RFID 标签、智能仪表或者信息技术。

（4）科学实验系统。主要用于科学技术研究，可以由真实的实验产生数据，也可以通过模拟方式获取仿真数据。例如大型强子对撞机和阿塔卡玛大型毫米及亚毫米波阵列望远镜。

2. 大数据分析数据来源的类型

大数据分析，顾名思义就是对规模巨大的数据进行分析，是在研究大量数据的过程中寻找模式、相关性和其他有用的信息，可以帮助企业更好地适应变化，并做出更明智的决策。

（1）机器数据。机器数据是指服务器、网络设备等硬件或虚拟硬件运行过程中产生的状态数据，往往有对应的协议或规范，例如 SNMP、IPMI、WMI 等。通过机器数据可以准确地掌握业务承载平台的基本运行状态，例如 CPU、内存、磁盘等资源的使用情况和网络流量情况，是运维监控领域常用的数据来源，各类开源或商业监控产品对此类数据的处理也大同小异。

做好机器数据的监控可以说是做好运维监控的一步，但仅仅有机器数据是不够的，因为机器数据存在与业务运行状态脱节的问题，机器运行平稳、资源充足并不能够代表业务运行正常，这就需要我们去丰富自己的监控数据来源。

（2）日志数据。日志数据是指应用程序、中间件和机器等在运行过程中由事件触发而产生的文本类数据，数据格式灵活多样。

通过日志数据可以深入地了解应用等运行过程中的详细情况，但其详细程度和覆盖面取决于产生日志的规则。有些应用产生的日志非常详细，包含了每一笔事务的处理过程；有些应用产生的日志非常简单，只会在应用报错时产生一些错误信息。

（3）网络通信数据。网络通信数据是指通过抓包获取到的设备间网络通信数据，例如两台服务器之间存在网络通信，通过抓包分析可以详细地了解两台服务器之间通信的端口、协议、数据量甚至内容。常用的方式是通过硬件设备将网络流量进行镜像处理，对镜像数据进行分析，以避免干扰业务数据的正常流转。

（4）探测数据。对于 IT 业务系统，探测采用的探测点可以在公网，也可以在业务系统内网，不同位置的探测点起到的作用是不同的。公网探测点主要关注业务系统的网络出口质量、运营商网络质量和 CDN 质量，而内网探测点主要关注的是业务或各个业务模块的可用性及性能状态。

（5）用户行为数据。用户行为数据是指通过在用户终端进行埋点获取的用户行为数据，例如在网页中通过 JS 埋点获取的页面访问情况和在 App 中通过 SDK 埋点获取的各交互页面和控件的使用情况。用户行为数据除了可以帮助运营者进行用户分析，还可以帮助运维从业者更加准确地了解业务系统的实际表现。

3. 大数据的获取方式

目前大数据行业的从业者通常有三种收集数据的手段。

（1）通过互联网来收集信息。这种方式是最基本的数据收集方式，虽然互联网数据本身存在真假难辨等问题，但是从大的方面来看，互联网数据对于行业发展的趋势预测具有重要的意义。所以不少大数据公司都比较注重互联网数据的收集和分析，一些行业分析报告也会依赖互联网信息的分析结果。比如大家可以利用网络爬虫爬取一些需要的数据，再将数据存储成为表格的形式。在浏览网页时，浏览器就相当于客户端，会去连接我们要访问的网站并获取数据，然后通过浏览器解析之后展示给我们看，而网络爬虫可以通过代码模拟人类在浏览器上访问网站并获取相应的数据，然后经过处理后保存成文件或存储到数据库中供我们使用。

（2）与行业企业合作收集信息。这种方式是目前获取高附加值信息的重要手段，也是比较有效的手段。比如行业企业想进行大数据改造，但是自身的技术能力又不允许，同时还想降低大数据改造的成本，此时通过自身的数据来与大数据企业进行合作是比较不错的选择。

目前行业内的数据合作范围还是比较广泛的，当然数据合作本身也存在一定的风险，通常数据在交换的过程中往往会经过一系列技术操作，最常见的操作就是脱敏操作。对于一些涉及个人隐私的数据，脱敏是必须进行的操作，但是脱敏操作并不会影响大数据分析的进行，所以脱敏并不意味着数据价值的降低。实际上，在脱敏的过程中，还可以对数据进行一定的整理操作（清洗、归并等），从而方便进行数据分析。

（3）链接开放数据。随着大数据的重要程度不断提升，国家和地方政府等公职机关不断努力强化开放数据。目前一些掌握在管理部门手中的数据也陆续开放了，这些数据对于大数据从业者来说也非常重要，而且这些数据的价值密度往往比较高，这也是促进大数据发展的一个重要手段。

【任务实施】

1. 大数据来源

你所了解的大数据来源都有哪些？请举例说明。

2. 开放数据

互联网上有一些开放数据来源，如政府机构、非营利组织和企业会免费提供一些数据，可以根据需求免费下载。

【任务小结】

本任务介绍了大数据的来源以及大数据分析的数据来源的类型，重点介绍了大数据的获取方式。

【考核评价】

评价内容	评分项	考核点	自评	教师考评
学习态度	课堂表现、学习活动态度（40 分）	积极主动、虚心求教（10 分）；自主学习、细致严谨（10 分）；团结协作、沟通合作（10 分）；课后作业（10 分）		
知识技能目标	大数据的来源（20 分）	能够熟练掌握大数据的来源（10 分）；说出目前大数据产生的几种途径（10 分）		
	大数据分析数据来源的类型（20 分）	熟练掌握大数据分析数据来源的类型（20 分）		
	大数据的获取方式（20 分）	能举例说出目前收集信息、获取数据的主要手段（20 分）		
总得分				

任务 3　大数据价值及大数据影响

【任务描述】

通过各种方式获取数据后，如何从大量的数据中发现数据蕴含的价值是一个挑战。比如每天所用的社交网络，里面详细地记录着我们的个人信息，让我们越来越多地从数据中观察到人类社会的复杂行为模式，为大数据提供了信息汇集、分析的第一手资料。从庞大复杂的数据背后挖掘、分析用户的行为习惯和喜好，匹配出更符合用户“口味”的产品和服务，并结合用户需求有针对性地调整和优化产品，以达到数据利用价值尽可能的最大化，这些都是大数据的功劳。

那什么是数据呢？大数据的价值体现在哪些方面？今天大数据给我们的时代都带来了哪些影响呢？

【任务目标】

- 掌握数据概念。
- 了解大数据的价值。
- 理解大数据时代。

数据的概念
和大数据的价值

【知识链接】

1. 数据的概念

（1）数据。数据是描述客观事物的符号，是计算机中可以操作的对象，能被计算机识别并输入计算机处理的符号集合，是具有一定意义的数字、字母、符号和模拟量的统称。

（2）数据元素。数据元素是组成数据的、有一定意义的基本单位，在计算机中通常作为整体处理。也被称为记录。

（3）数据项。数据项是组成数据元素的单位，是数据不可分割的最小单位。

（4）计算机中存储数据的最小单位。位（bit，比特），存放一位二进制数，即 0 或 1，是最小的存储单位。存储容量的基本单位有 bit、B、KB、MB、GB、TB、PB、EB、ZB、YB、BB、NB、DB。存储单位是一种计量单位，各存储单位之间的换算关系如表 1-2 所示。

表 1-2　数据存储单位之间的换算关系

单位	定义	字节数（二进制）	换算关系
Byte （字节，B）	8bit	2^3	1 Byte=8bit
Kilobyte（千字节，KB）	1024 Byte	2^{10}	1KB=1024 Byte
Megabyte（兆字节，MB）	1024 Kilobyte	2^{20}	1MB=1024 KB
Gigabyte（吉字节，GB）	1024 Megabyte	2^{30}	1GB=1024 MB
Terabyte（太字节，TB）	1024 Gigabyte	2^{40}	1TB=1024 GB
Petabyte（拍字节，PB）	1024 Terabyte	2^{50}	1PB=1024 TB
Exabyte（艾字节，EB）	1024 Petabyte	2^{60}	1EB=1024 PB
Zettabyte（泽字节，ZB）	1024 Exabyte	2^{70}	1ZB=1024 EB
Yottabyte（尧字节，YB）	1024 Zettabyte	2^{80}	1YB=1024 ZB

2. 大数据的价值

在大数据时代“万物皆数据”，大数据的价值在各个领域和行业都有体现。人类生活在一个海量、动态、多样的数据世界中，数据无处不在、无时不有、无人不用。在经济及其它领域中，将大量数据进行分析后就可得出许多数据的关联性，可用于预测商业趋势、营销研究、金融财务、疾病研究、打击犯罪等。“用数据说话”，决策行为将基于数据和分析的结果，而不是依靠经验和直觉。

因此，针对不同领域的大数据应用模式、商业模式研究将是大数据产业健康发展的关键。主要包括以下 3 个方面：

（1）数据辅助决策。数据辅助决策为企业提供基础的数据统计报表分析服务。分析师能够通过数据产出分析报告指导产品和运营，产品经理能够通过统计数据完善产品功能和改善用户体验，运营人员可以通过数据发现运营问题并确定运营的策略和方向，管理层可以通过数据掌握公司业务运营状况，从而进行战略决策。

（2）数据驱动业务。数据驱动业务通过数据产品、数据挖掘模型实现企业产品和运营的智能化，从而极大地提高企业的整体效能产出。最常见的应用领域有基于个性化推荐技术的精准营销服务、广告服务，基于模型算法的风控反欺诈服务、征信服务等。

（3）数据对外变现。数据对外变现通过对数据进行精心的包装，对外提供数据服务，从而获得现金收入。市面上比较常见的有各大数据公司利用自己掌握的大数据提供风控查询、验证、反欺诈服务；提供导客、导流、精准营销服务；提供数据开放平台服务等。

数据的有效利用将逐渐成为很多行业企业实现其价值的最佳途径，大数据也将成为国家战略的重要部分。

3. 大数据的影响

大数据对科学研究、思维方式、社会发展和人才培养都具有重要而深远的影响。

（1）大数据对科学研究的影响。图灵奖获得者、著名数据库专家吉姆·格雷（Jim Gray）观察并总结认为，人类自古以来在科学研究上先后历经了实验、理论、计算和数据 4 种范式，具体如下：

1）第一种范式：实验科学。在最初的科学研究阶段，人类通过实验来解决一些科学问题，著名的比萨斜塔实验就是一个典型实例。1590 年，伽利略在比萨斜塔上做了“两个铁球同时落地”的实验，得出了质量不同的两个铁球同时落地的结论，从此推翻了亚里士多德“物体下落速度和质量成比例”的学说，纠正了这个持续了 1900 年之久的错误结论。

2）第二种范式：理论科学。随着科学的进步，人类开始采用各种数学、几何、物理等理论构建问题模型和解决方案。

比如牛顿第一定律、牛顿第二定律、牛顿第三定律构成了牛顿力学的完整体系，奠定了经典力学的概念基础，它的广泛传播和运用对人们的生活和思想产生了重大影响，在很大程度上推动了人类社会的发展与进步。

3）第三种范式：计算科学。随着 1946 年人类历史上第一台计算机 ENIAC 的诞生，人类社会开始步入计算机时代，科学研究也进入了一个以“计算”为中心的全新时期。通过设计算法并编写相应程序输入计算机运行，人类可以借助计算机的高速运算能力去解决各种问题。计算机具有存储容量大、运算速度快、精度高、可重复执行等特点，是科学研究的利器，推动了人类社会的飞速发展。

4）第四种范式：数据科学。随着数据的不断累积，其宝贵价值日益得到体现，物联网和云计算的出现更是促成了事物从量变到质变的转变，使人类社会开启了全新的大数据时代。在大数据环境下，一切将以数据为中心，从数据中发现问题、解决问题，真正体现数据的价值。大数据将成为科学工作者的宝藏，从数据中可以挖掘未知模式和有价值的信息，服务于生产和生活，推动科技创新和社会进步。

（2）大数据对思维方式的影响。在思维方式方面，大数据具有全样而非抽样、效率而非精确、相关而非因果三大显著特征。在大数据时代，因果关系不再那么重要，人们转而追求相关性而非因果性，例如啤酒和尿布。维克托·迈尔·舍恩伯格在《大数据时代：生活、工作与思维的大变革》一书中明确指出，大数据时代最大的转变就是思维方式的三种转变：全样而非抽样、效率而非精确、相关而非因果。

1）全样而非抽样。过去，由于数据存储和处理能力的限制，在科学分析中，通常采用抽样的方法，即从全集数据中抽取一部分样本数据，通过对样本数据的分析，来推断全集数据的总体特征。通常，样本数据规模要比全集数据小很多，因此，可以在可控的代价内达到数据分析的目的。现在，我们已经迎来大数据时代，大数据技术的核心就是海量数据的存储和处理，分布式文件系统和分布式数据库技术提供了理论上近乎无限的数据存储能力，分布式并行编程框架 MapReduce 提供了强大的海量数据并行处理能力。因此，有了大数据技术的支持，科学分析完全可以直接针对全集数据而不是抽样数据，并且可以在短时间内迅速得到分析结果，速度之快，超乎我们的想象。

2）效率而非精确。过去，我们在科学分析中采用抽样分析方法，就必须追求分析方法的精确性。因为抽样分析只是针对部分样本的分析，其分析结果被应用到全集数据以后，误差会被放大。这就意味着抽样分析的微小误差被放大到全集数据后，可能会变成一个很大的误差。

因此，为了保证误差被放大到全集数据时仍然处于可以接受的范围，就要确保抽样分析结果的精确性。正是由于这个原因，传统的数据分析方法往往更加注重提高算法的精确性，其次才是提高算法效率。现在，大数据时代采用全样分析而不是抽样分析，全样分析结果不存在误差被放大的问题，因此，追求高精确性已经不是其首要目标；相反，大数据时代具有“秒级响应”的特征，要求在几秒内就迅速给出针对海量数据的实时分析结果，否则就会丧失数据的价值，因此，数据分析的效率成为关注的核心。

3）相关而非因果。过去，数据分析的目的一方面是解释事物背后的发展机理，比如，一个大型超市在某个地区的连锁店在某个时期内净利润下降很多，这就需要 IT 部门对相关销售数据进行详细分析，找出发生问题的原因；另一方面是用于预测未来可能发生的事件，比如，通过实时分析微博数据，当发现人们对雾霾的讨论明显增加时，就可以建议销售部门增加口罩的进货量，因为，人们关注雾霾的一个直接结果是，大家会想到购买口罩来保护自己。不管是哪个目的，其实都反映了一种因果关系。但是，在大数据时代，因果关系不再那么重要，人们转而追求相关性。比如，去淘宝网购物时，当我们购买了一个汽车防盗锁以后，淘宝网还会自动提示你，与你购买相同物品的其他客户还购买了汽车坐垫，也就是说，淘宝网只会告诉你“购买汽车防盗锁”和“购买汽车坐垫”之间存在相关性，但是，并不会告诉你为什么其他客户购买了汽车防盗锁以后还会购买汽车坐垫。

（3）大数据对社会发展的影响。大数据将会对社会发展产生深远的影响，具体表现在以下几个方面：

1）大数据决策成为一种新的决策方式。根据数据制定决策，并非大数据时代所特有。从 20 世纪 90 年代开始，数据仓库和商务智能工具就开始大量被用于企业决策。发展到今天，数据仓库已经是一个集成的信息存储仓库，能结合历史数据和实时数据实现查询分析和自动规则触发，从而提供对宏观决策、长远规划、实时营销和个性化服务等的支持。但是，数据仓库以关系数据库为基础，无论是数据类型还是数据量方面都存在较大的限制。现在，大数据决策可以面向类型繁多、非结构化的海量数据进行决策分析，已经成为受到追捧的全新决策方式。

2）大数据应用促进信息技术与各行业的深度融合。有专家指出，大数据将会在未来 10 年改变几乎每一个行业的业务功能。在互联网、银行、保险、交通、材料、能源、服务等行业领域，不断累积的大数据将加速推进这些行业与信息技术的深度融合，开拓行业发展的新方向。比如，大数据可以帮助快递公司选择运费成本最低的最佳行车路径，协助投资者选择收益最大化的股票投资组合，辅助零售商有效定位目标客户群体，帮助互联网公司实现广告精准投放，还可以让电力公司做好配送电计划确保电网安全等。总之，大数据所触及的每个角落，我们的社会生产和生活都会因之而发生巨大而深刻的变化。

3）大数据开发推动新技术和新应用的不断涌现。大数据的应用需求是大数据新技术开发的源泉。在各种应用需求的强烈驱动下，各种突破性的大数据技术将被不断提出并得到广泛应用，数据的能量也将不断得到释放。在不远的将来，原来那些依靠人类自身判断力的领域应用将逐渐被各种基于大数据的应用所取代。比如，今天的汽车保险公司，只能凭借少量的车主信息对客户进行简单类别划分，并根据客户的汽车出险次数给予相应的保费优惠方案，客户选择哪家保险公司都没有太大差别。随着车联网的出现，“汽车大数据”将会深刻改变汽车保险业的商业模式，如果某家商业保险公司能够获取客户车辆的相关细节信息，并利用事先构建的数学模型对客户等级进行更加细致的判定，给予更加个性化的“一对一”优惠方案，那么毫无疑问，这家保险公司将具备明显的市场竞争优势，获得更多客户的青睐。

（4）大数据对人才培养的影响。大数据的兴起使得数据科学家成为热门人才。据领英（LinkedIn）公司在2018年8月发布的《美国劳动力市场分析报告》中提到：“对数据科学家的需求空前高涨，具有数据科学技能的人才短缺问题几乎存在于美国的所有大城市。在全美国范围内，共缺少15万名具有数据科学技能的人。”在2021年的中国大数据产业峰会上，清华大学计算机系教授武永卫透露：未来3～5年，我国需要180万数据人才，但目前只有约30万人。因此，未来我国市场对掌握大数据分析专业技能的数据科学家的需求会逐年递增。

【任务实施】

推荐系统是大数据价值体现的一个方面，不管是购物、网上交友还是听歌、看电影，推荐系统早已经渗透到互联网的很多地方。推荐系统的常见应用场景包括电子商务、个性化广告、音乐、电影、求职等。电商领域的推荐系统有很广泛的应用场景，它可以帮助很多用户在淘宝、天猫上完成消费。相关的推荐功能非常多，以“淘宝”为例，其主要推荐功能有相关商品、店铺推荐、买了还买、看了还看、猜你喜欢等。在音乐领域，推荐系统也扮演着重要的角色。以“网易云音乐”为例，其主要推荐场景有每日推荐、歌单推荐、电台推荐等。“私人FM”和“每日歌曲推荐”是综合了用户听歌记录、收藏的歌曲、歌单、歌手、收看的MV以及本地歌曲等多种因素，再经过多重计算之后给出的相关推荐结果。网易云音乐还设置了“每日推荐”条目，以便收集用户的每日行为数据，不断地完善和丰富用户画像。“歌单推荐”和“电台推荐”的功能也是一致的，主要收集用户的偏好和行为数据。同时，网易云音乐的推荐应用中设置了用户自己打标签的功能，即当系统推荐不准确时，用户可以自行标记。

【任务小结】

本任务介绍了数据的概念，重点介绍了大数据的价值、大数据给带来的影响，并通过案例说明了大数据的商业价值。

【考核评价】

评价内容	评分项	考核点	自评	教师考评
学习态度	课堂表现、学习活动态度（40分）	积极主动、虚心求教（10分）；自主学习、细致严谨（10分）；团结协作、沟通合作（10分）；课后作业（10分）		
知识技能目标	数据概念（20分）	能够熟练掌握数据的概念，理解数据元素和数据项（10分）；灵活运用存储容量的单位表达数据量的大小（10分）		
	大数据的价值（20分）	熟练掌握大数据的价值（10分）；熟悉大数据价值的应用实例（10分）		
	大数据时代（20分）	根据书中所介绍的大数据时代，举例说明大数据改变生活实例（20分）		
总得分				

任务4　大数据应用与大数据安全

【任务描述】

大数据技术应用广泛，几乎涉及各个领域，大数据的成功应用将产生重大价值。本节主要对健康医疗大数据、金融大数据、交通大数据、能源大数据、通信大数据及零售大数据的应用进行介绍，使读者更好地了解大数据技术的实际应用。大数据所产生的价值正在逐步显现，银行、保险公司、医院、零售商等都越发动力十足地开始搜集整理自己用户的各类数据资料，希望能从中挖掘出对企业有用的价值。与此同时大数据安全隐私成为重要问题，如何对这些大量又复杂的数据进行有效管理和合理分析成为各大企业亟待解决的问题。

大数据技术被应用在哪些场合？又有哪些特征？

【任务目标】

- 了解大数据技术的典型应用。
- 了解大数据安全的定义。
- 了解大数据安全政策法规和个人信息安全与隐私保护。

【知识链接】

1. *大数据应用的典型案例*

在这个大数据的时代里，人人都希望能够借助大数据的力量实现目标，例如电商希望能够借助大数据进一步获悉用户的消费需求，实现更为精准的营销；网络安全从业者希望通过大数据更早洞悉恶意攻击者的意图，实现主动、超前的安全防护；而黑客们也在利用大数据，更加详尽地挖掘出被攻击目标信息，降低攻击发起的难度。大数据技术的变革已经让不少行业体验到了更为智能、更为便捷的智慧生活。下面介绍大数据技术在不同领域的各种成功应用案例。

（1）大数据在新冠肺炎疫情控制中的应用。在这场突如其来的新冠肺炎疫情中，大数据技术得到了充分的应用，如建立人口流动数据系统、开发健康码和通行行程码、追踪疫情进展、进行流调等。

1）疫情预警，提前预判。日前北京市海淀区上线了“城市大脑疫情预警系统”，该系统通过对互联网搜索信息、社区和医院等重点区域视频监控信息、市民热线的百姓诉求信息等进行大数据分析，从而找出关键事件并进行定位，及时发出预警信号。

2）人员追踪、精准控制。此次疫情发生以来，专家一再呼吁，减少人员流动是控制疫情进一步扩散的有效办法。大数据参与疫情防控的意义在于它能够迅速有效锁定和追踪潜在传染源，具有时效和成本两个方面的优势。

3）大数据对企业复工复产的服务表现在多个方面。首先是返岗返工人员的排查和健康监测。其次是分类审批，对于那些生产医疗防护用品的企业，鼓励其迅速复工并扩大产能，对于其他陆续申请复工的工业企业实现线上审批备案。例如广东佛山开发的“疫情数据报送平台”就可以动态掌握企业生产数据和员工数据，实现“一企一策、一人一档”，所有流程线上完成，减轻了企业负担，提高了开工效率。再次是远程服务，例如江西联通提供的“远程设备管控”服务，可以实现设备网络化与智能化管控，让企业管理及操作人员在“远端”即可随时监控数据、跟踪设备、预测故障，并进行设备控制、管理能源，大大降低了人员接触和聚集的可能。此外还有大数据平台提供精准基础资源保障，服务企业复工复产，例如湖南能源大数据中心为全省复工复产后的电、燃气等能源供应和运行情况进行实时监测和有效调度。

（2）大数据在医疗行业的应用。Seton Healthcare 是采用 IBM 最新沃森技术医疗保健内容分析预测的首个客户。该技术允许企业找到大量病人相关的临床医疗信息，通过大数据处理，更好地分析病人的信息。在加拿大多伦多的一家医院，针对早产婴儿，每秒钟有超过 3000 次的数据读取。通过对这些数据进行分析，医院能够提前知道哪些早产儿出现问题并且有针对性地采取措施，避免早产婴儿夭折。

大数据让更多的创业者更方便地开发产品，比如通过社交网络来收集数据的健康类 App。也许未来数年后，它们搜集的数据能让医生给病人的诊断变得更为精确，比如不再按照固定剂量和时段服药，而是检测到病人血液中的药剂已经代谢完成后自动提醒病人再次服药。

（3）大数据在金融行业的应用。大数据在金融行业的应用范围较广，典型的案例有花旗银行利用 IBM 沃森电脑为财富管理客户推荐产品，并预测未来计算机推荐理财的市场将超过银行专业理财师推荐理财的市场；摩根大通银行利用决策树技术降低了不良贷款率，转化了提前还款客户，一年增加了 6 亿美元的利润。

通过掌握的企业交易数据，借助大数据技术自动分析，判定是否给予企业贷款，可以做到全程不出现人工干预。资本市场公司每天的工作之一，就是利用计算机程序分析全球微博用户的留言，进而判断民众情绪，再进行打分。根据打分结果，决定如何处理手中数以千万元计的股票。判断原则很简单，如果所有人似乎都高兴，那就买入；如果大家的焦虑情绪上升，那就抛售。像 VISA 这样的信用卡发行商，站在了信息价值链的最佳位置上。VISA 的数据部门收集和分析了来自 210 个国家的 15 亿信用卡用户的 650 亿条交易记录，用来预测商业发展和客户的消费趋势，然后将分析结果卖给其他公司。

（4）大数据在交通行业的应用。大数据在交通行业有以下几种应用：

1）解决行政区域限制问题。行政区域的划分是为了有效治理各个区域的一种措施，这种措施导致地方政府为达到各自管辖区域利益的最大化，使交通数据处于碎片化、割裂化状态。而交通大数据的虚拟性，有利于其信息跨越区域管理。基于用户和车辆的 LBS 定位数据可以分析人车出行的个体和群体特征，进行交通行为的预测。

2）合理配置交通资源。传统的交通管理主要依靠人工进行规划和管理，难以实现交通动态化管理。通过对交通大数据分析，可以辅助交通管理人员制订出合理的解决方案。一方面可以减少交通部门运营的人力、物力成本，另一方面可以提升交通数据信息的合理利用。百度基于地图应用的 LBS 使预测涵盖范围更广。春运期间预测人们的迁徙趋势指导火车线路和航线的设置，节假日预测景点的人流量指导人们的景区选择，平时还有百度地图来告诉用户城市商圈、动物园等地点的人流情况，指导用户出行选择和商家的选点选址。

3）提升交通预测能力。首席科技官德米特里·多尔戈夫（Dmitri Dolgov）的团队利用机器学习算法来创造路上行人的模型。无人驾驶汽车行驶的每一英里路程的情况都会被记录下来，汽车电脑就会保存这些数据，并分析各种不同的对象在不同的环境中如何表现。有些司机的行为可能会被设置为固定变量（如“绿灯亮，汽车行”），但是汽车电脑不会死搬硬套这种逻辑，而是从实际的司机行为中进行学习。

（5）大数据在能源行业的应用。在欧洲智能电网已经做到了终端，也就是所谓的智能电表。在德国，为了鼓励利用太阳能，会在家庭安装太阳能，除了卖电给你，当你的太阳能有多余电的时候还可以买回来。

通过电网每隔五分钟或十分钟收集一次数据，收集来的这些数据可以用来预测客户的用电习惯等，从而推断出在未来2～3个月时间里，整个电网大概需要多少电。有了这个预测后，就可以向发电或者供电企业购买一定数量的电。因为电类似于期货，如果提前买就会比较便宜，买现货就比较贵。通过这个预测可以降低采购成本。

（6）大数据在通信行业的应用。XO通信（XO Communications，简称XO）通过使用IBM SPSS预测分析软件，减少了将近一半的客户流失率。XO现在可以预测客户的行为，发现行为趋势，并找出存在缺陷的环节，从而帮助公司及时采取措施，保留客户。此外，IBM新推出的Netezza网络分析加速器，通过提供单个端到端网络、服务、客户分析视图的可扩展平台，帮助通信企业制定更科学、合理的决策。

电信业者通过数以千万计的客户资料，能分析出多种使用者的行为和趋势，卖给需要的企业，这就是全新的资料经济。

中国移动通过大数据分析，对企业运营的全业务进行针对性的监控、预警、跟踪。系统在第一时间自动捕捉市场变化，再以最快捷的方式推送给指定负责人，使他在最短时间内获知市场行情。

（7）大数据在零售业的应用。大数据应用的必要条件在于IT与经营的融合，范围可以小至一个零售门店的经营，大至一个城市的经营。例如一家销售化妆品的连锁店收集社交信息，更深入地理解化妆品的营销模式，随后认识到必须保留两类有价值的客户：高消费者和高影响者。希望客户通过接受免费化妆服务，进行口碑宣传，这是交易数据与交互数据的完美结合，为业务挑战提供了解决方案。零售商用社交平台上的数据充实了客户主数据，使其业务服务更具有目标性。

2. 大数据安全概述

数据是网络的“血液”，是企业得以发展的核心。云计算和物联网技术的快速发展，引发了数据规模的爆炸式增长和数据模式的高度复杂化，如何对这些大量又复杂的数据进行有效管理和合理分析成为各大企业亟待解决的问题，同时该问题也受到了各国政府的高度重视。

在这个大数据时代，社会各个领域的发展都离不开大数据分析等技术，这些技术在一定程度上改变了社会的生产模式。大数据时代面临的最为关键的问题就是信息的安全，因为大数据已经渗透到社会的各个领域中，必须探索信息安全的保障措施。

（1）数据安全概念。一般来说数据安全包括数据内容本身的安全和数据防护的安全、数据的存储安全3个方面的内容。

1）数据内容本身的安全。数据内容本身的安全是指采用密码算法对数据进行主动保护，如数据保密、数据完整性、双向强制身份认证等。

2）数据防护的安全。数据防护的安全主要是采用现代信息存储手段对数据进行主动防护，如通过磁盘阵列数据备份、异地容灾等手段保证数据的安全。数据安全是一种主动的措施，数据本身的安全必须基于可靠的加密算法与安全体系，主要有对称算法与公开密钥密码体系两种。

3）数据的存储安全。数据的存储安全是指数据库在系统运行之外的可读性，对于一个标准的Access数据库，很容易打开阅读或修改。一旦数据库被盗，即使没有原来的系统程序，也可以另外编写程序对盗取的数据库进行查看或修改。从这个角度说，不加密的数据库是不安全的，容易造成商业泄密。这就需要考虑计算机网络通信的保密、安全及软件保护等问题。

（2）数据安全的基本特点。数据安全具有保密性、完整性和可用性3个基本特点。

1）保密性。保密性又称为机密性，是指个人或团体的信息不被其他不应获得者获得。在计算机中，许多软件包括邮件软件、网络浏览器等都有保密性相关的设定，用以维护用户信息的保密性，另外间谍或黑客也有可能造成保密性的问题。

2）完整性。完整性是指在传输、存储数据的过程中，确保数据不被未授权者篡改，或在篡改后能够被迅速发现。在信息安全领域中，完整性与保密性的边界常常混淆。以普通RSA对数值信息加密为例，黑客或恶意用户在没有获得密钥破解密文的情况下，可以通过对密文进行线性运算来改变数值信息的值。例如交易金额为A，对密文乘3，可以使交易金额成为3A。为了解决上述问题，通常可以使用数字签名或散列函数对密文进行保护。

3）可用性。可用性是以使用者为中心的设计概念，可用性设计在于使产品的设计能够符合使用者的习惯与需求，达到易用的目标。例如在网站设计中，主要考虑的问题之一是让使用者在浏览的过程中不产生压力或感到挫折，并能使使用者在使用网站功能时，能用最少的操作，发挥最大的效能。既然可用性是数据安全的三个特点之一，那么有违数据的可用性就是违反数据安全的规定。

（3）威胁数据安全的主要因素。主要有以下3个：

1）人为因素。网络管理员安全配置不当造成的安全漏洞、用户安全意识不强、口令选择不慎、用户将自己的账号随意转借他人或与他人共享等行为都将给网络信息安全带来威胁。别有用心的人将利用这些无意的失误，从他人那里获取信息。

2）病毒。目前数据安全的头号大敌是计算机病毒，它是编制者在计算机程序中插入的用来破坏计算机功能或数据的程序，会影响计算机软件、硬件的正常运行，甚至导致系统崩溃等重大恶果，特别是一些针对盗取各类数据信息的木马病毒等。计算机病毒具有复制能力强、感染性强、隐蔽性强、触发性强、破坏性强等特点。特别是网络环境下，其传播速度更快。因此，提高对病毒的防范刻不容缓。

3）黑客。计算机入侵、账号泄露、资料丢失、网页被黑等也是企业信息安全管理中经常遇到的问题，其特点是具有明确的目标。当黑客要攻击一个目标时，通常是先收集被攻击方的有关信息，分析被攻击方可能存在的漏洞，然后建立模拟环境，进行模拟攻击，测试对方可能的反应，再利用适当的工具进行扫描，最后通过已知的漏洞实施攻击。然后就可以读取邮件，搜索和盗窃文件，毁坏重要数据，破坏整个系统的信息，造成不堪设想的后果。入侵者通过网络远程入侵系统，主要的侵入形式有系统漏洞、管理不力等。

不管是何种方式威胁数据安全，都会对数据造成极大的危害，并造成机密数据的泄露。

【任务实施】

1. 大数据安全制度与防护技术

数字化改革推动我国生产模式的变革，随着经济数字化、政府数字化、企业数字化的建设，数据已经成为我国政府和企业的核心资产。合资企业、跨境贸易、多商全球合作的模式变迁，数据开始在企业与企业之间、政府与企业之间以及国与国之间流转、融合。与此同时，数据安全问题成为行业发展过程中的一大痛点。2020 年全球数据泄露的平均损失成本高达 1145 万美元，数据泄漏事件影响大、损失重。

党中央、国务院高度重视大数据在推进经济社会发展中的地位和作用。2014 年，大数据首次写入政府工作报告，大数据逐渐成为各级政府关注的热点。2015 年 9 月，国务院印发《促进大数据发展行动纲要》。同年 10 月，中国共产党第十八届中央委员会第五次全体会议公报提出实施“国家大数据战略”，这是大数据第一次写入党的全会决议，标志着大数据战略上升为国家层面的战略。2016 年 11 月，全国人民代表大会常务委员会颁布《中华人民共和国网络安全法》，这是我国第一部全面规范网络空间安全管理方向问题的基础性法律，是我国网络空间法制建设的重要里程碑，以制度建设掌握网络空间治理和规则制定方面的主动权，是维护国家网络空间安全发展的利器。其对网络数据的完整性、保密性和可用性、网络数据安全，防止网络数据泄露或者被窃取、篡改以及网络数据的境内外流动做出了相关规定，在基本法层面巩固了大数据的安全发展。2016 年 12 月国家互联网信息办公室发布《国家网络空间安全战略》，要求建立大数据安全管理制度，并建立完善国家网络安全技术支撑体系。

在 2021 年 3 月发布的《中华人民共和国国民经济和社会发展第十四个五年规划和 2035 年远景目标纲要》中，对大数据的发展作出了重要部署。规划中强调要“营造良好数字生态”以及“建立健全数据要素市场规则”。规划从“统筹数据开发利用、隐私保护和公共安全”“建立健全数据产权交易和行业自律机制”“加强涉及国家利益、商业秘密、个人隐私的数据保护”“完善适用于大数据环境下的数据分类分级保护制度”“加强数据安全评估”五个层面出发，涉及数据资源产权、交易流通、跨境传输和安全保护的方方面面，提到了立法、制度、标准、自律、分类分级、评估等具体措施。这些都是当前数据治理与资产管理领域极其重要的命题。2021 年 6 月，我国正式发布《中华人民共和国数据安全法》，于 2021 年 9 月 1 日起正式施行。法案内容共 7 章 51 条，提出国家将对数据实行分级分类保护、开展数据活动必须履行数据安全保护义务承担社会责任等。2021 年 7 月《网络安全产业高质量发展三年行动计划（2021—2023 年）》针对数据防泄露、防篡改、防窃取等传统数据安全保障需求，进一步优化数据安全管理、分类分级安全防护等产品功能和性能，提升数据安全智能防护和管理水平。

2. 个人信息安全与保护

大数据时代，个人信息的泄露与滥用层出不穷，隐私侵犯也屡见不鲜，因此保护个人信息安全与网络隐私成为大家关注的焦点，制定个人信息保护的相关法律刻不容缓。在保护个人数据与隐私方面，不同国家纷纷制定适合本国国情的法律制度，不断完善个人数据与隐私保护立法机制。

（1）相关政策文件。2012 年 12 月 28 日第十一届全国人民代表大会常务委员会第三十次会议通过《关于加强网络信息保护的决定》，明确提出保护能够识别个人身份和涉及隐私的电子信息。

2014 年 3 月 15 日实施的《中华人民共和国消费者权益保护法（修正案）》规定，个人信息依法得到保护，确立了工商行政机关可以对侵犯个人信息进行行政处罚的职能，确认了公民可以向法院起诉。

2017 年 6 月 1 日实施的《中华人民共和国网络安全法》规定了公民个人信息保护的基本法律制度，主要有四大亮点：一是网络运营者收集、使用个人信息必须符合合法、正当、必要原则；二是规定网络运营商收集、使用公民个人信息的目的明确原则和知情同意原则；三是明确公民个人信息的删除权和更正权制度；四是网络安全监督管理机构及其工作人员对公民个人信息、隐私和商业秘密的保密制度等。

2019 年 4 月 10 日，由公安部网络安全保卫局、公安部第三研究所和北京网络行业协会等相关专家共同研究制定的《互联网个人信息安全保护指南》正式发布。该指南的出台，旨在进一步贯彻落实《中华人民共和国网络安全法》并有效指导我国个人信息持有者建立健全公民个人信息安全。

2021 年 8 月 20 日，第十三届全国人民代表大会常务委员会第三十次会议表决通过《中华人民共和国个人信息保护法》，于 2021 年 11 月 1 日起施行。其中明确：①通过自动化决策方式向个人进行信息推送、商业营销，应提供不针对其个人特征的选项或提供便捷的拒绝方式；②处理生物识别、医疗健康、金融账户、行踪轨迹等敏感个人信息，应取得个人的单独同意；③对违法处理个人信息的应用程序，责令暂停或者终止提供服务。

（2）用户的数据安全。用户的数据安全包含以下 3 个方面：

1）隐私性。用户的数据是私密的，不能被其他公司或个人（包括云服务提供商）所窃取。

2）完整性。用户的数据是完备的、可信的，不能遭遇丢失或者未经授权的修改。同时，用户对数据的修改、删除等操作最终能够真正被执行。

3）一致性。用户的数据是统一的，不同的授权用户对同一份数据的访问结果应当相同。与传统体系中数据存储在公司内部的服务器或者个人计算机上不同，在云计算中数据存储在云端服务器上，因此用户丧失了对隐私数据的物理保护能力。同时，用户需要通过互联网传输数据，更增加了数据泄露的风险。除此之外，数据的完整性也是用户对数据安全的重要需求。如何保障用户数据不被损毁、不受未授权的修改以及所有用户操作被忠实地执行是云安全的重要课题。云平台还需要保证用户数据的一致性，即多个用户所看到的保存在云端的同一份数据应该完全相同。攻击者往往是通过数据的不一致性访问未授权的数据或者实施进一步的攻击。用户代码与执行的安全是云计算安全的另一个重要方面。很多恶意攻击都是通过劫持受害人计算机的控制流来达到恶意目的。

【任务小结】

本任务介绍了大数据技术的典型应用，大数据安全相关的政策法规，个人信息安全与隐私保护相关知识，最后介绍了大数据安全与防护以及个人信息安全与保护等措施。

【考核评价】

评价内容	评分项	考核点	自评	教师考评
学习态度	学习态度、沟通合作（40 分）	积极主动、虚心求教（10 分）；自主学习、细致严谨（10 分）；团结协作、沟通合作（10 分）、课后作业（10 分）		
知识技能目标	大数据典型应用领域（10 分）	能够熟练掌握健康医疗大数据、金融大数据、交通大数据、能源大数据、通信大数据及零售大数据的应用，掌握大数据技术的实际应用（10 分）		
	大数据安全概述（10 分）	熟练掌握大数据安全定义及数据安全的基本特点，了解威胁数据安全的主要因素（10 分）		
	大数据安全制度与防护技术（20 分）	能够熟练掌握保障大数据安全制度措施（10 分）；掌握大数据安全防护技术（10 分）		
	个人信息安全与保护（20 分）	能够熟练掌握个人信息安全的重要性，提高个人信息安全防范意识（10 分）；掌握用户的数据安全所包含的内容（10 分）		
总得分				

项目拓展

大数据与新兴技术

1. 请查阅资料，列出至少 3 个目前比较典型的大数据应用。

2. 请上网查阅相关资料，了解相关内容：

（1）2021 年 9 月 6 日新闻：我国设立全球首个 SDGs 大数据研究机构——手机光明网（http://www.gmw.cn）。

（2）央视快评：共谋大数据支撑可持续发展之计——中国网（www.china.com.cn）。

（3）2021 年 9 月 27 日新闻：阿里研发 AI 技术 0.15 秒识别拦截外语脏话图覆盖近 30 个语种。

3. 谈谈你应该如何转变观念，迎接大数据浪潮。

思考与练习

1. 简述大数据发展历程。
2. 大数据结构和类型有哪些？
3. 简述大数据的 4 个基本特征。
4. 简述大数据时代的“数据爆炸”特性。
5. 简述大数据时期数据产生的途径有哪些。
6. 举例说明大数据典型应用领域的五个应用场景。
7. 举例说明大数据的具体应用。
8. 举例说明大数据的关键技术。

项目 2　大数据技术

项目导读

大数据的应用与发展必然要依托于一定的技术基础。理解与掌握大数据的相关技术才能为进行大数据的开发打下基础。本项目介绍大数据开发涉及的相关技术，如 Hadoop、Hadoop 组件、大数据处理流程以及大数据开发框架。

教学目标

- 理解国家及社会在个人价值实现中的意义。
- 理解团队协助的意义，形成团队协助意识。
- 了解大数据技术。
- 了解 Linux 系统和大数据相关的编程语言。
- 掌握大数据处理流程。
- 了解 Hadoop 的功能，掌握 Hadoop 生态圈的组件及关系。

任务 1　大数据技术概述

【任务描述】

大数据技术是伴随着大数据的采集、存储、分析和结果呈现的相关技术，使用非传统的工具对大量的数据进行处理，从而获得分析和预测结果的一系列技术。讨论和认识大数据技术，是走进大数据开发的第一步。

【任务目标】

- 了解大数据技术概念、大数据的操作系统和相关编程语言。
- 掌握大数据处理流程，领会个人与集体的关系。

【知识链接】

大数据技术的关键名词解释

1. 大数据技术简介

大数据技术，就是对海量数据进行科学分析和有效处理的一种先进技术形式。大数据技术是指伴随着对各类结构复杂的数据采集、数据分布式存储、数据清洗筛选、数据并行分析模拟、高级统计预测算法和数据可视化技术等过程所呈现的相关技术，是使用非传统的工具来对大量的结构化、半结构化、非结构化数据进行处理，从而获得分析和预测结果的一系列数据处理和分析技术。

充分挖掘数据中蕴涵的价值并同相关的具体业务结合以实现数据的增值成为了大数据技术发展的关键。用以发掘数据价值的数据分析应用技术，包括以商业智能（Business Intelligence，BI）工具为代表的简单统计分析与可视化展现技术及以传统机器学习、基于深度神经网络的深度学习为基础的挖掘分析建模技术纷纷涌现，帮助用户发掘数据价值并进一步将分析结果和模型应用于实际业务场景中。

在 2010 年前后，大数据、云计算、物联网的快速发展拉开了第三次信息化浪潮。在之后的这些年中，大数据得到大规模应用，大数据技术也在应用中逐渐成熟。随着云计算、人工智能等技术的发展，还有底层芯片和内存端的变化以及短视频等应用的普及，都给大数据技术带来新的要求。未来大数据技术将会沿着异构计算、批流融合、云化、兼容 AI、内存计算等方向持续更迭，支持 5G 和物联网数据处理。

大数据技术并不是半路形成的技术，而是在传统计算机技术的更新换代中甄选出来的针对数据管理的技术集合。下面介绍支撑大数据技术相关的基础内容。

2. 操作系统

（1）操作系统简述。操作系统（Operating System，OS）是管理计算机硬件与软件资源的计算机程序。使用者（人）通过操作系统提供的交互的操作界面将个人意志递给操作系统，从而实现对硬件系统的控制。简单地说，操作系统是人与硬件的中间协调者，它清楚硬件的功能和特点，并知道谁有空，而操作者并不需要对硬件的参数与运用过多了解，主要通过输入设备把想法告诉操作系统，操作系统就会帮我们去找到适合的硬件，调配有空的硬件来完成任务。

操作系统通过对计算机的软硬件资源的合理调配来减少人工资源分配的工作强度，使用者对于计算的操作干预程度减少，计算机的智能化工作效率就可以得到很大的提升。其次在资源管理方面，如果由多个用户共同管理一个计算机系统，那么可能就会有冲突矛盾存在于两个使用者的信息共享当中。为了更加合理地分配计算机的各个资源版块，协调计算机系统的各个组成部分，就需要充分发挥计算机操作系统的职能，对各个资源版块的使用效率和使用程度进行一个最优的调整，使得各个用户的需求都能够得到满足。最后，在操作系统的基础上开发出不同的计算机程序，可以抽象处理计算机系统资源，实现各项基础职能，以可视化的手段向使用者展示操作系统功能，降低计算机的使用难度。

大数据处理需要依托于一定的平台把相关硬件整合起来进行管理与工作，而操作系统就是在人与硬件、软件之间进行协调沟通的基础平台。常见的操作系统有 Windows 系统、UNIX 系统、Linux 系统和 Mac（苹果）系统。在目前大数据领域中，通常使用 Linux 系统来搭建文件系统、数据库系统等，并将多台系统连接起来协助工作。

（2）Linux 操作系统。因为大数据相关软件都是在 Linux 上运行的，只有具备一定的 Linux 系统知识与操作基础，才能更好地配置 Hadoop、Hive、HBase、Spark 等大数据软件的运行环境和网络环境。

Linux 是一个免费、自由、开放的操作系统，1991 年由芬兰大学生林纳斯·托瓦兹（Linus Torvalds）在 UNIX 操作系统基础上开发并发布到了网络上。经过一大批计算机黑客、编程人员后续开发和完善，Linux 逐渐壮大起来。Linux 是一个诞生于网络、成长于网络且成熟于网络的操作系统，是一套开放源代码程序的、可以自由传播的类 UNIX 操作系统软件。到目前为止，Linux 系统基本经历了 3 个发展阶段：单人维护阶段、广大黑客志愿者加入阶段、核心功能细分工快速发展阶段。

自 21 世纪以来，Linux 系统主要被应用于服务器端、嵌入式开发和 PC 桌面三大领域，其中服务器端领域是重中之重。例如，我们熟知的大型、超大型互联网企业（百度、腾讯、新浪、阿里等）都在使用 Linux 系统作为其服务器端的程序运行平台，全球及国内排名前 1000 的网站 90% 以上使用的系统都是 Linux 系统。

Linux 操作系统之所以被大数据选为其开发的底层架构，是因为它具备以下这些特点：

Linux 不仅是免费的，更是开源的，这意味着任何人都可以获得其代码并根据自己的需求进行修改。和其他操作系统相比，Linux 更容易安装，且不会收到任何商业化版本的制约。Linux 让开展各种实际有用且具有创造性的事情成为可能。Linux 提供了复杂的软件包管理系统，可以放心地安装和维护每一个在线资源库中的软件应用。

以 Hadoop 为代表的大数据开源软件的开发过程要避开版权系统的束缚，需要寻找同样开源的稳定系统，而 Linux 无疑已经具备了各种条件。目前，大数据处理所需要的硬件平台、文件系统、数据库系统等通常都是搭建在 Linux 操作系统上的。

3. 大数据编程语言

在信息化高度发达的时代，根据国际权威机构 Statista 的统计与预测，2020 年全球数据产生量约有 47ZB，而到 2025 年将达到 175ZB（1 ZB=1024EB）。大数据时代，基于大数据应用的各种数据分析处理等需求应运而生，用传统的工具和方法来进行大数据处理已经显得力不从心了，因此出现了一批围绕大数据运算的编程语言，使得大数据的分析与应用具备更多的灵活性。编程是软件开发的基础。大数据分析是包括计算机科学在内的多个领域的集合，它涉及科学过程和方法的使用，以分析数据并从中得出结论。尽管大多数语言都可以满足软件开发的需求，但大数据分析编程语言与其他语言的不同之处在于它可以帮助用户对数据进行预处理、分析和生成预测。这些以数据为中心的编程语言能够执行适合于大数据分析特定要求的算法。

（1）R 语言。R 语言从 1993 年首次宣布面向公众开放以来，逐渐成为事实上的计算统计学和预测分析的标准编程语言。R 语言最大的优势在于它的开源、免费、简单易上手和活跃的动态系统。作为开源项目，R 语言鼓励用户添加代码，目前 R 语言在 CRAN 的开放源代码存储库中有 10000 多个软件包，可满足所有统计应用程序的需求。

R 语言在大数据开发中主要适用于统计分析、数据挖掘、机器学习和数据可视化的使用场景，支持 Hadoop 和 Spark，是一个用于统计计算和统计制图的优秀工具。R 语言语法的主要特性有：语法简单，融入自然语言风格，代码风格好，可读性强；拥有众多的 Package，能够满足多领域的运算需求，特别有利于复杂的数学运算；数据类型丰富，包括向量、矩阵、因子、数据集等常用数据结构；可以部署在任何操作系统上，通过 Package 可以调用 Python、Java、C、C++等语言。但是其缺点是编写的代码不能用于生产部署，通常必须转换为其他编程语言，例如 Python 或 Java。

（2）Python 语言。Python 是一种面向对象的解释型计算机程序设计语言，最初是由荷兰人吉多·范罗苏姆（Guido van Rossum）研发，并于 1991 年首次发行。Python 支持多种库，可以解决大数据分析问题，包括数据预处理、分析、可视化、预测和数据保存。为了执行这些功能，Python 拥有专用的库，例如 Pandas、Numpy、Matplotlib、SciPy、scikit-learn 等。此外，高级的 Python 库（例如 Tensorflow、Keras 和 Pytorch）为大数据分析家提供了深度学习工具。

Python 的主要特性有简单易学、免费开源、可多平台移植、面向对象、具有丰富强大的库。除此之外，Python 非常适合快速数据科学应用程序的快速开发。Python 常被称为胶水语言，能够把用其他语言制作的各种模块轻松地联结在一起，是一门更易学、更严谨的程序设计语言。其拥有大量的第三方库，能够简便地调用 Java、Fortran、C、C++等语言。

（3）Java 语言。Java 是由 Sun Microsystems 公司于 1995 年 5 月推出的面向对象、解释型的程序设计语言。后来 Oracle（甲骨文）公司收购了 Sun 公司，Java 也随之成为 Oracle 公司的一个子产品。Java 分为 3 个体系：JavaSE（J2SE，Java2 Platform Standard Edition，Java 平台标准版）、JavaEE（J2EE，Java 2 Platform，Enterprise Edition，Java 平台企业版）、JavaME（J2ME，Java 2 Platform Micro Edition，Java 平台微型版）。Java 能够运行于多个平台，如 Windows，Mac OS 及多种 UNIX 版本的系统。

Java 具有的众多特性使其特别适合作为大数据应用的开发语言。Java 是大数据技术的主要支持语言，当下 Hadoop 以及其他大数据处理技术很多都用 Java。Java 主要特性有面向对象、跨平台，可以运行在 Linux、Windows、UNIX 等系统上；Java 虚拟机发展非常成熟，在内存回收、并发处理、作为大数据和云计算平台等应用上有着不可替代的作用。在企业级的开发环境里，安全、稳定是硬道理，这方面 Java 有着不可替代的作用；另外还有其它很多优秀特性如多线程、分布式、函数式编程等。

（4）Scala 语言。Scala 是 Scalable Language 的简写，是一门多范式的编程语言。联邦理工学院洛桑（EPFL）的马丁・奥德斯基（Martin Odersky）于 2001 年基于 Funnel 的样式开始设计 Scala。Funnel 是把函数式编程思想和 Petri 网相结合的一种编程语言。Scala 是一种现代的多范式编程语言，旨在以简洁、优雅和类型安全的方式表达常见的编程模式。它平滑地集成了面向对象和功能语言的功能。当处理大量数据时，可将 Scala 与大数据平台 Spark 结合使用，这使 Scala 成为理想的编程语言。

Scala 的主要特性有：是一种纯面向对象的语言，每个值都是对象；也是一种函数式语言，其函数也能当成值来使用；具备类型系统，通过编译时检查，保证代码的安全性和一致性；设计秉承一项事实，即在实践中，某个领域特定的应用程序开发往往需要特定于该领域的语言扩展；使用 Actor 作为其并发模型，Actor 是类似线程的实体，通过邮箱收发消息。Scala 提供了与 Java 类似的完全互操作性，同时与 Data 保持了紧密的联系。Scala 最重要特征的是具有大规模数据并行处理的能力。

4. 大数据处理与分析

大数据处理起步于需求，需求信息是整个分析流程的起点，为整个数据处理流程提供清晰的指引方向。而数据质量贯穿于整个大数据流程，每一个数据处理环节都是对大数据质量的一次迭代。通常，一个好的大数据产品要有大量的数据规模、快速的数据处理过程、精确的数据分析与预测、优秀的可视化图表以及简练易懂的结果解释。大数据的基本处理流程如图 2-1 所示，主要包括数据采集、数据预处理、数据分析与处理、数据可视化、数据应用等环节。

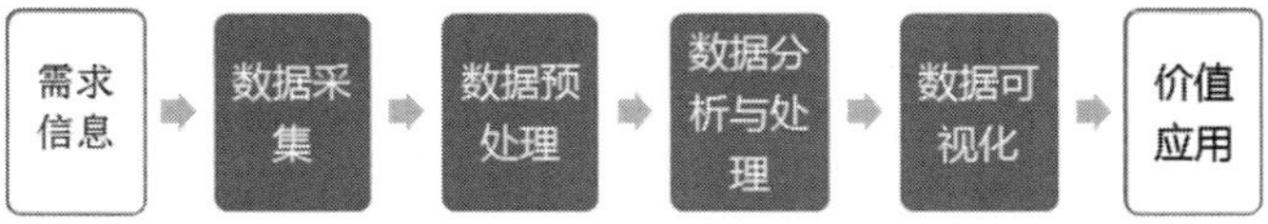

图 2-1 大数据处理流程图

（1）数据采集。数据是大数据分析的原材料，数据采集是数据从无到有的过程（比如传感器收集气象数据、埋点收集用户行为数据），也是数据传输搬运的过程（比如采集数据库数据到数据分析平台）。在数据采集过程中，数据源会影响大数据质量的真实性、完整性、一致性、准确性和安全性。大数据采集过程中通常有一个或多个数据源，这些数据源包括同构或异构的数据库、文件系统、服务接口等。针对不同的数据源，要使用不同的采集技术和存储模式。

（2）数据预处理。初次采集到的数据易受到噪声数据、数据值缺失、数据冲突等影响，因此需要对采集到的大数据集合进行预处理。数据预处理可以保证数据的一致性和有效性，让数据变成干净规整的结构化数据，从而保证大数据分析与预测结果的准确性与价值性。

大数据的预处理环节主要包括数据清理、数据集成、数据归约与数据转换等内容。通过大数据的预处理环节可以大大提高大数据的总体质量，是大数据过程质量的体现。数据清理技术包括对数据的不一致检测、噪声数据的识别、数据过滤与修正等方面。数据预处理环节有利于提高大数据的一致性、准确性、真实性、可用性、完整性、安全性和价值性等方面的质量，而大数据预处理中的相关技术是影响大数据过程质量的关键因素。

（3）数据分析与处理。大数据分析技术主要包括已有数据的分布式统计分析技术和未知数据的分布式挖掘、深度学习技术。分布式统计分析可由数据处理技术完成；分布式挖掘和深度学习技术则在大数据分析阶段完成，包括聚类与分类、关联分析、深度学习等，可挖掘大数据集合中的数据关联性，形成对事物的描述模式或属性规则，并通过构建机器学习模型和海量训练数据提升数据分析与预测的准确性。

数据分析是大数据处理与应用的关键环节，它决定了大数据集合的价值性和可用性以及分析预测结果的准确性。在数据分析环节，应根据大数据应用情境与决策需求，选择合适的数据分析技术，提高大数据分析结果的可用性、价值性和准确性质量。

大数据的分布式处理技术与存储形式、业务数据类型等相关，针对大数据处理的主要计算模型有 MapReduce 分布式计算框架、分布式内存计算系统、分布式流计算系统等。MapReduce 是一个批处理的分布式计算框架，可对海量数据进行并行分析与处理，它适合对各种结构化、非结构化数据的处理。分布式内存计算系统可有效减少数据读写和移动的开销，提高大数据处理性能。分布式流计算系统则是对数据流进行实时处理，以保障大数据的时效性和价值性。

总之，无论哪种大数据分布式处理与计算系统，都有利于提高大数据的价值性、可用性、时效性和准确性。大数据的类型和存储形式决定了其采用的数据处理系统，而数据处理系统的性能与优劣直接影响大数据质量的价值性、可用性、时效性和准确性。因此在进行大数据处理时，要根据大数据类型选择合适的存储形式和数据处理系统，以实现大数据质量的最优化。

（4）数据可视化。数据可视化是指将大数据分析与预测结果以计算机图形或图像的直观方式显示给用户的过程，并可与用户进行交互式处理。数据可视化技术有利于发现大量业务数据中隐含的规律性信息，以支持管理决策。数据可视化环节可大大提高大数据分析结果的直观性，便于用户理解与使用，故数据可视化是影响大数据可用性和易于理解性质量的关键因素。

在大数据收集、处理等一系列操作之前，通过对应用情境的充分调研、对管理决策需求信息的深入分析，可明确大数据处理与分析的目标，从而为大数据收集、存储、处理、分析等过程提供明确的方向，并保障大数据分析结果的可用性、价值性和用户需求的满足。

价值应用是大数据处理的最终目的。将经过分析处理后挖掘得到的大数据结果应用于管理决策、战略规划等方面，是对大数据分析结果的检验与验证，直接体现了大数据分析处理结果的价值性和可用性。大数据应用对大数据的分析处理具有引导作用。

【任务实施】

1. CentOS 系统安装

可以通过官网（https://www.centos.org/download/）下载合适的版本。请下载一个镜像文件后通过虚拟机安装 CentOS 系统。

R 语言初体验

2. R 语言初体验

通过 R 语言的官网（https://cloud.r-project.org/bin/windows/base/）下载 Windows 环境安装包，R 语言开发环境不需要特别配置，安装后即可应用。

【任务小结】

大数据技术就是对海量数据进行科学分析和有效处理的一种先进技术形式。大数据技术是随着大数据的成长而不断得到发展和丰富的。

操作系统就是在人与硬件、软件之间进行协调沟通的基础平台。大数据处理所需要的硬件平台、文件系统、数据库系统等，通常都搭建在 Linux 操作系统上。

大数据分析借助各种编程语言变得更加灵活，目前常用的编程语言有 R 语言、Python 语言、Java 语言和 Scala 语言。每种语言各有其特点，在大数据项目应用中，选择正确合适的编程语言，可以提高运行效率。

大数据处理流程主要包括数据收集、数据预处理、数据分析与处理、数据数据可视化、数据应用等环节，大数据处理的最终目的是价值应用。

【考核评价】

评价内容	评分项	考核点	自评得分	教师考评得分
学习态度	课堂表现、学习活动态度（40 分）	积极主动（10 分）、沟通合作（10 分）、课堂讨论（10 分）、课后作业（10 分）		
知识技能目标	大数据技术概念（10 分）	理解大数据技术概念的内涵（10 分）		
	大数操作系统（20 分）	了解操作系统的功能（10 分），掌握 Linux 系统的基本信息（10 分）		

评价内容	评分项	考核点	自评得分	教师考评得分
	大数据的编程语言（10分）	了解常见的大数据编程语言（10分）		
	大数据处理流程（20分）	理解大数据处理流程（10分）以及各流程中主要完成的任务（10分）		
总得分				

任务2 Hadoop概述

【任务描述】

大数据时代的到来，离不开对大数据的应用。Hadoop设计思想及其计算平台的形成，为大数据的应用和发展建立了关键的一步。下面我们通过对Hadoop的简单介绍，慢慢走进大数据计算平台。

【任务目标】

- 掌握Hadoop的框架模块。
- 了解Hadoop的优点。
- 掌握Hadoop生态圈的主要组件及其相互关系。

【知识链接】

1. Hadoop概述

Hadoop是一个处理、存储和分析海量的分布式、非结构化数据的开源框架。最初由雅虎的工程师 道•卡廷（Doug Cutting）和迈克•卡法雷拉（Mike Cafarella）在2005年合作开发。后来，Hadoop被贡献给了 Apache基金会，成为Apache基金会的开源项目。

Hadoop是一个部署在计算机集群上用Java语言实现的开源软件框架，能够在分布式环境下提供海量数据处理功能，具有非常强大的数据存储和处理能力，非常适合解决大数据运算的框架方案，成为大数据行业的标准开源软件。

Hadoop具有水平扩展和低成本等特点。水平扩展：Hadoop集群可以达到上千个节点，同时能够动态地新增和删除节点，能够存储和处理PB级的数据量。低成本：不需要依赖机器的性能，只需要普通的PC机就能运行。目前一般会使用HDFS（Hadoop Distributed File System）作为文件存储，使用YARN对资源进行管理。

Hadoop是一个能够让用户轻松架构和使用的分布式计算平台。用户可以轻松地在Hadoop上开发和运行处理海量数据的应用程序。它主要有以下几个优点：

（1）高可靠性。Hadoop按位存储和处理数据的能力值得人们信赖。能够自动维护多份数据副本，针对失败节点重新分布处理。

（2）高扩展性。Hadoop是在可以存储和分发跨越数百个并行操作的廉价服务器集群，这些集群可以方便地扩展到数以千计的节点中。

（3）高效性。Hadoop 能够并发处理数据并且能够在节点之间动态地移动数据，并保证各个节点的动态平衡，因此其处理速度非常快。

（4）高容错性。Hadoop 能够自动保存数据的多个副本，并且能够自动将失败的任务重新分配。

（5）低成本。Hadoop 能够通过普通廉价的机器组成服务器集群来处理数据，成本低，容易实现。

Hadoop 目前已经取得了非常突出的成绩。随着互联网的发展，新的业务模式还将不断涌现，Hadoop 的应用也会从互联网领域向电信、电子商务、银行、生物制药等领域拓展。相信在未来，Hadoop 将会在更多的领域中扮演幕后英雄，为我们提供更加快捷优质的服务。

2. Hadoop 生态体系

Hadoop 生态圈

虽然 Hadoop 提供了强大的数据运算功能，但仍然应该把它归类为由多个组件组成的 Hadoop 生态体系，这些组件包括数据存储、数据集成、数据处理和其他进行数据分析的专门工具。Hadoop 生态体系以 Hadoop 的核心组件 YARN、HDFS 和 MapReduce 为基础，随着 Hadoop 处理过程中不断出现的新问题，技术也在不断发展，促使生态体系越来越完善，其体系如图 2-2 所示。

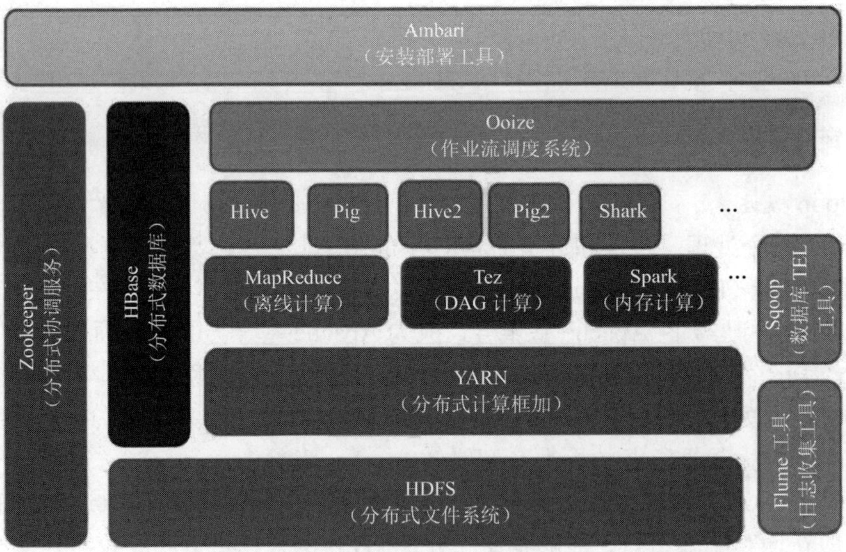

图 2-2　Hadoop 生态体系图

（1）HDFS（分布式文件系统）。大数据运算首先要解决大数据存储的问题，传统的文件系统是单机的，不能横跨不同的机器。HDFS 把大数据分成小块放到成百上千台机器上，解决了数据存储的基本问题。HDFS 是 Hadoop 生态系统中的核心项目之一，是分布式计算中数据存储管理基础。HDFS 具有高容错性的数据备份机制，它能检测和应对硬件故障，并在低成本的通用硬件上运行。HDFS 简化了文件的一致性模型，通过流式数据访问，提供高吞吐量应用程序数据访问功能，适合带有大型数据集的应用程序。它提供了一次写入多次读取的机制，数据以块的形式同时分布在集群不同的物理机器上。

（2）MapReduce、Tez 和 Spark（分布式计算框架）。HDFS 提供分布式存储模式，但是要在分布式系统之间进行有效的通信交换数据以及完成复杂的计算，就需要由另外的组件来完成。MapReduce、Tez、Spark 能够提供一种可靠的、能够运行在集群上的计算模型。MapReduce 是第一代计算引擎，Tez 和 Spark 是第二代。MapReduce 是一个并行处理大数据集的编程模型，适合在大量计算机组成的分布式并行环境里进行数据处理。它采用简化的设计，屏蔽了分布式计算框架细节，将计算抽象成 Map 和 Reduce 两部分。其中 Map 对数据集上的独立元素进行指定的操作，生成“键—值”对形式的中间结果。Reduce 则对中间结果中相同键的所有值进行规约，以得到最终结果。

使用 MapReduce 处理大数据的基本思想包括 3 个层面。首先，对大数据采取分而治之的思想。对相互间不具有计算依赖关系的大数据实现并行处理，最自然的办法就是采取分而治之的策略。其次，把分而治之的思想上升到抽象模型。为了克服 MPI 等并行计算方法缺少高层并行编程模型这一缺陷，MapReduce 借鉴了 Lisp 函数式语言中的思想，用 Map 和 Reduce 两个函数提供了高层的并行编程抽象模型。最后，把分而治之的思想上升到架构层面，统一架构，为程序员隐藏系统层的实现细节。MPI 等并行计算方法缺少统一的计算框架支持，程序员需要考虑数据存储、划分、分发、结果收集、错误恢复等诸多细节，为此，MapReduce 设计并提供了统一的计算框架，为程序员隐藏了绝大多数系统层面的处理细节。

Tez 直接源于 MapReduce 框架，核心思想是将 Map 和 Reduce 两个操作进一步拆分，即 Map 被拆分成 Input、Processor、Sort、Merge 和 Output，Reduce 被拆分成 Input、Shuffle、Sort、Merge、Processor 和 Output 等。被分解后的元操作可以任意灵活组合，产生新的操作，这些操作经过一些控制程序组装后，形成一个大的 DAG 作业。

Spark 是基于 MapReduce 算法实现的分布式计算，拥有 Hadoop 和 MapReduce 所具有的优点，但不同于 MapReduce 的是中间输出和结果可以保存在内存中，从而不再需要读写 HDFS，因此 Spark 能更好地适用于数据挖掘与机器学习等需要迭代的 MapReduce 算法。

（3）Hive（数据仓库工具）和 Pig（数据分析工具）。在 MapReduce、Tez 和 Spark 的应用中，编写 MapReduce 程序相对复杂。基于简化程序，提升效率的需求，Hive 和 Pig 被设计与开发出来。Hive 用的是 SQL 语言，Pig 则是用接近脚本的方式去描述 MapReduce。

Hive 是基于 Hadoop 的一个分布式数据仓库工具，使用 SQL 语言这种更高层更抽象的语言来描述算法和数据处理流程。可以将结构化的数据文件映射为一张数据库表，将 SQL 语句转换为 MapReduce 任务进行运行。其优点是操作简单，降低学习成本，可以通过类 SQL 语句快速实现简单的 MapReduce 统计，不必开发专门的 MapReduce 应用。Hive 定义了简单的类 SQL 查询语言，称为 HQL，它允许不熟悉 MapReduce 的开发人员也能编写数据查询语句，然后这些语句被翻译为 Hadoop 上面的 MapReduce 任务。Hive 更适合于数据仓库的任务，主要适用于静态的结构以及需要经常分析的工作。

Pig 设计动机是提供一种基于 MapReduce 的 Ad-Hoc（计算在 Query 时发生）数据分析工具。Pig 定义了一种数据流语言—— Pig Latin，它的语言比较像 Shell 脚本，可以嵌入 Hadoop 的 Java 程序中，是 MapReduce 编程的复杂性的抽象，从而达到简化代码的功能。Pig 平台包括运行环境和用于分析 Hadoop 数据集的脚本语言（Pig Latin）。Pig 可加载数据、表达转换数据以及存储最终结果。Pig 内置的操作使得半结构化数据变得有意义（如日志文件）。同时 Pig 可扩展使用 Java 中添加的自定义数据类型并支持数据转换。

（4）YARN（分布式计算框架）。为了使这么多工具有序地运行在同一个集群上，我们需要使用一个调度系统进行协调指挥而 YARN 便起着发挥调度系统的作用。YARN（Yet Another Resource Negotiator）是 Hadoop 2.0 中的资源管理器，它可为上层应用提供统一的资源管理和调度。它的引入为集群在利用率、资源统一管理和数据共享等方面带来了巨大好处。

（5）Flume（日志收集工具）。日志数据对数据分析起着重要作用。Flume 是 Cloudera 开源的日志收集系统，具有分布式、高可靠、高容错、易于定制和扩展的特点。它将数据从产生、传输、处理并最终写入目标路径的过程抽象为数据流在具体的数据流中，数据源支持在 Flume 中定制数据发送方，从而支持收集各种不同协议数据。同时，Flume 数据流具有对日志数据进行简单处理的能力，如过滤、格式转换等。此外，Flume 还具有将日志写往各种数据目标（可定制）的能力。总的来说，Flume 是一个可扩展、适合复杂环境的海量日志收集系统。当然也可以用于收集其他类型数据。

（6）Sqoop（数据库 ETL 工具）。传统数据的关系数据库是大数据采集的重要源头。Sqoop 是 SQL-to-Hadoop 的缩写，主要用于传统数据库和 Hadoop 之间的传输数据。Sqoop 是一款开源的数据导入导出工具，它可以将一个关系数据库（例如 MySQL、Oracle 等）中的数据导入到 Hadoop 的 HDFS 中，也可以将 HDFS 的数据导出到关系数据库中，使数据迁移变得非常方便。Sqoop 数据的导入和导出本质上是 MapReduce 程序，充分利用了 MapReduce 的并行化和容错性。

（7）HBase（分布式数据库）。HBase 是 Google BigTable 的克隆版，它是一个针对结构化数据的可伸缩、高可靠、高性能、分布式和面向列的动态模式数据库。HBase 采用了 BigTable 的数据模型，增强的稀疏排序映射表（Key/Value）。其中，“键”由行关键字、列关键字和时间戳构成。HBase 提供了对大规模数据进行随机、实时的读写访问。同时 HBase 中保存的数据可以使用 MapReduce 来处理，它将数据存储和并行计算完美地结合在一起。

（8）Zookeeper（分布式协调服务）。Zookeeper 是一个开放源码的分布式应用程序协调服务。它是 Google 的 Chubby 一个开源的实现，是 Hadoop 和 HBase 的重要组件。它是一个为分布式应用提供一致性服务的软件，提供的功能包括配置维护、域名服务、分布式同步、组服务等用于构建分布式应用，减少分布式应用程序所承担的协调任务。

（9）Oozie（作业流调度系统）。Oozie 是一个可扩展的工作体系，集成于 Hadoop 的堆栈，用于协调多个 MapReduce 作业的执行。它能够管理一个复杂的系统，基于外部事件来执行，外部事件包括数据的定时和数据的出现。Oozie 工作流是放置在控制依赖有向无环图（Directed Acyclic Graph，DAG）中的一组动作（例如 Hadoop 的 Map/Reduce 作业、Pig 作业等），其中指定了动作执行的顺序。

（10）Ambari（安装部署工具）。Ambari 是 Apache Software Foundation 中的一个顶级项目，主要作用是创建、管理、监视 Hadoop 整个生态圈（如上面列出的组件），是为了让 Hadoop 以及相关的大数据软件更容易使用的 Web 工具。Ambari 使用 Ganglia 收集度量指标，用 Nagios 支持系统报警，当需要引起管理员的关注时，系统将向其发送邮件。

【任务实施】

Hadoop 平台的主要模块有四个，都是属于 Apache 组织，各模块的功能如表 2-1 所示。在本任务中，读者可以通过查阅更多资料进一步完善模块的功能描述，并且理清这四个模块在搭建 Hadoop 平台的相互协作关系。

表 2-1　Hadoop 核心模块功能表

模块名	功能
Hadoop Common	平台统一的集成，用来支持其他模块的共同工作，就好像是计算机系统的主板，用来连通其他组件
Hadoop Distributed File System（HDFS）	平台提供的分布式集群存储框架，支持平台对海量数据进行集群存储，并且保证数据的可靠性、稳定性和安全性
Yet Another Resource Negotiator（YARN）	平台的集群资源管理和工作流程控制框架
MapReduce	基于 YARN 框架管理下的分布式集群高效计算框架。适合大规模的数据同时对实时性要求不高的场景，不适合大量的小文件以及频繁修改的文件

正是这些不同的模块巧妙地配合，才完成了强大的数据运算功能。这个生态系统就好像是一个各司其职的团队成员。因此，我们要形成团队协助精神，重视团队中的每一位成员，发挥好团队的力量，才能使团队的效益大于个体效益之和。

【任务小结】

Hadoop 是一个处理、存储和分析海量的分布式、非结构化数据的开源框架，具有水平扩展和低成本等特点，是大数据分析的主要平台。

Hadoop 是一个能够让用户轻松架构和使用的分布式计算平台，其主要优点有高可靠性、高扩展性、高效性、高容错性、低成本。

随着 Hadoop 的不断发展，产生了诸多新的组件促进 Hadoop 生态体系越来越完善，这些生态体系主要有 HDFS、MapReduce、Tez、Spark、YARN、Flume、Sqoop、HBase、Zookeeper、Oozie、Ambari。

【考核评价】

评价内容	评分项	考核点	自评得分	教师考评得分
学习态度	课堂表现、学习活动态度（40 分）	积极主动（10 分）、沟通合作（10 分）、课堂讨论（10 分）、课后作业（10 分）		
知识技能目标	Hadoop 的主要框架模块（20 分）	了解 Hadoop 的基本知识（5 分），认识 Hadoop 的主要框架模块的功能（10 分），能够体会 Hadoop 的优点（5 分）		
	Hadoop 生态圈的主要组件（40 分）	认识 Hadoop 的主要优势（10 分），了解 Hadoop 生态圈的主要组件的功能（20 分）及其相互关系（10 分）		
总得分				

项目拓展

1．Python 相关新闻资讯可以在 Python 的官网（https://www.python.org/）查看。请下载安装 Python 平台，再通过下载 Python 的文档（https://www.python.org/doc/）学习了解 Python 程序。

2．访问 Apache（阿帕奇）官方网站（https://www.apache.org/），了解 Apache 体系的相关产品、社区资源及相关下载资源。

思考与练习

1．大数据处理的流程有哪些？

2．画出 Hadoop 生态圈的关系图及列出各组件的功能。

项目3　大数据处理平台

项目导读

随着社会科技的发展，数据量不断增加并且来源越来越复杂，有视频、文本、图片、企业储存的数据库等信息，如何对这些零散的数据进行有效的分析，并且得到有价值的信息一直是大数据领域研究的热点问题。随着技术的发展也衍生了各种大数据处理技术及框架技术。目前大数据处理的方式主要有离线处理、流式处理、交互式、图计算这几种方式。其中离线处理Hadoop平台、流式处理Flink平台和Spark大数据综合处理平台是目前比较流行的大数据处理平台。

教学目标

- 加强网络安全意识。
- 了解大数据处理平台架构。
- 了解Hadoop数据处理平台。
- 了解Spark大数据处理平台。

任务1　大数据处理平台架构

【任务描述】

大数据处理平台通过各种技术手段可以将巨量的、各种类型的数据经过加工、转化输出到企业应用。了解大数据技术，先从整体架构开始，架构涉及主要有采集层、存储层、处理层及应用层，而每一层涉及的技术较多，需根据不同的业务选择不同的技术框架，如对数据的来源类型、处理时限要求等采取不一样的技术。

【任务目标】

了解平台架构四层的技术及常用组件。

【知识链接】

大数据处理平台根据数据的流向自底向上划分为4层，分别为数据采集层、数据存储层、数据处理层、数据应用层。大数据平台架构跟传统数据平台的不同就是同一层次，为了满足不同的场景，会采用更多的技术组件，组件之间的监控管理及应用也是一个难点，大数据处理平台架构如图 3-1 所示。

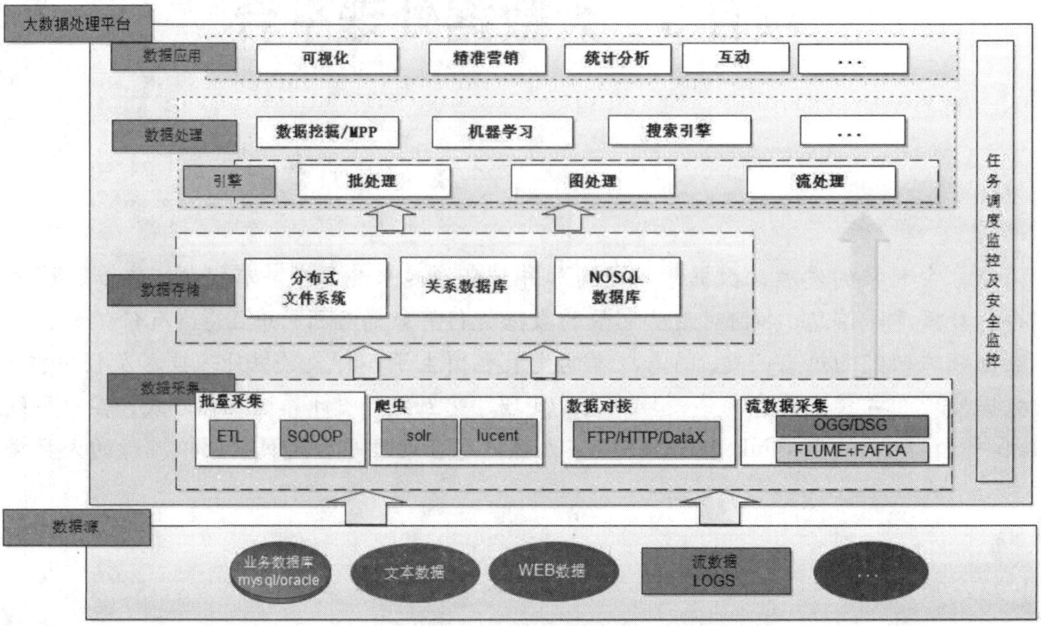

图 3-1　大数据处理平台架构

大数据处理平台一般由四个层次构成，包括数据采集层、数据存储层、数据处理层和数据应用层。

1. 数据采集层

数据采集层根据数据来源不同，用不同数据采集工具采集数据。

常见的数据源包括 Oracle、MySQL、SQL Server 等主流关系型库数据、物联网数据、文本数据、Web 数据、Log 日志等。对于不同的数据采集的方法也不一样，如：

关系型数据库数据采集：ETL、Sqoop、DataX 等工具。

Web 数据采集：开源软件如 Solr、Lucent、Nutch、ES 等。

实时日志采集：Flume+Kafka、Fluentd 等工具，Kafka 是由 LinkedIn 开发的一个分布式消息系统，因其可以水平扩展和高吞吐率而被广泛使用，目前主流的开源分布式处理系统（如 Storm、Spark 等）都支持与 Kafka 集成。通常来说 Flume 采集数据的速度和下游处理的速度通常不同步，因此实时平台架构都会用一个消息中间件来缓冲，而这方面最为流行和应用最为广泛的是 Kafka。

外部友商 FTP/HTTP 数据采集：对于部署系统外数据如合作伙伴的数据，可以使用接口通过 FTP/HTTP 采集。

2. 数据存储层

数据存储层主要负责数据的存储管理。大数据存储主要为分布式文件系统（HDFS），数据库为非关系型数据库（NoSQL），主要有四种：列族数据库（如 BigTable、HBase）、文档数据库（如 MongoDB、CouchDB）、图数据库（如 Neo4J、OrientDB）、键值数据库（如 Redis）。

3. 数据处理层

数据处理层主要是对数据进行处理分析。处理的数据主要有大批量的静态数据、实时流数据、图数据。对于不同的数据处理工具也不一样，如批量静态数据可以使用 Hadoop 的 MapReduce，对于动态实时流数据，需要使用流数据处理工具如 Storm、IBM Stream，图数据一般使用图数据引擎如 Griaph。随着技术进步，也出现越来越多的数据处理工具如 MPP 产品、IBM Streams 流处理以及一些数据挖掘工具、机器学习等。

4. 数据应用层

数据应用层一般主要根据客户需求，对大数据的处理和分析提供相应的服务。例如提供可视化、精准营销、统计分析等服务。

除了上述的技术架构中用到的技术体系，Spark 开源技术架构平台支持对批量数据、准实时的流式数据和图数据等不同类型大数据的处理和分析工作。在后面章节重点介绍 Spark 综合大数据技术处理平台。

【任务实施】

通过互联网了解一些著名的采集工具案例及使用方法。

数据集成平台 RestCloud，学习网址为 http://www.restcloud.cn/restcloud/mycms/product-application.html。

免费开源工具如：Kettle，Kafka，学习网址如下：

（1）Kettle：http://www.kettle.org.cn/。

（2）Kafka：https://kafka.apache.org/。

【任务小结】

通过学习大数据处理平台架构，了解平台的组成部分和每一层发挥的的作用及使用的技术，从而对大数据处理过程有初步的认识。

【考核评价】

评价内容	评分项	考核点	自评得分	老师考评得分
学习态度	课堂表现、学习活动态度（40 分）	积极主动（10 分）、沟通合作（10 分）、课堂讨论（10 分）、课后作业（10 分）		
知识技能目标	数据采集层（30 分）	了解数据采集层各种数据来源及采集技术（30 分）		
	数据存储层（10 分）	了解存储层（10 分）		
	数据处理层（20 分）	了解数据处理层的技术引擎分类（20 分）		
总得分				

任务 2　离线大数据处理平台 Hadoop

【任务描述】

大数据时代除了解决大规模数据高效存储问题，还需要解决规模数据处理问题。分布式并行处理可以在大批量廉价服务器甚至廉价的 PC 机上进行大规模数据处理任务，从而获得海量计算能力。Hadoop 的 MapReduce 部署在分布式文件系统 HDFS 上，编程使用门槛相对低，经验较少的开发人员也可轻松部署。Hadoop 可以处理大批量数据，如单词统计、排序、日志分析等。

【任务目标】

- 了解 MapReduce 架构及进程。
- 掌握 MapReduce 函数及工作流程。

【知识链接】

MapReduce 用于大规模数据集（大于 1TB）的并行运算，是面向大数据并行处理的计算模型、框架和平台。它允许用市场上普通的服务器构成一个数百至数千个节点的分布和并行计算集群；它提供了一个并行计算软件框架，能自动完成计算任务的并行化处理，自动划分计算数据和计算任务，在集群节点上自动分配和执行任务以及收集计算结果，将完成数据分布存储、数据通信、容错处理等。

MapReduce 架构及进程

1. MapReduce 架构及进程

总体架构：MapRuduce 的核心思想是“分而治之”，就是把一个大数据拆分成多个小数据块后在多台机器上并行处理，采用 Master/Slave 架构，如图 3-2 所示。

图 3-2　Master/Slave 架构图

MapReduce 体系结构组成部分主要有 Client、JobTracker、TaskTracker、Task，如图 3-3 所示。

工作流程：客户端启动作业，向 JobTracker 发送请求，并将作业所需要的资源文件（程序

jar 包、作业配置文件、分片元信息文件）复制到 HDFS 上；JobTracker 收到请求后，作业调度模块对作业进行初始化，并对作业进行监控，同时根据一定的策略为空闲资源创建一个 Map 任务，并将 Map 任务分配给 TaskTracker 执行；TaskTracker 会根据任务所在 HDFS 上获取相应资源文件并启动 Maptask 或者 ReduceTask 处理作业。

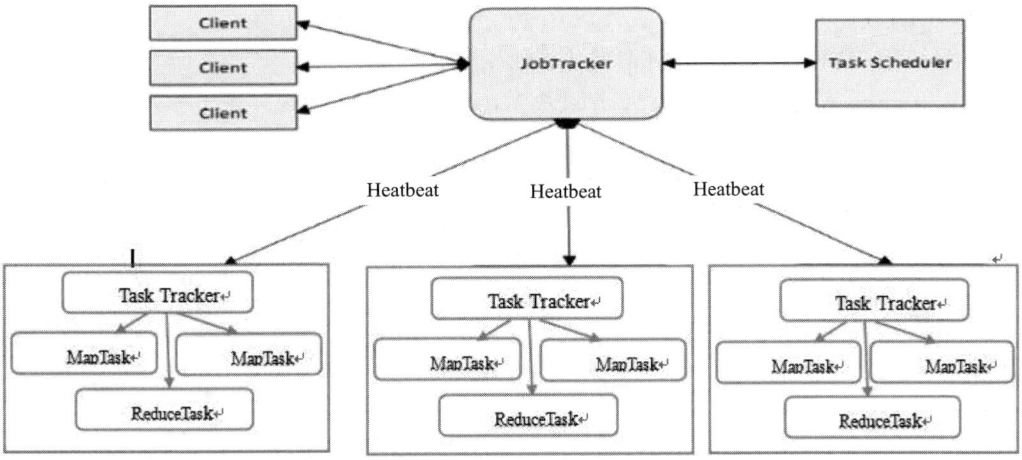

图 3-3　体系架构组成要素

TaskTracker 每隔一段时间会给 JobTracker 发送一个心跳，告诉 JobTracker 它依然在运行，同时心跳中还携带当前 Map 任务完成的进度信息。当 JobTracker 收到作业的最后一个任务完成信息时，便把该作业设置成“成功”。待所有 Task 执行完毕后，代表整个作业执行成功，如图 3-4 所示。

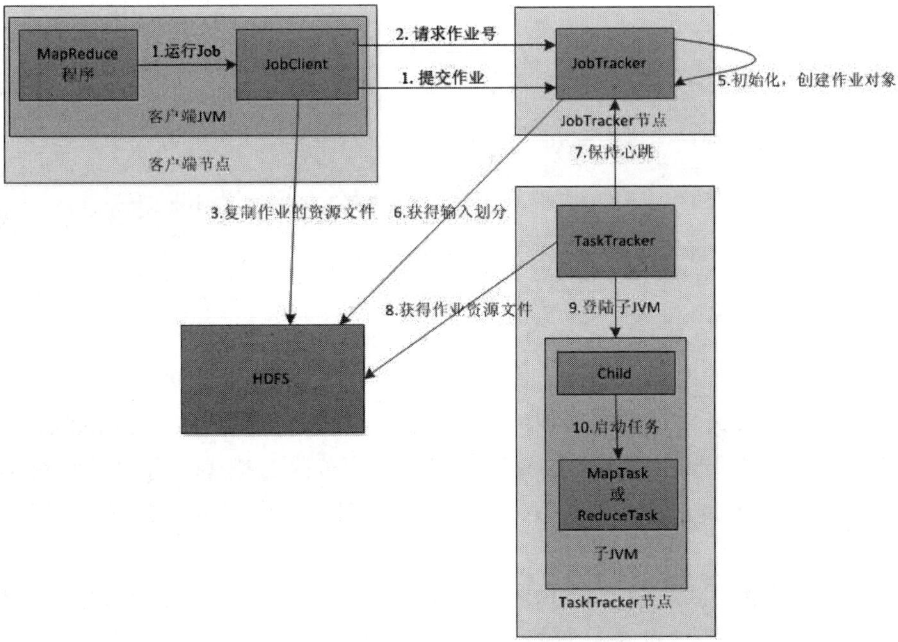

图 3-4　MapReduce 架构工作流程图

2. MapReduce 函数及工作流程

（1）Map 和 Reduce 函数。MapReduce 的核心就是 Map 和 Reduce 函数。程序员只需要关注 Map 和 Reduce 函数，其他如分布式存储、负载均衡、容错、通信等内容，由 MapReduce 框架处理。

MapReduce 函数

Map 函数接口：处理一个基于 key/value（简称 k/v）的数据对（pair）数据集合，同时也输出基于 k/v 的数据集合。

Reduce 函数接口：用来合并 Map 输出的 k/v 数据集合。

Map 和 Reduce 函数的 k/v 数据说明如表 3-1 所示。

表 3-1　Map 和 Reduce 函数的 k/v 数据说明

函数	输入	输出	说明
Map	$<k_1,v_1>$	List($<k_2,v_2>$)	将数据集解析成一批<key,value>对，输入 Map 函数处理。每一个输入都会生成一批输出$<k_2,v_2>$，而$<k_2,v_2>$就是中间结果
Reduce	$<k_2$,list(v_2)$>$	$<k_3,v_3>$	list(v_2)表示是属于相同键值 k_2 的 value，最后通过 Reduce 函数输出最后值

（2）MapReduce 工作流程。MapReduce 是一种计算模型，工作流程分为 Map 过程和 Reduce 过程。当计算作业被提交后，根据分片划分成若干个 Map 和若干个 Reduce 任务，各个节点经过 Map 阶段计算，形成中间结果，并保存在 Map 任务所在节点。经过排序（对 Map 端输出的 Key 进行排序的过程。不同的 Map 可能输出相同的 Key，相同的 Key 必须发送到同一个 Reduce 端处理）分给各 Reduce 任务，在 Reduce 任务和 Map 任务计算节点处读取中间结果，然后计算输出最终结果，如图 3-5 所示。

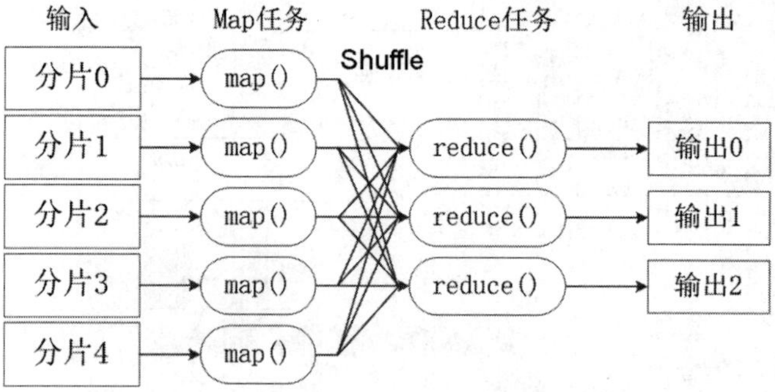

图 3-5　MapReduce 工作流程图

Shuffle 过程：Map 阶段处理的数据如何传递给 Reduce 阶段，是 MapReduce 框架中关键的一个流程，这个流程就叫 Shuffle，核心机制就是数据分区、排序、合并，如图 3-6 所示。

（3）Map 端的 Shuffle 过程。先对数据进行切片，然后将数据传递给 Map，Map 的输出是内存缓冲区（圆形缓冲区），内存缓冲区默认大小是 100MB，当达到 80%的时候将数据溢出到本地，剩余 20%用于继续获取数据，在溢写到磁盘的时候会执行 partition（分区）和 sort（排序），在 Map 任务全部结束之前进行归并，归并后得到一个大的文件，放在本地磁盘文件归并时，如果溢写文件数量大于预定值（默认是 3）则可以再次启动 Combine，如果少于预定值则不需要。JobTracker 会一直监测 Map 任务的执行，并通知 Reduce 任务来领取数据，如图 3-7 所示。

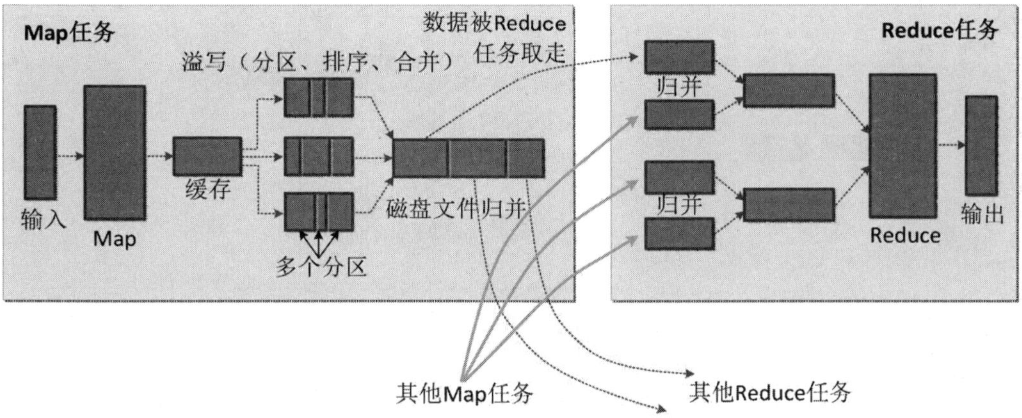

图 3-6　Shuffle 过程示意图

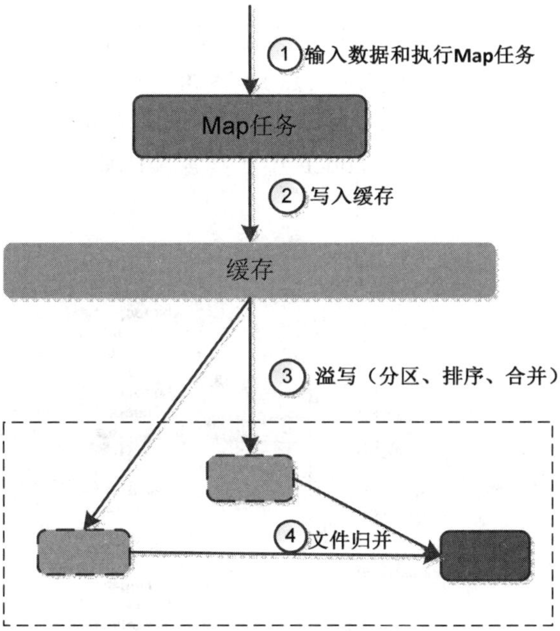

图 3-7　Map 端 Suffle 过程示意图

合并（Combine）和归并（Merge）的区别：两个键值对<"a",1>和<"a",1>，如果合并，会得到<"a",2>；如果归并，会得到<"a",<1,1>>。

（4）Reduce 端的 Shuffle 过程。Reduce 任务通过 RPC 向 JobTracker 询问 Map 任务是否已经完成，若完成，则领取数据。

Reduce 领取数据后先放入缓存，来自不同 Map 机器的数据先归并，再合并，最后写入磁盘。多个溢写文件归并成一个或多个大文件，文件中的键值对是排序的。当数据很少时，不需要溢写到磁盘，直接在缓存中归并，然后输出给 Reduce，如图 3-8 所示。

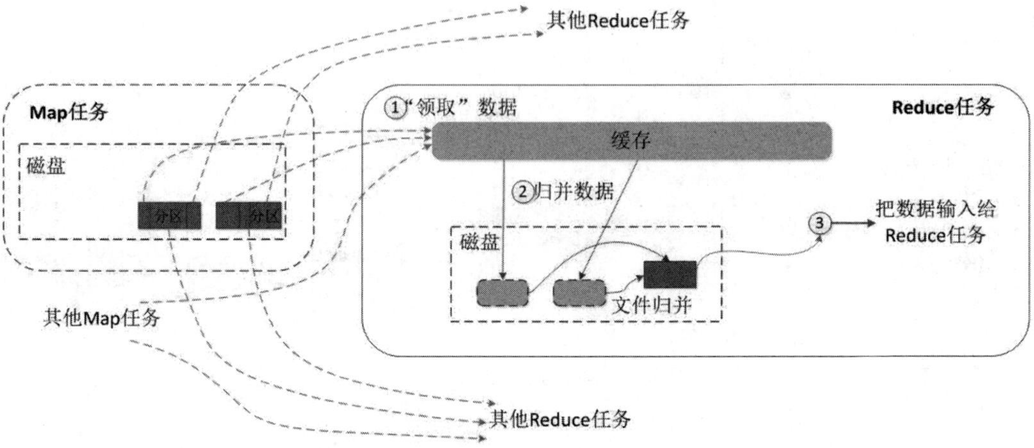

图 3-8　Reduce 端 Suffle 过程示意图

【任务实施】

Hadoop 平台单词计算案例：假设一个单词文件，统计各个单词数量。假设 3 个执行 Map 任务，一个执行 Reduce 任务。期中 Map 函数会生成<key,value>，以单词作为 key，出现次数为 value，如果是无 Combine 则归并，如<hadoop,<1,1>>，有 Combine 则合并，如<hadoop,2>，统计分解过程如图 3-9 所示。当然 MapReduce 还支持各种计算问题，如代数运算、分组及聚合运算等。

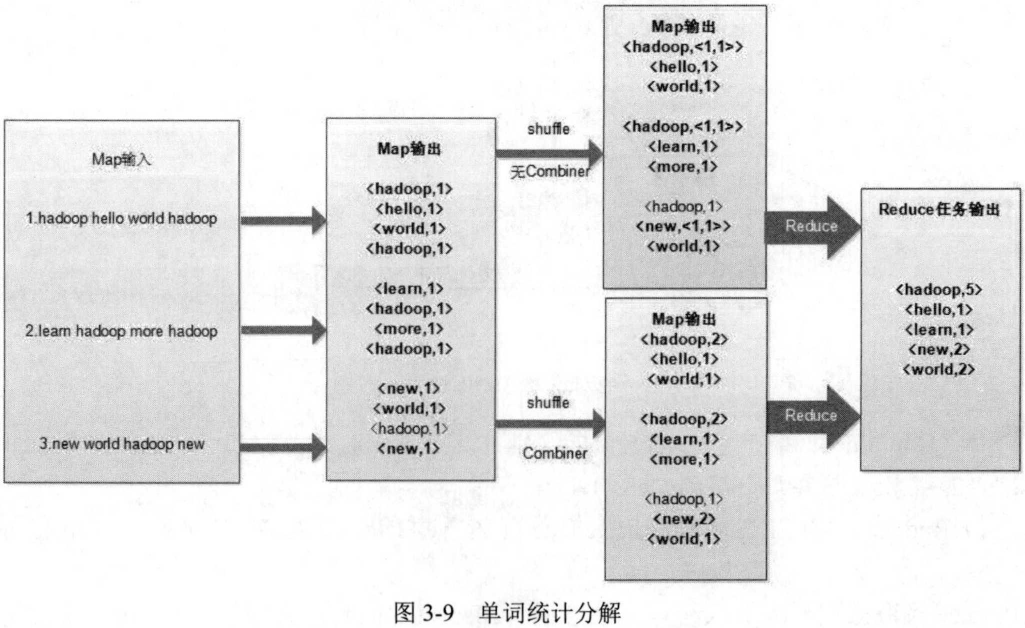

图 3-9　单词统计分解

【任务小结】

Hadoop 处理平台主要对离线大批量数据进行分析处理，主要通过 Map 和 Reduce 拆分成多个小数据块在多台机器上并行处理，理解了它们的处理过程，也就理解了 Hadoop 大数据处理平台。

【考核评价】

评价内容	评分项	考核点	自评得分	老师考评得分
学习态度	课堂表现、学习活动态度（40 分）	积极主动（10 分）、沟通合作（10 分）、课堂讨论（10 分）、课后作业（10 分）		
知识技能目标	MapReduce 架构及运行流程（20 分）	理解 MapReduce 架构及运行流程（20 分）		
	MapReduce 函数及工作流程（20 分）	理解 MapReduce 函数及工作流程（20 分）		
	理解案例（20 分）	掌握案例计算方法（20 分）		
总得分				

任务 3　大数据综合处理平台 Spark

【任务描述】

Spark 大数据处理平台是一个综合性平台，一个用来实现快速而通用的集群计算的平台。在速度方面，Spark 扩展了广泛使用的 MapReduce 计算模型，并且高效地支持更多计算模式，包括交互式查询和流处理。Spark 提供了一个强大的技术栈，是基于 One Stack to rule them all 的理念实现一体化、多元化的大数据处理平台，轻松应对大数据处理的查询语言 Spark SQL、机器学习工具 MLlib、图计算工具 GraphX、实时流处理工具 Spark Streaming，是无缝连接的综合处理平台，因此 Spark 是多样化工作负载处理任务的不错选择。

【任务目标】

了解 Spark 生态系统，掌握 Spark 运行原理和核心概念 RDD。

【知识链接】

1. Spark 简介及特点

Spark 最初是由美国加州大学伯克利分校（UC Berkeley）的 SMP 实验室于 2009 年基于内存计算的大数据并行计算框架开发。它与 Hadoop 有很深的血缘，从最开始的设计，Spark 就是为了代替 MapReduce。

Spark 的主要特点： 结合了 SQL、Streaming 和复杂分析，提供了大量的类库，包括结构化查询语言（SQL）、数据集（DataFrames）、机器学习（MLlib）、图计算（GraphicX）和实时流处理（Spark Streaming），可以把这些类库无缝融合在一个 App 中，减少了开发和维护的人力成本以及部署平台的物力成本。

2. Spark 生态系统

Spark 生态系统

Spark 设计遵循“一个软件栈满足不同应用场景”的理念，形成了一套完整的生态系统。它的生态系统以 Spark Core 为核心，能够读取传统文件（如文本文件）、HDFS、Amazon S3、Alluxio 和 NoSQL 等数据源，利用 Standalone、YARN 和 Mesos 等资源调度管理，完成应用程序分析与处理。这些应用程序来自 Spark 的不同组件，如 Spark Shell 或 Spark Submit 的交互式批处理方式、Spark Streaming 的实时流处理应用、Spark SQL 的即席查询、BlinkDB 的权衡查询、MLbase/MLlib 的机器学习、GraphX 的图处理和 SparkR 的数学计算等。因此该生态系统足以应对批处理、交互式查询和流数据处理，是一个综合的大数据处理平台。

Spark 具体功能如下：

（1）Spark Core。Spark Core 是整个生态系统的核心组件，是一个分布式大数据处理框架。Spark Core 提供了多种资源调度管理，通过内存计算、有向无环图（DAG）等机制保证分布式计算的速度，并引入了 RDD 的抽象保证数据的高容错性

（2）Spark Streaming。Spark Streaming 主要为实时流处理，可以对多种数据源（如 Kafka、Flume、Twitter 和 ZeroMQ 等）进行类似 Map、Reduce 和 Join 等复杂操作，并将结果保存到外部文件系统、数据库或应用到实时仪表盘。Spark 引擎对短任务（几十毫秒）能够进行批处理，并且可将结果输出至其他系统中，但是如需毫秒级别的流处理，需要使用 STORM 实时流处理平台。

（3）Spark SQL。Spark 允许开发人员直接处理 RDD，开发人员可以轻松地使用 SQL 命令进行外部查询，同时进行更复杂的数据分析。

（4）Mllib。Spark 实现一些常见的机器学习算法和实用程序，包括分类、回归、聚类、协同过滤、降维以及底层优化，该算法可以进行可扩充。

（5）GraphX。GraphX 是 Spark 中用于图和图并行计算的 API，可以认为是 GraphLab 和 Pregel 在 Spark 上的重写及优化，如图 3-10 所示。

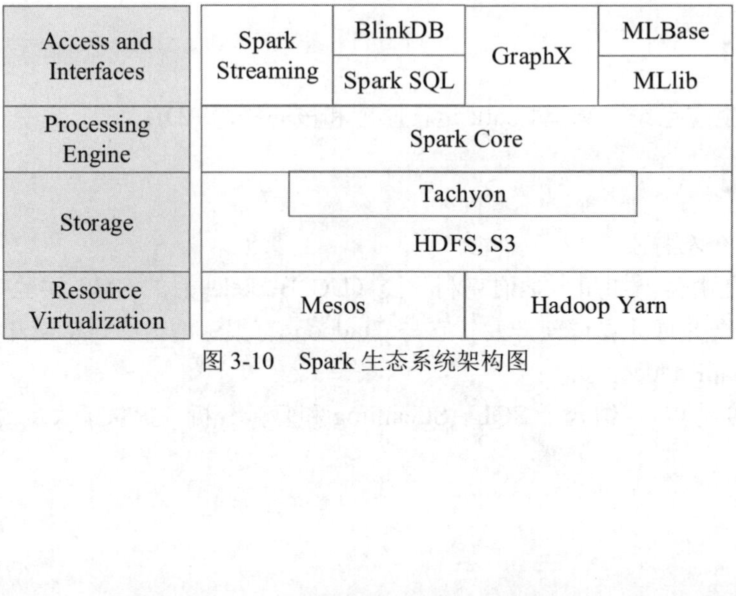

图 3-10　Spark 生态系统架构图

3. Spark 运行原理

Spark 架构采用了分布式计算中的 Master-Slave 模型。Master 是对应集群中含有 Master 进程的节点，Slave 是集群中含有 Worker 进程的节点。Master 作为整个集群的控制器，负责整个集群的正常运行；Worker 相当于是计算节点，接收主节点命令与进行状态汇报；Executor 负责任务的执行；Client 作为用户的客户端负责提交应用；Driver 负责控制一个应用的执行。

Client 提交应用，Master 找到一个 Worker 启动 Driver，Driver 向 Master 或者资源管理器（Cluster Manager 是集群中获取资源外部服务）申请资源，之后将应用转化为 RDD Graph，再由 DAGScheduler 将 RDD Graph 转化为 Stage 的有向无环图提交给 TaskScheduler，由 TaskScheduler 提交任务给 Executor 执行。在任务执行的过程中，其他组件协同工作，确保整个应用顺利执行，如图 3-11 所示。

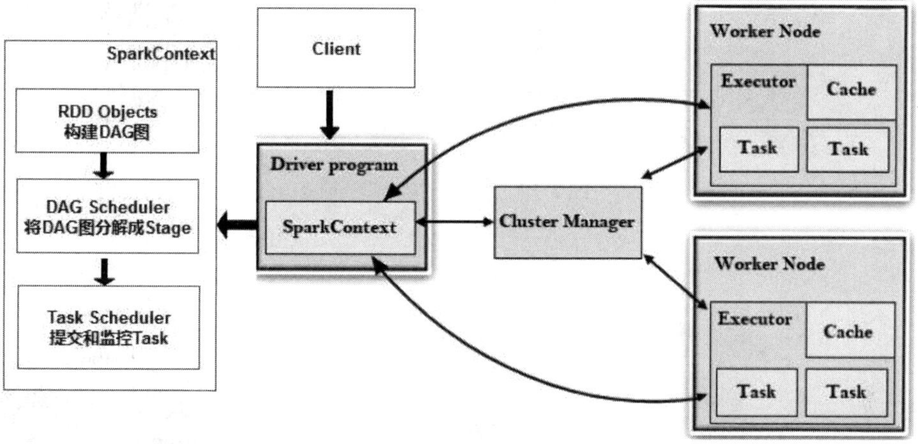

图 3-11　运行架构图

4. Spark 核心概念 RDD

RDD 是 Spark 的计算模型。RDD（Resilient Distributed Datasets）叫作弹性分布式数据集合，是 Spark 中最基本的数据抽象，它代表一个不可变、只读的、被分区的数据集。操作 RDD 就像操作本地集合一样，有很多的方法可以调用，使用方便，并且无须关心底层的调度细节，RDD 支持丰富的转换操作（如 map、join、filter、groupBy 等）。

RDD 有如下几个特点：

（1）分区。RDD 在逻辑上是分区的，每个分区的数据是抽象存在的，计算的时候会通过一个 compute 函数得到每个分区的数据。如果 RDD 通过已有的文件系统构建，则 compute 函数读取指定文件系统中的数据，如果 RDD 通过其他 RDD 转换而来，则 compute 函数执行转换逻辑将其他 RDD 的数据进行转换。

（2）只读。若想要改变 RDD 中的数据，只能在现有的 RDD 基础上创建新的 RDD。由一个 RDD 转换到另一个 RDD，RDD 可以通过丰富的操作算子实现，例如 filter、join、union 等，如图 3-12 所示。

（3）依赖。RDDs 通过操作算子进行转换，转换得到的新 RDD 包含了从其他 RDDs 衍生所必需的信息，RDDs 之间维护着这种血缘关系，也称之为依赖。依赖包括两种（如图 3-12

所示)，一种是窄依赖，RDDs之间分区是一一对应的，另一种是宽依赖，下游RDD的每个分区与上游RDD（也称之为父RDD）的每个分区都有关，是多对多的关系。RDDs之间的这种依赖关系，一个任务流可以描述为DAG（有向无环图），如图3-13所示，在实际执行过程中宽依赖对应于Shuffle（图中的reduceByKey和join），窄依赖中的所有转换操作可以通过类似于管道的方式完成。

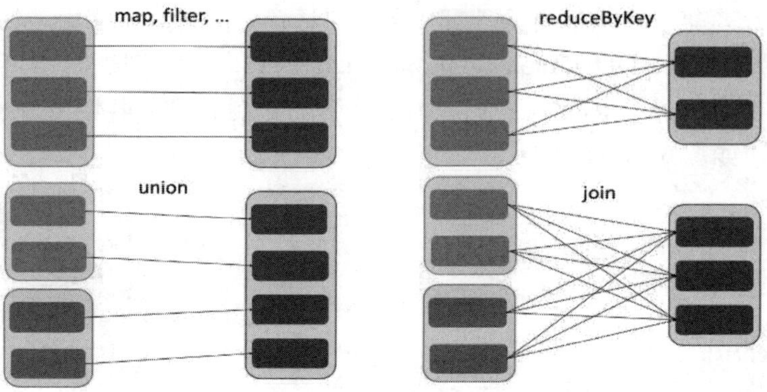

图3-12　多种转换示意图

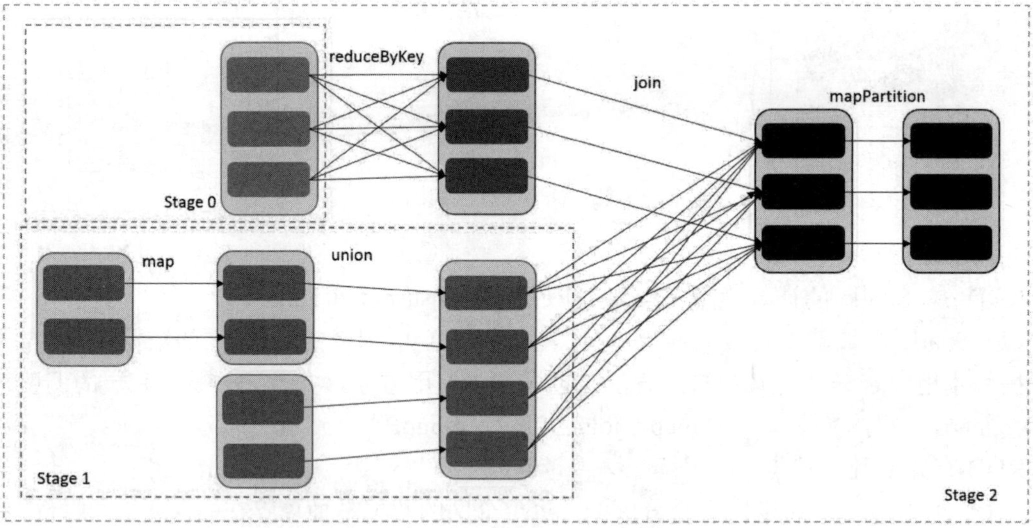

图3-13　map和union执行图

（4）缓存。应用程序中多次使用同一个RDD，可以将该RDD缓存起来，直接从缓存处取而不用再根据血缘关系计算，加速后期的重复使用。

【任务实施】

Spark平台单词统计案例解析：Spark应用程序实例WordCount，统计一个数据集中每个单词出现的次数，首先将从HDFS中加载数据得到原始RDD-0，其中每条记录为数据中的一行句子，经过一个flatMap操作，将一行句子切分为多个独立的词，得到RDD-1；再通过map

操作将每个词映射为key-value形式，其中key为词本身，value为初始计数值1，得到RDD-2；将RDD-2中的所有记录归并，统计每个词的计数，得到RDD-3，最后将其保存到HDFS，如图3-14所示。

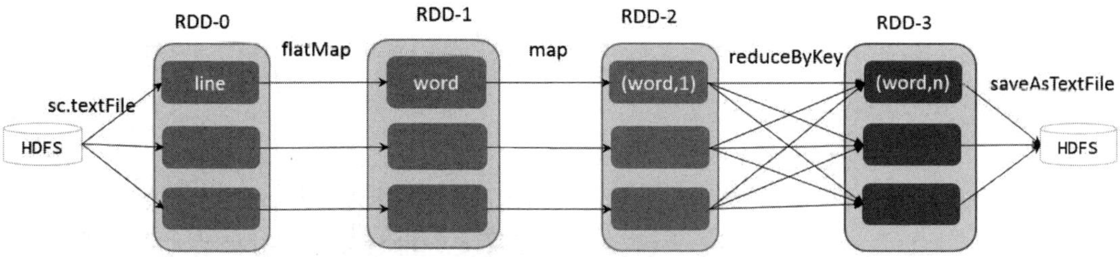

图3-14 统计流程

【任务小结】

Spark是一个综合处理平台，中间结果放内存，加速后续查询及处理过程，RDD弹性分布式数据集模型为核心，系统架构支持Spark SQL、MLib、Graphx、Streaming及更丰富的API，从而应用更加广泛。

【考核评价】

评价内容	评分项	考核点要求	自评得分	老师考评得分
学习态度	课堂表现、学习活动态度（40分）	积极主动（10分）、沟通合作（10分）、课堂讨论（10分）、课后作业（10分）		
知识技能目标	Spark生态系统（20分）	Spark生态系统架构及各知识点（20分）		
	Spark运行原理（20分）	了解Spark运行过程（20分）		
	Spark核心RDD（20分）	了解Spark核心RDD（20分）		
总得分				

项目拓展

了解离线数据采集与实时数据采集的数据源和采集方式有什么不同？

思考与练习

1．Hadoop大数据处理平台的数据处理流程。
2．如何理解Spark处理平台的RDD数据集？

项目 4　大数据采集与存储

项目导读

数据源是开展大数据分析的材料，而数据的采集与存储为后续的数据分析提供了必要的材料基础。随着大数据时代的到来，数据的类型变得更加纷繁复杂，数据的容量也变得越来越大，这就给数据的采集与存储提出了新的挑战。如何有效地采集到数据，并且突破数据存储的瓶颈，是本章要探讨的重要问题。

教学目标

- 学会信息甄别，提升信息素养。
- 在成长中正确认识自己的特点，发挥好自己的长处。
- 了解传统数据与大数据的区别。
- 掌握大数据采集的主要技术。
- 掌握数据预处理的实现过程。
- 掌握主要大数据的存储技术。
- 认识并掌握 HDFS 文件系统的基本操作。

任务 1　数据采集

【任务描述】

数据采集是开启大数据分析的第一步，是利用一种装置从系统外部采集数据并输入到系统内部的一个接口。数据采集的完整性和质量将影响大数据分析的结果。在进行大数据采集之前，首先要了解将要采集的数据类型和数据来源，进而选择对应的采集技术与工具。针对多样的数据类型和来源，数据采集系统一般都整合了信号、传感器、激励器、信号调理、数据采集设备和应用软件。在互联网行业快速发展的今天，数据采集已经被广泛应用于互联网及分布式领域，比如摄像头和麦克风都是数据采集工具。

【任务目标】

- 掌握大数据采集的不同类型及特点。
- 掌握大数据采集的常用方法。
- 了解常见的数据采集技术和工具。

【知识链接】

1. 大数据采集类型

首先需要分清传统数据体系和大数据体系中数据类型的区别。传统的数据采集来源比较单一，而且在存储、管理和分析时用到的数据量也相对较小，大多数时候采用关系型数据库和并行数据仓库就可以处理。传统的并行数据库技术追求的是高度的一致性和容错性，这样比较难以保证可用性和扩展性。传统数据体系中包括业务数据和行业数据，没有考虑过的新数据类型包括内容数据、线上行为数据和线下行为数据三大类。大数据采集与传统数据的采集有很大的不同，表 4-1 列出了传统数据采集方式与大数据采集方式的各自特点。

表 4-1　传统数据采集方式与大数据采集方式对比表

对比分类	传统的数据采集	大数据的数据采集
数据来源	来源单一，数据量相对大数据较小	来源广泛，数据量巨大
数据类型	结构单一	数据类型丰富，包括结构化、半结构化、非结构化
数据处理	关系型数据库和并行数据仓库	分布式数据库

在现代多种技术快速发展与应用的情况下，数据的产生形式多样，也就形成了采集类型的多样性。数据采集是将各类数据源采集和引入企业大数据平台的过程，是大数据平台的基础。数据从业务端产生到分析或者反哺业务使用，需要经过一系列的清洗、处理过程。而这一过程带来时间窗口大小，就是数据的时效性。按采集的时效性即数据延迟的大小，可以分为离线采集和实时采集。离线数据一般是指历史数据，包括操作日志以及基础数据，数据量比较大，数据来源以数据库为主；实时数据主要是指延迟小的数据，例如延迟为毫秒、秒、分钟级，而小时级的延迟数据称为“准实时数据”，一般数据量比较小，数据来源单一。而按采集的源头又可把采集的类型分为 Web 端、App 端、传感器、数据库、第三方数据源等。

2. 大数据采集技术

（1）采集技术分类。数据源的种类多，数据的类型繁杂，数据量大，并且产生的速度快，传统的数据采集方法完全无法胜任。所以，大数据采集技术面临着许多技术挑战，一方面需要保证数据采集的可靠性和高效性，同时还要避免脏数据。所以要考虑的非常多，包括数据文件的大小，数据采集的频率、传输的方式和采集的模式等。数据采集的方法根据需求、数据源的类型、数据格式、数据量、数据产生速度等因素的不同，需要采取不同的方法。针对不同的数据源，大数据采集方法有以下几大类。

1）数据库采集。传统企业会使用传统的关系型数据库 MySQL 和 Oracle 等来存储数据。随着大数据时代的到来，Redis、MongoDB 和 Hbase 等 NoSQL 数据库也常用于数据的采集。企业通过在采集端部署大量数据库，并在这些数据库之间进行负载均衡和分片，来完成大数据采集工作。

2）系统日志采集。系统日志采集主要是收集公司业务平台日常产生的大量日志数据，供离线和在线的大数据分析系统使用。日志收集系统所具有的基本特征是高可用性、高可靠性、可扩展性。系统日志采集工具采用分布式架构，能够满足每秒数百兆字节的日志数据采集和传输需求。

3）网络数据采集。网络数据采集是指通过网络爬虫或网站公开 API 等方式从网站上获取数据信息的过程。网络爬虫会从一个或若干初始网页的 URL 开始获得各个网页上的内容，并且在抓取网页的过程中，不断从当前页面上抽取新的 URL 放入队列，直到满足设置的停止条件为止。这样可将非结构化数据、半结构化数据从网页中提取出来，存储在本地的存储系统中。

4）感知设备数据采集。感知设备数据采集是指通过传感器、摄像头和其他智能终端自动采集信号、图片或录像来获取数据。大数据智能感知系统需要实现对结构化、半结构化、和非结构化的海量数据进行智能化识别、定位、跟踪、接入、传输、信号转换、监控、初步处理和管理等。

（2）采集技术工具。在选择采集的技术和采集的工具时，如果对实时性要求不高，采集就可以用离线和批量的方式进行，采集的频率或者周期可以是每天、每小时等等。通常最短的间隔不会小于 5 分钟，小于 5 分钟的要求基本上就是实时了。对于离线数据的采集，广泛采用 ETL 工具。ETL 是 Extract（抽取）、Transform（转换）、Loading（装载）3 个单词首字母的缩写。目前市场上主流的 ETL 工具有 Informatica PowerCenter、IBM DataStage、Kettle 等。

相对于静止数据，实时数据是一种带有时态性的数据，与普通的静止数据最大的区别在于实时数据带有严格的时间限制，一旦处于有效时间之外，数据将变得无效。不过随着时间的推移，实时数据会变成历史数据并存储下来，以备以后使用。S4 是 Yahoo!发布的一个开源通用、分布式、可扩展、部分容错、具备可插拔功能的平台。这套平台主要是为了方便开发者开发处理流式数据的应用。Storm 是 Twitter 开源的分布式实时大数据处理框架，称为实时版 Hadoop。Flume 是 Cloudera 提供的一个高可用的、高可靠的、分布式的海量日志采集、聚合和传输的系统，Flume 提供对数据进行简单处理，并写到各种数据接受方（可定制）的能力。

【任务实施】

kettle 初体验

1. Windows 环境下安装 Kettle

首先下载 Kettle 安装包（http://www.kettle.org.cn/download）。由于 Kettle 工具是绿色无须安装的，因此只要解压下载的压缩文件即可。将 Java 和 Kettle 的安装路径都添加至系统环境变量；将数据库驱动添加至 Kettle 安装包下的 lib 文件夹下。双击 Kettle 安装目录下的 Spoon.bat 脚本，启动 Kettle。Kettle 的图形化界面大致可分为四个部分，即 Kettle 工具栏、工具图标、树形表以及工作区，具体如图 4-1 所示。

2. 利用 Kettle 采集 JSON 数据

利用 Kettle 进行 JSON 数据采集实践操作，简单的 JSON 结构如下：

```
{"data":[
  {
    "id": "1",
    "name": "Marry",
    "age": 18
  },
  {
    "id": "2",
    "name": "Tony",
```

```
        "age": 20
    }]
}
```

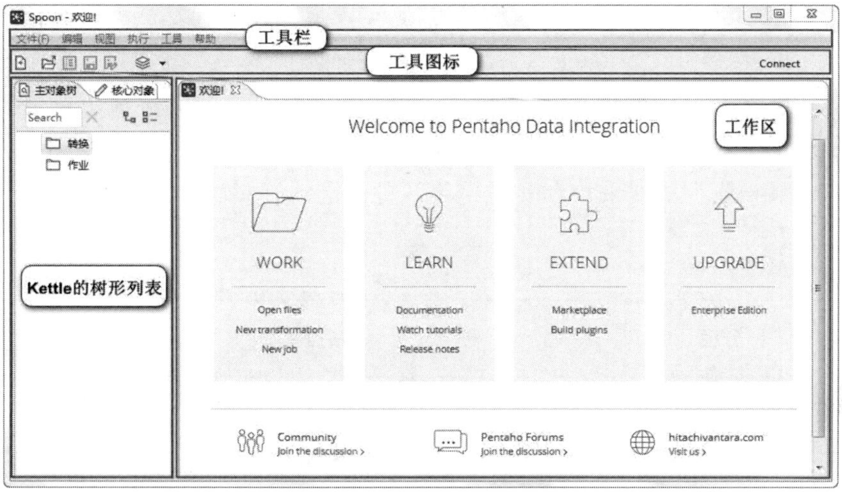

图 4-1 Kettle 的图形化界面

实施的任务是将以上内容保存在 test.json 文件中，使用 Kettle 读取此 JSON 文件，进行解析后保存到 Excel 文件中。

首先启动 Kettle（双击 spoon.bat)，创建一个转换文件 json2excel，并添加 JSON input 控件、“Excel 输出”控件和 Hop 跳连接线，具体如图 4-2 所示。

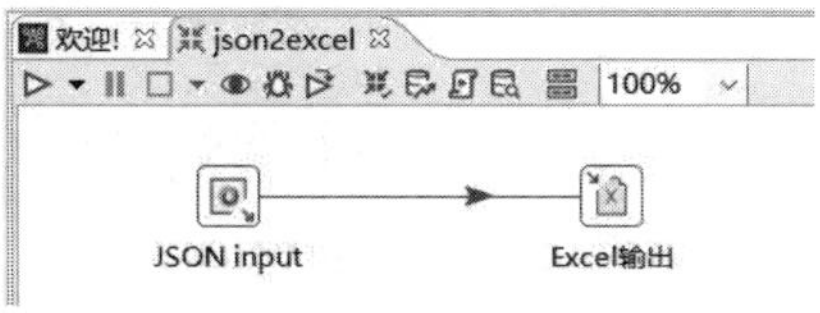

图 4-2 Kettle 数据采集实施界面

双击 JSON input 控件，进入控件配置界面，在“文件”选项卡下的“文件或路径”处浏览选择 test.json 所在路径，再选择“增加”。切换到“字段”选项，按图 4-3 所示进行配置。双击“Excel 输出”控件，进入控件配置界面，在“文件”选项卡下的“文件名”处选择导出 Excel 文件所在路径，保存后单击“运行”按钮或按 F9 键。运行无错误后即可到刚才配置的导出 Excel 文件所在位置查看 Excel 文件内容。

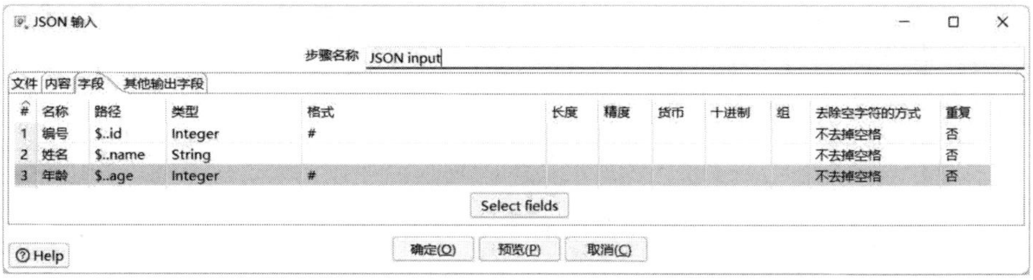

图 4-3 JSON input 控件配置界面

【任务小结】

在新的数据体系中数据可分为：业务数据、行业数据、内容数据、线上和线下行为数据。

按采集的源头又可把数据采集的类型分为 Web 端、App 端、传感器、数据库、第三方数据源等。

针对不同的数据源，大数据采集方法可分为：数据库采集、系统日志采集、网络数据采集和感知设备数据采集。

采集技术工具一般有离线采集和实时采集两种不同的工具。

【考核评价】

评价内容	评分项	考核点	自评得分	教师考评得分
学习态度	课堂表现、学习活动态度（40 分）	积极主动（10 分）、沟通合作（10 分）、课堂讨论（10 分）、课后作业（10 分）		
知识技能目标	数据采集的不同类型及特点（30 分）	能够区分传统数据与大数据的数据采集方式的异同（10 分），能够理解数据采集的类型（10 分）和区分各个特点（10 分）		
	大数据采集的常用方法（20 分）	认识按采集的源头大数据采集的方法（10 分），针对不同数据源的大数据采集的方法（10 分）		
	数据采集技术工具（10 分）	能够运用采集技术工具进行数据采集（10 分）		
总得分				

任务 2　数据预处理

【任务描述】

采集到的数据是不能直接用于分析的。这些数据各类多样、结构复杂，也必然存在一些多余或是错误的数据，如果直接用来数据分析将带来不少困难，分析后结果也会存在一定误差。因此，还需要对这些数据进行“去噪”和“清洗”，以保证数据的质量和可靠性。这时我们进入了数据的预处理阶段。

【任务目标】

- 了解数据常见的质量问题。
- 掌握数据预处理的实现过程。
- 了解并学会使用一些数据预处理工具。

【知识链接】

1. 数据预处理概述

采集到的数据的结构与要研究对象建立的模型所形成的业务需求必然存在差异，一般会存在数据质量问题，主要存在以下几个问题：

（1）准确性不够。表现在数据的精度不够细和数据存在偏离常规、分散的样本。如一个快递地址只填写到市一级，没有具体到门牌号，快递员就很难送到，这就是精度不够细。还有手机号码写错或是少写一位数，快递员就无法联系到用户，这就是准确性的问题。

（2）数据缺失。表现在应记录的数据信息不全面、数据量不够。现在我们的网页在收集表单时一般都会设置必填项来保证数据的完整性，但有些纸质的表单，用户在填写时有时会漏填一些内容，这样收集到的数据就不完整，使用起来就要进行调整或舍弃。

（3）数据冗余。表现在与反映问题无关的其他数据。与数据缺失问题相反的是，数据冗余提供的数据过多，或是有重复的记录，给数据分析带来干扰。比如在个人信息中，我们填写了出生日期，就没有必要填年龄了，因为年龄是个变化的值，有了出生日期就可以计算出年龄来。

（4）数据效用性不强。所谓效用，就是数据的质量要满足分析与决策的需要，更多的时候表现为可用性、及时性和可信性。比如在快递业务中，并不关注人的性别与年龄，地址和联系电话才是核心的信息。在驾驶导航中，需要实时的路况，同时我们也只相信权威机构发布路况信息。

从上面的分析看，从各个数据源采集到的数据都有一定的质量问题。如果使用这些数据进行分析和挖掘，可能会得到偏离正确方向的结果。因此，对初次采集到的数据按一定规则进行整理和筛选，以提升数据的质量，保证分析结果的有效性，这个过程称为数据预处理。数据预处理总体目标是为进行后续的数据挖掘工作提供可靠和高质量的数据，减少数据集规模，提高数据抽象程度和数据挖掘效率。

2. 数据预处理的实现过程

在实际处理过程中，我们需要根据所分析数据的具体情况选用合适的预处理方法，也就是根据不同的挖掘问题采用相应的理论和技术。数据预处理的主要任务包括数据清洗、数据集成、数据转换、数据归约等。数据预处理的实现过程依据采集到数据的不同质量问题，使用不同的处理方法将其调整到适合要求的范围中来。一个比较完整的处理实现过程如图 4-4 所示。

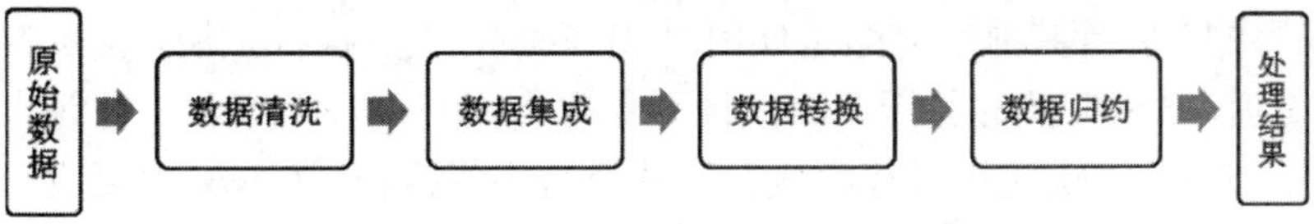

图 4-4　数据预处理的实现过程

（1）数据清洗。针对原始数据，对出现的噪声进行修复、平滑或者剔除。通过补充缺失值，消除异常数据，识别或删除重复值，消除不一致性来“清洗”数据，从而改善数据质量，提高数据挖掘的效率和精度。处理缺失值的清洗方法主要分为忽略缺失值数据和填充缺失值数据。填充缺失值依据数据特点选用统计值填充、固定值填充、最接近记录值填充、模型拟合填充、插值填充。异常值的清洗方法主要包括使用统计分析的方法识别可能的错误值、使用简单规则库检测出错误值、使用不同属性间的约束以及使用外部的数据等方法来检测和处理错误值。清洗重复值的基本步骤是识别（即匹配）→合并类似的记录→清除多余记录。重复值的清洗，首先需要在保证有效性之后进行；其次，要先清洗单个数据源的重复值，再考虑多个数据源合并。

（2）数据集成。针对来自不同数据源的数据，如果其存储的类型与元数据多数不相同，就必需进行合并和整理，从而形成统一的数据视图，以方便后续的数据处理。由于数据源存在多样性，因此需要解决可能出现的各种集成问题，这就是数据集成的主要任务。数据集成是预处理中重要的部分，它有助于减少结果数据集的冗余和不一致，有助于提高挖掘过程的准确性和速度。需要考虑的问题有识别和匹配相关实体及数据（从核心信息开始，逐步匹配扩展到其他相关信息）、统一的元数据定义（表名、字段名、类型、单位（量纲）等）、统一的数据取值（通过映射规则进行转换，保持数据一致性）、冗余数据处理（对于重复数据进行删除）、对于相关性大的数据进行适当处理。

（3）数据转换。对数据进行转换处理，使数据更符合当前任务或者算法的需要。常见的转换方式有：使用简单函数进行转换（如根和乘方转换、数和指数转换、插值和比例转换）、规范化（把属性数据按比例缩放，使之落入一个特定的小区间，如−1.0～1.0 或 0.0～1.0）、值离散化，如数值属性（如年龄）的原始值用区间标签（如 0～10、11～20 等）或概念标签（如 youth、adult、senior）替换，这些标签可以递归地组织成更高层概念，使数值属性的概念分层。

（4）数据归约。在尽可能保持数据原貌的前提下，最大限度地精简数据量。与非归约数据相比，在归约的数据上进行挖掘，所需的时间和内存资源更少，挖掘将更有效，并可以产生几乎相同的分析结果。数据归约的方法类似数据集的压缩，它通过维度的减少或者数据量的减少，来达到降低数据规模的目的，方法主要有以下两种：维度归约（减少所需自变量的个数，代表方法为小波变换（WT）、主成分分析（PCA）、特征集选择（FSS））和数量规约（用较小的数据表示形式替换原始数据）。数据归约的意义在于降低无效、错误数据对建模的影响，提高建模的准确性；少量且具代表性的数据将大幅缩减数据挖掘所需的时间、降低储存数据的成本。

在数据处理的实际过程中，这些步骤不一定有明显的界线，有时是一起使用的，有些也不一定都要经历每个步骤，一切取决于数据源的质量和我们对数据使用的要求。

3. 数据预处理的主要工具

（1）Hawk。Hawk 的含义为“鹰”，是一种数据采集和清洗工具，是依据 GPL 协议开源、基于 C#语言编写的，并且其前端界面是使用 WPF 开发，支持插件扩展，能够高效、准确地捕杀猎物。也就是说，Hawk 能够灵活、有效地采集来自网页、数据库和文件等来源的数据，并通过可视化的拖拽操作，快速地进行生成、过滤及转换等操作。Hawk 主要应用于爬虫和数据清洗等领域。

（2）PowerCenter。Informatica PowerCenter 是 Informatica 公司开发的世界级的企业数据集成平台，也是业界领先的 ETL 工具。Informatica PowerCenter 用于访问和集成几乎任何业务系统、任何格式的数据，它可按任意速度在企业内交付数据，具有高性能、高可扩展性、高可用性的特点。Informatica PowerCenter 提供了多个可选的组件，以扩展 Informatica PowerCenter 的核心数据集成功能，这些组件包括数据清洗和匹配、数据屏蔽、数据验证、元数据交换等。

（3）DataStage。IBM 的 InfoSphere DataStage 简称 DataStage，它是一个领先的 ETL 平台，可跨多个企业系统集成数据。DataStage 利用高性能并行框架，可根据项目需求，在云中或者本地部署 ETL 环境，它支持 HBase、Hive、Amazon 以及 MongoDB 等数据库的连接，可以灵活、有效地更新和管理数据继承的基础架构。

（4）其他工具。其实还有很多平时使用的软件都是数据预处理工具。比如上一节提到的 Pentaho Kettle，就是一个很成熟和全面的处理软件；Excel 也是很普遍的工具，大部分人都会使用，只是数据量一大运行就比较慢，需要通过编写函数提升效率。此外，还有很多行业的数据处理软件，能够做到更好的数据针对性。

数据预处理流程

【任务实施】

1. 数据预处理任务分析

现有如表 4-2 所示的学生成绩表数据，从表中的数据来看，主要的数据质量问题有：数据存在重复值，性别一列的属性值同义不同值，各科目的成绩存在空值不利于统计。现在需要统计学生的总成绩，并将总成绩分为 A（≥240）、B（≥180）、C（<180）三个等级。在进行统计之前，需要进行数据的预处理，以保证数据的质量，才能达到正确分析学生的成绩分布情况。

表 4-2　学生成绩表

学号	性别	语文	数学	英语
1	男	84	81	76
2	Male	63	62	69
3	女	74	62	53
4	Female		86	72
5	男	67	52	70
6	Female	79	88	80
7	女	75	80	53
8	Female	69	50	97
9	Male	53	66	74
10	Female	71	80	78
11	Male	63	90	63
12	女	82		90
13	Female	70	72	54
14	Female	69	75	86
15	男		72	74
6	Female	79	88	80
12	女	82		90

2. 利用 Kettle 进行数据预处理

启动 Kettle（双击 spoon.bat），创建一个转换 switch，并分别添加“Excel 输入”“唯一行（哈希值）”“值映射”“替换 NULL 值”“计算器”“数值范围”“Excel 输出”控件以及 Hop 跳连接线，如图 4-5 所示。

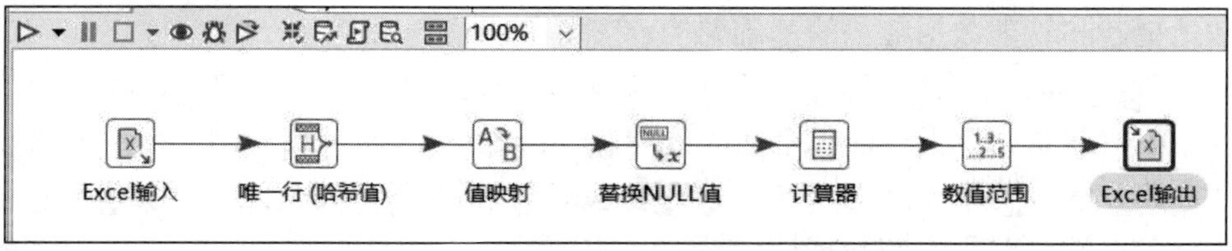

图 4-5　Kettle 数据预处理实施界面

（1）“Excel 输入”控件。其主要任务是读入源数据。在“文件”选项卡下的“文件或目录”选择要进行处理的 Excel 源文件，再选择“增加”；切换到“工作表”选项，通过获取工作表选择数据所在 Excel 文件工作表的名称；切换到“字段”选项，自动获取来自头部数据的字段。最后通过预览记录，如果能看到表数据，说明配置正确。

（2）“唯一行（哈希值）”控件。其主要任务是以学号为比较字段删除重复项。只需要在“字段选择”中选择“学号”即可。

（3）“值映射”控件。其主要任务是将性别一列中用英语表示的属性值替换为中文，达到属性值同义同值。将字段名选为“性别”，然后在“字段值”设置处将源值 Male、Female 后面的目标值分别填为男、女。

（4）“替换 NULL 值”控件。其主要任务是将各科目成绩为空的位置都用默认值 0 填充，方便后面的统计。在设置页面中勾选“选择值类型”，然后选择类型为 Number，值替换为 0。

（5）“计算器”控件。其主要任务是将每位学生三科的成绩求和得出个人总分，为进行成绩分级提供辅助数据，其字段设置如图 4-6 所示。

字段:

#	新字段	计算	字段A	字段B	字段C	值类型	长度	精确度	移除
1	总分	A + B + C	数学	英语	语文	Number			否

图 4-6　Kettle“计算器”控件配置界面

（6）“数值范围”控件。其主要任务是依据总分进行粒度转换，将总成绩分为 A（≥240）、B（≥180）、C（<180）3 个等级，其字段设置如图 4-,7 所示。

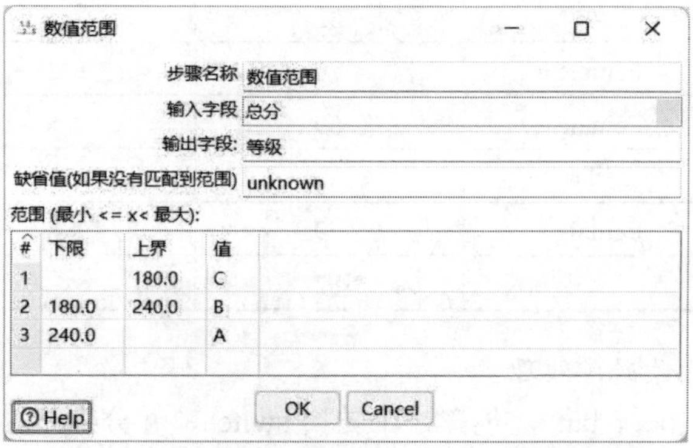

图 4-7　Kettle“数值范围”控件配置对话框

（7）“Excel 输出”控件。其主要任务是把经过预处理转换后的数据导出到一个新的文件中。进入控件配置界面，在“文件”选项卡下的“文件名”处选择“导出 Excel 文件所在路径”，保存后单击“运行”按钮或按 F9 键。运行无错误后即可到刚才配置的导出 Excel 文件所在位置，查看 Excel 文件内容。

【任务小结】

采集到的数据一般都存在质量问题，主要体现在准确性不够、数据缺失、数据冗余、数据效用性不强。

数据预处理的主要任务包括数据清洗、数据集成、数据转换、数据归约等。

数据预处理的实现需要借助一定的工具，主要使用以 ETL 的体系结构为主的工具。

【考核评价】

评价内容	评分项	考核点	自评得分	教师考评得分
学习态度	课堂表现、学习活动态度（40 分）	积极主动（10 分）、沟通合作（10 分）、课堂讨论（10 分）、课后作业（10 分）		
知识技能目标	数据常见的质量问题（10 分）	能够理解数据常见质量问题的表现形式（10 分）		
	数据预处理的实现过程（20 分）	能够理解数据预处理过程（10 分）以及每个阶段的主要任务（10 分）		
	数据预处理工具（30 分）	了解 ETL 的体系结构（10 分），了解并能够使用 Kettle 工具进行数据的预处理（20 分）		
总得分				

任务 3　大数据存储

【任务描述】

随着数据量的增加和数据类型的多样化，仅通过传统扩展硬盘数量及容量的方式已经不能满足存储的需求了。面对新的挑战，关系数据库开始显得力不从心，因此，解决大数据存储的问题，将打通大数据的发展瓶颈。那么，大数据的存储方式有哪些转变？又有哪些新技术？

【任务目标】

- 掌握数据的五大存储模型。
- 掌握数据存储技术及其特点。

【知识链接】

1. 数据存储模型

数据作为一种资产，若少了存储，就成了无根之木，失去了后续挖掘的价值。大数据时代的来到，数据量产生了井喷似的增长，数据类型重心也由传统的结构化向非结构化转变。那么，数据的存储方式也要从传统的通过寻求更大容量的存储介质向分布式转变。数据的分布存储将数据分散存储到多个存储服务器上，并把这些分散在各个服务器上的存储资源搭建一个虚拟的存储设备。与传统数据存储投入相比，数据采取分布式存储方式可以减少硬件设备的投入、专业人员的配置以及存储厂商的制约，直接利用服务器上的磁盘进行存储，降低了用户在存储数据成本。

数据的存储可能是一个数据库、一个 Hive 或者云储存器，可能还有别的存储，这就需要规划出数据在这些存储系统中的分布。根据采集到的数据类型的不同，选择不同的存储平台。根据数据存储于介质中的表现形式，又可以分为行存储模型、列存储模型、键值存储模型、文档存储模型、图形存储模型。

（1）行存储模型。行存储是关系模型中常用的存储方式，在关系模型中使用记录（行或者元组）进行存储，记录存储在表中，表由表结构所界定。表中的每一列都用名称和类型，表中所有的数据都要符合表结构的定义。在物理存储方面，行存储模式是把数据库中一行中的数据值串在一起存储起来（行头信息，列长，列值），然后再存储下一行数据，以此类推。以行相关的存储体系架构进行空间分配，主要适合小批量的数据处理，常用于联机事务型数据处理。行存储模型不能满足这 3 个需求：对数据库高并发读写需求、对海量数据的高效率存储和访问需求、对数据库高可扩展性和高可用性需求，不适合分布式、高并发和海量数据。MySQL 等关系数据库就是行存储模型。

（2）列存储模型。列存储模型是以列相关存储架构进行数据存储，它以流的方式在列中存储所有的数据，主要适合批量数据处理和随机查询。在物理存储方面，列存储模型是把一列中的数据值串放在一起存储起来，然后再存储下一列数据，以此类推。列存储模型的特点是查询快，由于查询需要读取的 blocks 少；数据压缩比高，正因为同一类型的列存储在一起。同一类型的列存储在一起，简化了数据建模的复杂性，但是插入更新慢，不太适合总是变化的数据，它是按列存储的。它适合做 DSS（决策支持系统），是 BI 的优秀选择，也适合数据集市、数据仓库，但它不适合 OLTP。

（3）键值存储模型。键值存储，即 Key-Value 存储，简称 KV 存储。其中，Key 指存储的索引，Value 指索引所对应的值，它是 NoSQL 存储的一种方式。键值存储按照键值对的形式进行组织，即索引和存储，因此它不适合涉及过多数据关系的数据，但这种存储方式能够有效降低磁盘的读写次数，比传统的 SQL 关系数据库拥有更好的读写性能。键值存储实际是分布式表格系统的一种。STL 库中 map 和 hash_map，Java 中 hash_table 和 hash_map 就是键值存储。

（4）文档存储模型。文档存储支持对结构化数据的访问，不同于关系模型文档存储没有强制的架构。事实上，文档存储以封包键值对的方式进行存储。在这种情况下，应用对要检索的封包采取一些约定，或者利用存储引擎的能力将不同的文档划分成不同的集合，以管理数据。与关系模型不同的是文档存储模型支持嵌套结构。例如，文档存储模型支持 XML 和 JSON 文档，字段的“值”又可以嵌套存储其它文档。文档存储模型也支持数组和列值键。与键值存储不同的是文档存储关心文档的内部结构。这使得存储引擎可以直接支持二级索引，从而允许对任意字段进行高效查询。支持文档嵌套存储的能力，使得查询语言具有搜索嵌套对象的能力。MongoDB 是对 SQL 和 ACID 支持的比较全面的数据库，通过支持在查询中指定 JSON 字段路径实现类似的功能。不过，比较多的还是介绍日志的采集和存储、小文件的分布式存储、类似互联网微博应用的数据存储等方面的内容。

（5）图形存储模型。图形存储对应的是图数据库、存储顶点和边的信息，并且支持添加注释。图数据库可用于对事物建模，如社交图谱、真实世界的各种对象等。图数据库的查询语言一般用于查找图形中端点的路径或端点之间路径的属性，例如 Neo4j 是一个典型的图数据库。

2. 大数据存储技术

数据经过采集后，最后还是要存储到数据仓库当中。大数据容量为 PB 级的数据规模，因此，海量数据存储系统需要具有一定相应等级的扩展能力。与此同时，存储系统的扩展一定要简便，可以通过增加模块或增加磁盘柜的方式来增加容量，甚至不需要停机。基于这样的需求，技术人员纷纷研发和采用了一批新技术，主要包括分布式缓存、基于 MPP 的分布式数据库、分布式文件系统、各种 NoSQL 分布式存储方案等。

（1）分布式缓存。分布式缓存使用 CARP（Caching Array Routing Protocol）技术，可以产生一种高效率、无接缝式的缓存，使用上让多台缓存服务器形同一台，并且不会造成数据重复存放的情况。分布式缓存提供的数据内存缓存可以分布于大量单独的物理机器中。换句话说，分布式缓存所管理的机器实际上就是一个集群。它负责维护集群中成员列表的更新，并负责执行各种操作，比如在集群成员发生故障时执行故障转移，以及在机器重新加入集群时执行故障恢复。新浪 MemcacheDB 是一个分布式、Key-Value 形式的持久存储系统。淘宝 Tair 也是 Key-Value 结构存储，在淘宝得到了广泛使用。

（2）基于 MPP 的分布式数据库。分布式数据库系统通常使用较小的计算机系统，每台计算机可单独放在一个地方，每台计算机中都有 DBMS 的一份完整拷贝副本，并具有自己局部的数据库，位于不同地点的多台计算机通过网络互相连接，共同组成一个完整的、全局的大型数据库。分布式数据库系统是在集中式数据库系统的基础上发展起来的，是计算机技术和网络技术结合的产物。分布式数据库系统适合于单位分散的部门，允许各个部门将其常用的数据存储在本地，实施就地存放、本地使用，从而提高响应速度，降低通信费用。

分布式数据库的核心——数据分片、数据同步。数据分片是分布式数据库的技术创新。它可以突破中心化数据库单机的容量限制，从而将数据分散到多节点，以更灵活、高效的方式来处理数据。数据同步是分布式数据库的底线。由于数据库理论传统上是建立在单机数据库基础上，而引入分布式理论后，一致性原则被打破。因此需要引入数据库同步技术来帮助数据库恢复一致性。Oracle RAC 就是一个分布式数据库，其运行于集群之上，为 Oracle 数据库提供了最高级别的可用性、可伸缩性和低成本计算能力。

（3）分布式文件系统。分布式文件系统是一种允许文件根据网络协议通过网络在多台主机上分享的文件系统，可以让多机器上的多用户分享文件和网络空间。它允许客户访问和处理存储在网络中多台主机上的数据，就好像数据是在客户自己的主机上。多个客户端可以同时访问相同的数据，服务器必须有一个机制进行组织和更新，以便客户端总是接收最新版本的数据，并且数据不出现冲突。分布式文件系统通常使用文件或数据库复制（分布在多个服务器上的数据副本），以防止数据访问失败。即使系统中有少数节点脱机，系统仍然可以持续运作而不会有数据损失。分布式文件系统最典型的是 Google 的 GFS。还有 HDFS 也是一个分布式文件系统，是 Hadoop 的核心组件，我们在下一节将详细介绍。

（4）各种 NoSQL 数据库分布式存储方案。NoSQL 数据库指的是非关系型的数据库。NoSQL 是一项全新的数据库革命性运动，早期就有人提出，发展至 2009 年趋势越发高涨。

NoSQL 的拥护者们提倡运用非关系型的数据存储，相对于铺天盖地的关系型数据库运用，这一概念无疑是一种全新的思维的注入。HBase（分布式数据库）是一种 NoSQL（非关系型数据库）模型，经常用于分布式环境里，是一个分布式的结构化数据存储系统。MongoDB 是由 C++语言编写的，是一个基于分布式文件存储的开源 NoSQL 数据库系统。MongoDB 文档类似于 JSON 对象。字段值可以包含其他文档，数组及文档数组。

（5）云数据库。云数据库是基于云计算技术发展的一种共享基础架构的方法，是部署和虚拟化在云计算环境中的数据库。云数据库具有高可扩展性、高可用性、采用多租形式和支持资源有效分发等特点。

Windows 平台安装 MongoDB

【任务实施】

1. MongoDB 安装

从 MongoDB 官网（https://www.mongodb.com/download-center/community）下载安装，体验 NoSQL 数据库与关系数据库的不同。

2. Linux 环境下安装 MemcacheDB

MemcacheDB 是一款分布式键值持久存储系统，由新浪开发。网络 socket 数据处理依赖于 Libevent，存储引擎方面使用 Berkeley Db，支持主从复制模式。所以安装 MemcacheDB 之前需要安装 Libevent 和 Berkeley Db。

Libevent 下载地址为 http://monkey.org/，下载最新版本。Berkeley Db 下载地址为 http://www.oracle.com/technology/software/products/berkeley-db/index.html。MemcacheDb 下载地址为 http://code.google.com/p/memcachedb/ 或 https://www.oschina.net/p/memcachedb。

【任务小结】

大数据的存储根据采集到的数据类型的不同，选择不同的存储平台。

根据数据存储于介质中的表现形式，大数据的存储又可以分为行存储模型、列存储模型、键值存储模型、文档存储模型、图形存储模型。

大数据存储技术主要包括分布式缓存、基于 MPP 的分布式数据库、分布式文件系统、各种 NoSQL 分布式存储方案等。

【考核评价】

评价内容	评分项	考核点	自评得分	教师考评得分
学习态度	课堂表现、学习活动态度（40 分）	积极主动（10 分）、沟通合作（10 分）、课堂讨论（10 分）、课后作业（10 分）		
知识技能目标	数据的存储模型（35 分）	根据采集到的数据类型的不同选择哪些不同的存储平台（15 分），根据数据存储于介质中的表现形式选择大数据的存储模型（20 分）		
	数据存储技术及其特点（25 分）	能够理解数据存储技术（10 分）及其特点（15 分）		
总得分				

任务 4　分布式文件系统

【任务描述】

Hadoop 是 Apache 软件基金会旗下的一个分布式系统基础架构。Hadoop 框架核心的设计就是 HDFS 和 MapReduce，为海量的数据提供存储和计算。HDFS 使用的是传统的分级文件体系，因此，用户可以像使用普通文件系统一样创建、删除目录和文件，在目录间转移文件、重命名文件等。

【任务目标】

- 了解 HDFS 的基本概念。
- 掌握 HDFS 数据写入与读出的过程。
- 了解 HDFS 可靠性设计的内容和操作 HDFS 的方式。
- 掌握操作 HDFS 常用的 Shell 命令。

【知识链接】

1. HDFS 简介

HDFS（Hadoop Distributed File System，Hadoop 分布式文件系统）是 Apache Hadoop 核心组件之一，作为大数据生态圈底层的分布式存储服务而存在。也可以说大数据首先要解决的问题就是海量数据的存储问题。HDFS 是一种能够在普通硬件上运行的分布式文件系统，它是高度容错的，适应于具有大数据集的应用程序，它非常适于存储大型数据（比如 TB 和 PB 级别数据）。HDFS 使用多台计算机存储文件，并且提供统一的访问接口，像是访问一个普通文件系统一样使用分布式文件系统。

2. HDFS 文件的操作

（1）文件写入。用户通过简单的 HDFS API 很容易实现对大文件的写入操作。HDFS 是分布式存储理论的一个实现框架，究其 HDFS 框架内部构成，其写入过程是较复杂的，需要考虑数据块切分、集群的负载均衡、文件的存储格式等。我们可以通过图 4-8 来表述它的具体的写数据流程。

首先，HDFS Client 创建 DistributedFileSystem 对象，通过 RPC 调用 NameNode 校验客户端写入的文件名是否存在以及是否有权限写入。如果校验不通过会抛出异常，如果校验通过，NameNode 创建新文件，并在元数据中依据平台数据块的因子数分配不同的 DataNode，记录并生成列表，然后返回客户端。HDFS 客户端调用 DistributedFileSystem 对象的 create 方法，通过 FSDataOutputStream 类创建输出流对象，数据被分割成一个个小的 packet（数据在向 DataNode 传递时以 packet 为最小单位），然后排成队列。NameNode 使用复制目标选择算法检索 DataNode 列表。此列表包含将承载该块副本的 DataNode 排成一个 Pipeline。然后，客户端写入第 1 个 DataNode。第 1 个 DataNode 开始分批接收数据，将每个部分写入其本地存储库，并将该部分传输到列表中的第 2 个 DataNode。第 2 个 DataNode 又开始接收数据块的每个部分，将该部分写入其存储库，然后将该部分刷新到第 3 个 DataNode。最后，第 3 个 DataNode 将数据写入其本地存储库。因此，DataNode 可以从流水线中的前一个 DataNode 接收数据，同时将数据转发到流水线中的下一个 DataNode。因此，数据从一个 DataNode 流水线滑到下一个 DataNode。数据写入完成，客户端通过 FSDataOutputStream 类创建对象，调用 close 方法，关闭流，调用 DistributedFileSystem 对象的 complete 方法，通知 NameNode 文件写入成功。

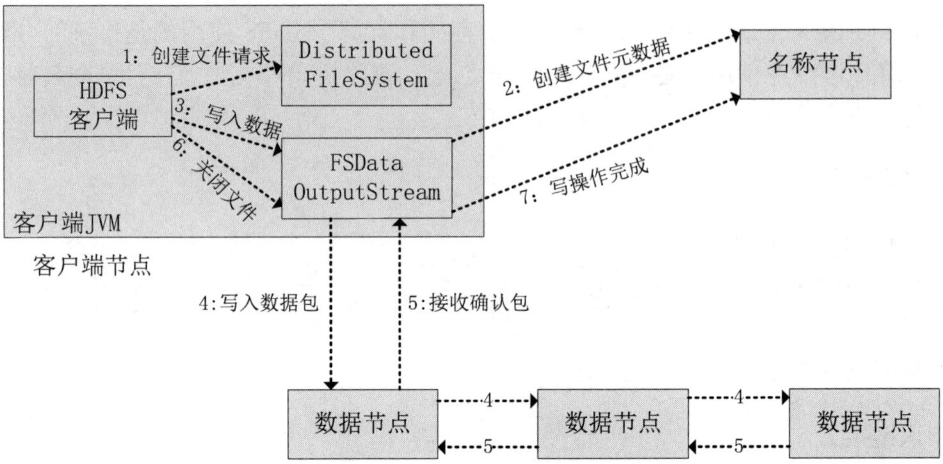

图 4-8　HDFS 写数据过程

（2）HDFS 读数据过程。与写数据类似，HDFS 用户通过简单的 HDFS API 很容易实现对大文件的读操作。客户端通过应用程序或有效工具读取集群中的数据，对数据进行分析，获取数据的价值。HDF 读数据的流程如图 4-9 所示。

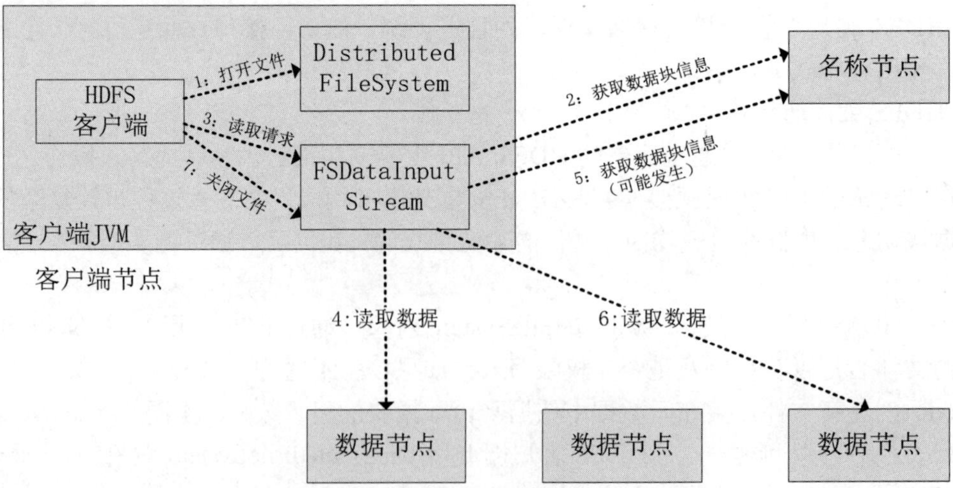

图 4-9　HDFS 读数据过程

客户端首先通过 FileSystem 对象的 open 方法开始读取数据，由 DistributedFileSvstem 类通过 RPC 调用向 NameNode 获取文件切分的数据块所在的位置。如果大文件切分的数据块较多，则 NameNode 首先返回的是文件所有数据块的前几个，这些数据块附带存储地址。如果复制因子数大于 1，则同一个数据块会按复制因子数返回多个地址，且数据块会按照 Hadoop 集群结构计算距离，距离客户端近的排在前面。如果客户端本身就是一个 DataNode，那么它就从本地读取文件。其次，DistributedFileSystem 会向客户端返回一个支持文件定位的输入流对象 FSDataInputStream，客户端调用 read 方法，DFSInputStream 会找出距离客户端最近的 DataNode 并连接。读取大文件所属数据块时，如果第 1 个数据块读完了，就会关闭指向第 1 个数据块的 DataNode 连接，接着读取下一个距离客户端最近的 DataNode 存储的数据块。这些操作对客户端来说是透明的，从客户端的角度看，这只是读一个持续不断的流。如果所有的数据块都读完了，就会关闭所有的流。

如果在读取数据块的过程中，数据块所在的 DataNode 发生异常，读取流会尝试读取与正在读的数据块同一块数据排第二近的 DataNode，同时向 NameNode 报告这个信息并记录，该数据块再被应用时，系统会跳过该 DataNode。

3. HDFS 可靠性设计

（1）安全模式。HDFS 刚刚启动时，NameNode 会进入安全模式（Safe Mode）。处于安全模式的 NameNode 不能做任何的文件操作，甚至内部的副本创建也是不允许的。NameNode 此时需要和各个 DataNode 通信，获得 DataNode 保存的数据块信息，并对数据块信息进行检查。只有通过了 NameNode 的检查，一个数据块才被认为是安全的。当认为安全的数据块所占的比例达到了某个阈值（可配置），NameNode 才会退出。

（2）次要名称节点（SecondaryNameNode）。Hadoop 中使用 SecondaryNameNode 来备份 NameNode 的元数据，以便在 NameNode 失效时能从 SecondaryNameNode 恢复出 NameNode 上的元数据。NameNode 中保存了整个文件系统的元数据，而 SecondaryNameNode 的作用就是周期性（周期的长短也是可以配置的）保存 NameNode 的元数据。这些元数据中包括文件镜像数据 FsImage 和编辑日志数据 EditLog。FsImage 相当于 HDFS 的检查点，NameNode 启动时候会读取 FsImage 的内容到内存，并将其与 EditLog 日志中的所有修改信息合并生成新的 FsImage；在 NameNode 运行过程中，所有关于 HDFS 的修改都将写入 EditLog。这样，如果 NameNode 失效，可以通过 Secondary NameNode 中保存的 FsImage 和 EditLog 数据恢复出 NameNode 最近的状态，尽量减少损失。

（3）心跳包（HeartBeats）和副本重新创建（Re-replication）。为了保证 NameNode 和各个 DataNode 的联系，HDFS 采用了心跳包（Heartbeat）机制。位于整个 HDFS 核心的 NameNode 通过周期性的活动来检查 DataNode 的活性，就像跳动的心脏一样，所以把这些包叫作心跳包。NameNode 周期性向管理的各个 DataNode 发送心跳包，而收到心跳包的 DataNode 则需要回复。因为心跳包总是定时发送的，所以 NameNode 就把要执行的命令也通过心跳包发送给 DataNode，而 DataNode 收到心跳包，一方面回复 NameNode，另一方面就开始了与用户或者应用的数据传输。如果侦测到了 DataNode 失效，那么之前保存在这个 DataNode 上的数据就变为不可用。此时，如果有副本存储在这个失效的 DataNode 上，则需要重新创建这个副本，放到另外可用的地方。其他需要创建副本的情况包括数据块校验失败等。

（4）数据一致性。一般来讲，DataNode 与应用数据交互的大部分情况都是通过网络进行的，而网络数据传输带来的一大问题就是数据是否能原样到达。为了保证数据的一致性，HDFS 采用了数据校验和（CheckSum）机制。创建文件时，HDFS 会为这个文件生成一个校验和，校验和文件和文件本身保存在同一空间中。传输数据时会将数据与校验和一起传输，应用收到数据后可以进行校验，如果两个校验的结果不同，则文件肯定出错了，这个数据块就变成了无效的。如果判定数据无效，就需要从其他 DataNode 上读取副本。

【任务实施】

1. shell 命令操作 HDFS

HDFS 有很多接口，但命令行是最简单的，同时也是许多开发者最熟悉的。HDFS 有很多 shell 命令，在 Linux 终端窗口中利用这些命令可以完成 HDFS 中文档的上传、下载、复制、查看文件信息、格式化名称节点等操作。其中，fs 命令可以说是 HDFS 最常用的命令，该命令的格式为：

```
hadoop fs [genericOptions] [commandOptions]
```

下面通过列举一些操作中常用的命令，来进一步认识 HDFS 的 shell 命令功能。

- 使用 hadoop fs 查看 HDFS 中存在的命令，命令如下：

```
[hadoop@master ~]$ hadoop fs
```

- 使用 hadoop fs -ls 命令列出/user/hadoop 目录下的内容。其中/user/hadoop 是 HDFS 下的家目录，命令如下：

```
[hadoop@master ~]$ hadoop fs -ls /user/hadoop
```

- 使用 hadoop fs -mkdir 在/user/hadoop/下创建文件夹 my_stuff，命令如下：

```
[hadoop@master ~]$ hadoop fs -mkdir /user/hadoop/my_stuff
[hadoop@master ~]$ hadoop fs -ls /user/hadoop
```

- 使用 hadoop fs -copyFromLocal 将文件夹从本地复制到 HDFS 中。先在 Linux 家目录下创建测试文件夹 test，再将其复制到 HDFS 中，命令如下：

```
[hadoop@master ~]$ mkdir test
[hadoop@master ~]$ hadoop fs -copyFromLocal test /user/hadoop/
```

- 使用 hadoop fs -copyToLocal 将文件夹从 HDFS 复制到本地，命令如下：

```
[hadoop@master ~]$ hadoop fs -copyToLocal /user/hadoop/my_stuff /home/hadoop
```

- 使用 hadoop fs -put 命令将文件夹从本地上传到 HDFS 的目录下，类似于命令 hadoop fs -copyFromLocal，命令如下：

```
[hadoop@master ~]$ mkdir test_put
[hadoop@master ~]$ hadoop fs -put /home/hadoop/test_put /user/hadoop/
[hadoop@master ~]$ hadoop fs -ls /user/hadoop/
```

- 使用 hadoop fs -get 命令将文件夹从 HDFS 下载到本地，类似于命令 hadoop fs -copyToLocal，命令如下：

```
[hadoop@master ~]$ hadoop fs -get /user/hadoop/terasort /home/hadoop
```

- 使用 hadoop fs -chmod 命令修改文件夹权限，命令如下：

```
[hadoop@master ~]$ hadoop fs -chmod 777 /user/hadoop/my_stuff
[hadoop@master ~]$ hadoop fs -ls /user/hadoop
```

- 使用 hadoop fs -rm 将 my_stuff 文件夹移动到回收站。当删除文件夹时，需要增加参数-r；如果需要直接删除，需要增加参数-skipTrash，命令如下：

```
[hadoop@master ~]$ hadoop fs -rm -r /user/hadoop/my_stuff
```

- 使用 hadoop fs -help 查看命令的使用方法。在使用 HDFS 的过程中遇到不确定的命令时，要灵活利用 hadoop fs-help 命令查看使用方法，命令如下：

```
[hadoop@master ~]$ hadoop fs -help rm
```

2. Web 页面操作 HDFS

在配置好 Hadoop 集群之后，通过 hdfs-site.xml 配置文件，配置开启 Web 界面访问 HDFS，配置如下：

```
<!--指定可以通过 Web 访问 HDFS 目录-->
        <property>
                <name>dfs.webhdfs.enabled</name>
                <value>true</value>
        </property>
```

Hadoop 会自动附带安装一个内置的 Web 界面服务，访问地址是 namenode 节点的 50070 地址，地址为 namenode 节点的主机名或主机 IP 节点。

可以通过浏览器登录 http://[NameNodeIP]: 50070 访问 HDFS 文件系统，这个 HDFS 的 Web 管理界面还可以查看具体的数据节点情况和进行一些简单的 HDFS 数据上传、下载、文件的复制与粘贴。

3. Java API 操作 HDFS

Hadoop 是用 Java 语言编写的，通过 Java API 可以调用所有 Hadoop 文件系统的交互操作。要实现 Java API 调用，先要准备开发环境如 Eclipse 或 IDEA。将开发环境安装在远程的 Windows 系统或是配置 Hadoop 的 Linux 主机上，只是在 Windows 系统要通过远程访问 HDFS 文件系统，而在 Linux 可直接访问。

【任务小结】

HDFS 主要解决大数据存储的问题，采用分布式文件系统，在物理上是分块存储的，采用了主从（Master/Slave）结构模型，有名称节点和数据节点。

用户通过简单的 HDFS API 实现对大文件的写入和读取操作。

HDFS 采用安全模式、次要名称节点、心跳包和副本重新创建、数据一致性等机制实现可靠性设计

用户可以通过不同接口实现对 HDFS 的交互，主要有命令行（shell）、Web 页面、Java API 等。

【考核评价】

评价内容	评分项	考核点	自评得分	教师考评得分
学习态度	课堂表现、学习活动态度（40 分）	积极主动（10 分）、沟通合作（10 分）、课堂讨论（10 分）、课后作业（10 分）		
知识技能目标	HDFS 的基本概念（10 分）	能够理解 HDFS 的作用、文件系统方式、采用的结构模型（10 分）		
	HDFS 文件操作（20 分）	能够理解 HDFS 数据写入（10 分）与读出（10 分）的过程		

评价内容	评分项	考核点	自评得分	教师考评得分
	HDFS 可靠性设计（20 分）	能够理解 HDFS 可靠性设计中采用的技术：安全模式（5 分）、次要名称节点（5 分）、心跳包和副本重新创建（5 分）、数据一致性（5 分）		
	操作 HDFS（10 分）	能够使用三个方式操作 HDFS（5 分），熟悉常用的 HDFS 的 shell 命令（5 分）		
总得分				

项目拓展

1．大数据采集工具还有很多，请通过网络检索或其他资料查询，找出更多的大数据采集工具。

2．通过官网下载与安装 MySQL 工具，结合任务 2 任务实施中使用的 Ketlle 工具从多数据源进行采集、预处理和存储到 MySQL 数据库中。通过官网提供的帮助文档，了解这两个工具的使用。

思考与练习

1．大数据采集的常用方法有哪些？

2．简述数据预处理的实现过程。

3．简述数据的五大存储模型。

4．简述 HDFS 数据写入与读出的过程。

项目 5　新型数据库

项目导读

传统关系型数据库是建立在关系模型的基础上，借助于集合代数等数学概念和方法来处理数据的数据库，具有容易理解、使用方便、易于维护等优势。经过数十年的发展，其理论知识、相关技术和产品都趋于完善，是目前世界上应用最广泛的数据库系统。随着云计算和大数据时代的到来，行业数据和移动互联网应用对数据交易处理的实时性和规模提出了更高的要求，传统关系型数据库难以满足对海量数据的处理要求，存在读写能力差、读写效率低、扩展性差等不足。因此，在新的应用需求驱动下，各种新型的 NoSQL 数据库采用分布式并行计算架构，突破了传统数据库的性能瓶颈，并逐渐获得市场的青睐。

本项目首先介绍传统关系型数据库的基本概念、发展、典型产品、优势和不足，进而引出新型 NoSQL 数据库；然后介绍 NoSQL 数据库的基本概念、起源与特点，并比较 NoSQL 数据库与传统关系型数据库的区别；接着介绍 NoSQL 数据库的四大类型、四大典型产品以及相关应用案例；最后概括性地介绍了融合传统关系数据库和 NoSQL 优点的 NewSQL 数据库。

教学目标

- 培养和提升学生的计算思维能力，运用数据库来解决实际的工程问题，挖掘计算机领域具体代表人物，学习其对计算机领域不断研究和勇于探索的光辉品质。
- 识记关系型数据库和 NoSQL 数据库的基本概念。
- 掌握 NoSQL 数据库与关系型数据库的区别。
- 了解 NoSQL 数据库类型、典型产品和相关应用案例。

任务 1　关系型数据库

【任务描述】

近年来，NoSQL 这个词极受关注，为了更好地了解 NoSQL 数据库，本任务将对传统关系型数据库的概念、发展、典型产品、优势和不足及简单操作进行相应介绍。

【任务目标】

- 识记关系型数据库的基本概念。
- 了解关系型数据库的发展和典型产品。

- 掌握关系型数据库的优势和不足及简单操作。

【知识链接】

1. 关系型数据库的基本概念

关系型数据库是建立在关系数据模型基础上的数据库，借助集合代数概念和方法处理数据库中的数据，同时也是一个被组织成拥有正式描述性的表格。简而言之，关系型数据库是由多个可以相互连接的行和列的表格组成的数据库。目前关系型数据库管理系统主要：Oracle、DB2、SQL Server、MySQL、PostgreSQL、SQLite 等，如图 5-1 所示。

图 5-1　关系型数据库管理系统

2. 关系型数据库的发展

关系型数据库的发展大致可分为理论奠基、SQL 标准、商用成型、多家发展等几个阶段。首先，数学家埃德加·弗兰克·科德（Edgar Frank Codd）发表了数学论文《大型共享数据库的关系数据模型》，提出了关系和关系运算的概念，奠定了关系型数据库的理论模型；然后，Codd 的同事唐·钱伯林（Don Chamberlin）将 Codd 的论文和关系运算转换成为比较容易理解和使用的 SQL 语言，并使之成为所有关系型数据库的标准；接着，拉里·埃里森（Larry Ellision）和他的同事在前期数据理论和 SQL 标准的基础上，开发出第一个商用大型关系型数据库 Oracle；后来，IBM、微软、MySQL AB、加州大学伯克利分校、D. Richard Hipp 分别开发出了 DB2、SQL Server、MySQL、PostgreSQL、SQLite 等多种关系型数据库。

3. 关系型数据库的典型产品

（1）Oracle。Oracle 是 1983 年甲骨文（Oracle）公司推出的世界上第一个开放式商品化关系型数据库管理系统。它采用标准的 SQL 结构化查询语言，支持多种数据类型，提供面向对象存储的数据支持，具有第四代语言开发工具，支持 Unix、Windows NT、OS/2、Novell 等多种平台。除此之外，它还具有很好的并行处理功能。Oracle 产品主要由 Oracle 服务器产品、Oracle 开发工具、Oracle 应用软件组成，也有基于微机的数据库产品。主要满足对银行、金融、保险等企业开发大型数据库的需求。

（2）DB2。DB2 是 IBM 公司开发的一套基于 SQL 的关系型数据库产品。20 世纪 80 年代初期，DB2 的重点放在大型的主机平台上。到 20 世纪 90 年代初，DB2 发展到中型机、小型机以及微机平台。DB2 适用于各种硬件与软件平台。各种平台上的 DB2 有共同的应用程序接口，运行在一种平台上的程序可以很容易地移植到其他平台。DB2 的用户主要分布在金融、商业、铁路、航空、医院、旅游等各个领域，以金融系统的应用最为突出。

（3）SQL Server。SQL Server 是由 Microsoft 开发和推广的关系数据库管理系统（DBMS），它最初是由 Microsoft、Sybase 和 Ashton-Tate 三家公司共同开发的，并于 1988 年推出了第一个 OS/2 版本。2000 年 12 月微软发布了 SQL Server 2000，该软件可以运行于 Windows NT/2000/XP 等多种操作系统之上，是支持客户机/服务器结构的数据库管理系统，它可以帮助各种规模的企业管理数据。随着用户群的不断增大，SQL Server 在易用性、可靠性、可收缩性、支持数据仓库、系统集成等方面日趋完美。目前 SQL Server 已经成为应用最广泛的数据库产品之一。

（4）MySQL。MySQL 是由瑞典的 MySQL AB 公司开发、发布并支持，由 MySQL 的初始开发人员大卫·艾克马克（David Axmark）和迈克尔·蒙蒂·维德纽斯（Michael Monty Widenius）于 1995 年建立的。MySQL 是一款安全的、跨平台的、高效的，并与 PHP、Java 等主流编程语言紧密结合的数据库系统。MySQL 的象征符号是一只名为 Sakila 的海豚，代表着 MySQL 数据库的速度、能力、精确和优秀本质。目前 MySQL 被广泛地应用在 Internet 上的中小型网站中。

（5）PostgreSQL。PostgreSQL 的前身是由加州大学伯克利分校计算机系开发的 POSTGRES，其是以版本 4.2 为基础的对象关系型数据库管理系统（ORDBMS）。PostgreSQL 支持大部分 SQL 标准并且提供了许多其他现代特性：复杂查询、外键、触发器、视图、事务完整性、MVCC。同样，PostgreSQL 可以用许多方法扩展，比如通过增加新的数据类型、函数、操作符、聚集函数、索引。

（6）SQLite。SQLite 是一款轻型的、遵守 ACID 的关系型数据库管理系统，它包含在一个相对较小的 C 库中。它是 D.理查德·希普（D.Richard Hipp）建立的公有领域项目。它的设计目标是嵌入式的，占用的资源低，处理速度快，能够支持 Windows/Linux/Unix 等主流操作系统，同时能够与很多程序语言相结合，比如 Tcl、C#、PHP、Java 等。

4. 关系型数据库的优势和不足

关系型数据库的优势和不足

（1）关系型数据库的优势。

1）容易理解。二维表结构非常贴近逻辑世界的概念，关系型数据模型相对层次型数据模型和网状型数据模型等其他模型来说更容易理解。

2）使用方便。通用的 SQL 使用户操作关系型数据库非常方便。

3）易于维护。丰富的完整性大大减少了数据冗余和数据不一致的问题。关系型数据库提供对事务的支持，能保证系统中事务的正确执行，同时提供事务的恢复、回滚、并发控制和死锁问题的解决方案。

（2）关系型数据库的不足。随着各类互联网业务的发展，关系型数据库难以满足对海量数据的处理需求，存在以下不足。

1）高并发读写能力差。网站类用户的并发性访问非常高，而一台数据库的最大连接数有限，且硬盘 I/O 有限，不能满足很多人同时连接的需求。

2）对海量数据的读写效率低、存储效果不理想。若表中数据量太大，则每次的读写速率都将非常缓慢，特别是电子邮件、超文本、标签（Tag）以及图片、音频、视频等各种半结构化、非结构化的海量数据存储效果不理想。

3）扩展性差。在一般的关系型数据库系统中，升级数据库服务器的硬件配置可以有效地提升数据处理能力，这种方式即纵向扩展。但纵向扩展最终会达到硬件性能的瓶颈，无法应对互联网数据爆炸式增长的需求。还有一种扩展方式是横向扩展，即采用多台计算机组成集群，共同完成对数据的存储、管理和处理。这种横向扩展的集群对数据进行分散存储和统一管理，可满足对海量数据的存储和处理的需求。但是由于关系型数据库具有数据模型、完整性约束和事务的强一致性等特点，导致其难以实现高效率的、易横向扩展的分布式架构。

【任务实施】

关系型数据库的核心是结构化查询语言（Structured Query Language，SQL），SQL 涵盖了数据的定义、操纵、查询和控制。

1. 数据定义语言（Data Definition Language，DDL）

数据定义语言

DDL 包括 CREATE、DROP、ALTER 等操作。在数据库中使用 CREATE 来创建新表，DROP 来删除表，ALTER 负责数据库对象的修改。

例如，创建学生信息表使用以下命令：

```
CREATE DATABASE test;                    #创建数据库
USE test;                                #选择数据库
CREATE TABLE StuInfo(id int(10) NOT NULL PRIMARY KEY,name varchar(20),sex varchar(2));
                                         #创建表
```

2. 数据操纵语言（Data Manipulation Language，DML）

DML 负责对数据库对象运行数据访问工作的指令集，以 INSERT、UPDATE、DELETE 三种指令为核心，分别代表插入、更新与删除。

例如，向学生信息表中插入一行数据使用以下命令：

```
INSERT INTO test.StuInfo
    VALUES (1, '张三','男');
```

3. 数据查询语言（Data Query Language，DQL）

DQL 负责进行数据查询，但是不会对数据本身进行修改。

例如，在学生信息表中查找所有男同学的信息使用以下命令：

```
SELECT * FROM test.StuInfo
    WHERE sex='男';
```

4. 数据控制语言（Data Control Language，DCL）

DCL 是一种可以控制数据访问的指令。它可以控制特定用户账户查看表、预存储程序、用户定义函数和其他数据库操作的权限。它由授予指令和撤销指令组成，DCL 主要控制用户的访问权限，GRANT 为授权语句，REVOKE 为撤销授权语句。

例如，授予用户 zhangsan 在学生信息表上拥有对列 id 和列 name 的 SELECT 权限使用以下命令：

```
CREATE USER 'zhangsan'@'localhost'       #创建用户
GRANT SELECT(id,name)                    #权限授予
    ON   test.StuInfo
    TO   'zhangsan'@'localhost';
```

【任务小结】

本任务首先对关系型数据库的基本概念和发展过程进行了简单介绍，然后通过分析关系型数据库管理系统的 6 种典型产品，了解其优势和不足。最后，对关系型数据库的核心即 SQL 中的数据的定义、操纵、查询和控制进行了简单演示操作。

【考核评价】

评价内容	评分项	考核点	自评得分	教师考评得分
学习态度	课堂表现、学习活动态度（40 分）	积极主动（10 分）、沟通合作（10 分）、课堂讨论（10 分）、课后作业（10 分）		
知识技能目标	关系型数据库的基本概念（10 分）	关系型数据库的基本概念（10 分）		
	关系型数据库的发展（10 分）	关系型数据库的发展过程（10 分）		
	关系型数据库的典型产品（10 分）	6 种关系型数据库典型产品的特点（5 分）、关系型数据库典型产品的应用选择（5 分）		
	关系型数据库的优势和不足（10 分）	关系型数据库的优势（5 分）、关系型数据库的不足（5 分）		
	关系型数据库的简单操作（20 分）	数据定义操作（5 分）、数据操纵操作（5 分）、数据查询操作（5 分）、数据控制操作（5 分）		
总得分				

任务 2　NoSQL

【任务描述】

随着大数据时代的到来，在没有采用更好技术的情况下，继续使用传统关系型数据库将给大家带来一定的麻烦。本任务将对 NoSQL 的概念、起源、优势和不足及与关系型数据库的区别进行相应介绍。

【任务目标】

- 识记 NoSQL 的基本概念。
- 了解 NoSQL 的起源。
- 掌握 NoSQL 的优势和不足及与关系型数据库的区别。

【知识链接】

1. NoSQL 的基本概念

通常情况下，人们把 NoSQL 解释为非结构化或非关系型数据管理方法，其实更加准确的解释应该是 NoSQL——Not Only SQL，即不仅仅是关系型数据。最新的 NoSQL 官网将 NoSQL 的定义为主体符合非关系型、分布式、开放源码和具有横向扩展能力的下一代数据库。

2. NoSQL 的起源

随着大数据时代的到来和 Web2.0 网站的兴起，传统关系型数据库因其对数据模式的约束程度高和对分布式存储的支持度差等原因，已经难以满足对复杂、海量数据的处理需求，存在读写能力差、读写效率低、扩展性差等不足。为了应对这一挑战，许多新兴的打破关系模型的数据存储方案应运而生，人们将其称为 NoSQL。NoSQL 是一项全新的数据库革命性运动，其在早期就被人提出，发展至 2009 年趋势越发高涨。NoSQL 的拥护者们提倡运用非关系型的数据存储，相对于铺天盖地的关系型数据库运用，这一概念无疑是一种全新的思维的注入。

3. NoSQL 的优势和不足

NoSQL 的优势和不足

（1）NoSQL 的优势。NoSQL 技术之所以能够在大数据冲击互联网的情况下脱颖而出，主要是因为其具有以下优势：

1）易扩展性。NoSQL 虽然有很多种，但都有一个共同的特点，即没有关系型数据库中数据之间的关系，没有固定的表结构，通常也没有连接操作和不必严格遵守的约束。因此，相对于关系型数据库，NoSQL 具有灵活的水平伸缩性，可以支持海量数据存储。

2）数据量大，性能高。NoSQL 具有很高的读写性能，特别是在数据量较大的情况下。这是因为它的不相关性，而且数据之间的结构很简单。通常关系型数据库使用的是 Cache 在“表”这一层面的更新，当网络上的数据交互频繁时，它呈现出明显的劣势。NoSQL 在“记录”层面使用缓存更新，这是一种细粒度的缓存更新，因此 NoSQL 在这方面也显示了高性能特征。

3）灵活的数据模型。由于 NoSQL 不需要为要预先存储的数据创建字段，因此可以在应用程序的任何时候存储自定义数据格式。在关系型数据库中，字段的添加和删除是一件非常麻烦的事情，特别是对于数据量很大的表，几乎不可能随时改变表的结构。这在具有大量数据的 Web 2.0 时代尤为重要。

4）与云计算紧密融合。云计算具有良好的水平扩展能力，可以根据资源使用情况自由伸缩，各种资源可以动态连接或退出。NoSQL 可以充分利用云计算基础设施良好的水平扩展能力，很好地融入云计算环境，构建基于 NoSQL 的云数据库服务。

（2）NoSQL 的不足。NoSQL 的种种承诺引发了一场热潮，但是，在它们得到主流的企业的青睐以前，还存在着许多不足。

1）成熟度不足。RDBMS 系统比 NoSQL 系统更加稳定，而且功能也更加丰富，但是 NoSQL 正在快速发展，许多关键性的功能还有待实现与完善。在应用系统开发中，最经常使用的是最成熟的技术，而不是最新的技术。

2）支持不足。用户希望能得到产品维护的支持与保证，但大多数的 NoSQL 系统都是开源项目。虽然对于每个 NoSQL 来说，通常也有一个或多个小型公司对它们提供支持，但是在支持的范围与资源或可信度方面，其无法与 Oracle、Microsoft 或 IBM 等大型公司相提并论。

3）分析和商业智能化不足。为了满足 Web 2.0 应用程序的高度可扩展性的要求，NoSQL 的大多数功能都是面向这类应用程序而设计的，由于 NoSQL 几乎没有提供专用的查询和分析工具，使得一个简单的查询也需要操作者具有很高超的编程技术，而且常用的商业智能工具无法与 NoSQL 连接。

4）管理不足。NoSQL 的设计目标是提供一个零管理的解决方案，目前还远没有达到这个目标。安装 NoSQL 需要很多技巧，维护也需要付出很多的努力。

5）专业知识不足。SQL 开发者很熟悉 RDBMS 的概念和 SQL 编程方法，但是 NoSQL 开发者正处于学习状态。虽然这种情况会随着时间的推移而改变，但是现在找到有经验的 NoSQL 程序员或管理员要比找到 RDBMS 专家更为困难。

4. NoSQL 与关系型数据库的区别

表 5-1 分别对 NoSQL 和关系型数据库的成本、查询速度、存储方式、存储结构、扩展性、事务和性能方面的指标进行了简单对比，通过一系列比较可以看出，二者各有优势，也都存在不同层面的缺陷，有各自的使用场景，不存在一个完全取代另一个的问题。

表 5-1 NoSQL 和关系数据库的简单比较

序号	比较标准	关系型数据库	NoSQL
1	成本	昂贵、复杂	简单易部署，基本都是开源软件，不需要花费大量成本购买使用，相比关系型数据库价格便宜
2	查询速度	将数据存储在硬盘中，自然查询速度远不及 NoSQL 数据库	将数据存储于缓存之中，而且不需要经过 SQL 层的解析，查询速度快
3	存储方式	存储在表的行和列中，它们之间很容易关联协作存储，提取数据很方便	通常存储在数据集中，就像文档、键值对或者图结构，提取数据困难
4	存储结构	预先定义了结构，描述了数据的形式和内容，可靠性和稳定性好，但修改数据困难	基于动态结构，使用非结构化数据，可以很容易适应数据类型和结构的变化
5	扩展性	有类似 join 这样的多表查询机制的限制，导致扩展很艰难	基于键值对，数据之间没有耦合性，所以非常容易水平扩展
6	事务	遵循 ACID 规则，支持对事务原子性细粒度控制，并且易于回滚事务	遵循 BASE 原则，对事务的支持不是很好
7	性能	为了维护数据的一致性付出了巨大的代价，在面对高并发和海量数据的时候读写性能非常差，效率非常低	存储的格式是 key-value 类型，并且存储在内存中，非常容易存储，而且对于数据的一致性是弱要求，无需 SQL 的解析，提高了读写性能

总的来说，由于数据结构设置的方式不同，关系型数据库呈现的是一种数据规范化之后的结果，而非关系型数据库展现的则是一种数据结构化存储方法的集合。对于需要做复杂处理、数据量不是特别大、安全性要求高、数据格式单一的数据，可以选择关系型数据库；对于海量的、多格式的、查询速度要求快的数据存储，则应选择 NoSQL 比较合适。

【任务实施】

1. SQL 中的表与 NoSQL 中的文档

SQL 数据库是以关系型的表来存储数据的。例如，维护一个学生信息管理系统时，需将学生信息存放到 StuInfo 表中，如图 5-2 所示。

StuInfo 表中的每一行是不同学生的一条记录。这样的设计不能使用同一张表来存储不同结构的信息或者在规定插入数字的位置插入字符串。

id	name	sex
1	张三	男
2	李四	女

图 5-2　StuInfo 表

NoSQL 数据库则采用类 JOSN 的键值对来存储文档，例如：

```
{
    id: 1,
    name: "张三",
    sex: "男"
}
```

同一类型的文档存储为一个集合（Collection），类似于关系型数据库中的表结构。然而，用户可以在任意的文档中存储任意的数据，NoSQL 数据库不会去进行相应的校验。例如：

```
{
    id: 1,
    name: "张三",
    birth: "2017-11-08",
    sex: "男",
    contact: "13588888888"
}
```

SQL 中的表结构具有严格的数据模式约束，因此存储数据很难出错。NoSQL 存储数据更加灵活自由，但是也会导致数据不一致性问题的发生。

2. SQL 的模式与 NoSQL 的无模式

在关系型数据库中，除非事先定义了表和字段的模式，否则无法向其中添加数据。虽然数据模式可以在后期进行更改，但是对于模式的修改将会是非常复杂的。

在 NoSQL 的数据库中，数据在任何时候都可以进行添加，不需要事先去定义文档和集合。例如，在 MongoDB 中进行如下的操作将会在 StuInfo 集合中重新创建一个之前没有创建过的文档。

```
db.StuInfo.insert(
    id: 2,
    name: "李四",
    sex: "女"
);
```

3. SQL 语言的规范化与 NoSQL 语言的非规范化

例如，在学生信息表中添加一项班级信息，而一个班级有很多学生，则可以在数据库中创建一个 class 表，如图 5-3 所示。

id	name
1	20 软件 1 班

图 5-3　class 表

然后，在 StuInfo 表中添加一个 class_id 的字段，用于引用 class 表中的 id，如图 5-4 所示。

这样设计既能减少数据的冗余，且不必为每位学生重复添加班级的所有信息。当 class 表中的班级信息发生变化时，StuInfo 表中相对应的内容可不用手动进行更新，而设置成自动同步更新。

id	name	sex	class_id
1	张三	男	20 软件 1 班
2	李四	女	20 软件 1 班

图 5-4 在 StuInfo 表中添加 class_id 字段

在 NoSQL 中也可以使用这种规范化技术。例如，在 StuInfo 集合中建立如下文档：

```
{
    id: 1,
    name: "张三",
    sex: "男",
    class_id: 1
}
```

引用 class 集合中的另一个文档：

```
{
    id: 1,
    name: "20 软件 1 班"
}
```

然而，在实际操作中会更倾向于选择一种非规范化的文档，为每一位学生重复设置班级信息：

```
{
    id: 1,
    name: "张三",
    sex: "男",
    class: {
      name: "20 软件 1 班"
    }
}
```

这样可以提高查询的速度，但是当更新班级信息的记录变多时，反而会显著降低查询的效率。

【任务小结】

本任务首先对 NoSQL 的基本概念和起源进行了简单介绍，然后通过分析 NoSQL 的优势和不足，明确了 NoSQL 和关系型数据库的区别。最后，从表（文档）、模式、规范化等方面分别对 NoSQL 和关系型数据库的区别进行了实例分析。

【考核评价】

评价内容	评分项	考核点	自评得分	教师考评得分
学习态度	课堂表现、学习活动态度（40 分）	积极主动（10 分）、沟通合作（10 分）、课堂讨论（10 分）、课后作业（10 分）		
知识技能目标	NoSQL 的基本概念（10 分）	NoSQL 的基本概念（10 分）		
	NoSQL 的起源（10 分）	NoSQL 的产生的原因（10 分）		
	NoSQL 的优势和不足（20 分）	NoSQL 的优势（10 分）、NoSQL 的优势不足（10 分）		
	NoSQL 和关系型数据库的区别（20 分）	NoSQL 和关系型数据库的区别（10 分）、NoSQL 和关系型数据库的对比举例分析（10 分）		
总得分				

任务 3 NoSQL 的类型与产品

【任务描述】

传统关系型数据库在使用之前，必须先进行表结构的定义，并对字段属性进行各种约束，而 NoSQL 使用的是非结构化的数据，不需要预先定义数据的存储结构。本任务将对 4 种典型 NoSQL 数据库和 4 种 NoSQL 数据库典型产品及相关应用案例进行相应介绍。

【任务目标】

- 掌握 4 种典型 NoSQL 数据库的分类和特点。
- 了解 4 种 NoSQL 数据库典型产品和相关应用案例。

【知识链接】

NoSQL 数据库没有统一的架构，两个不同的 NoSQL 数据库之间的差异远远大于两个关系型数据库之间的差异。可以说，NoSQL 数据库有其自身的优势。一个优秀的 NoSQL 数据库必须特别适合某些场合或应用程序，其具体分类和特点如表 5-2 所示。

表 5-2 NoSQL 数据库分类和特点

分类	相关产品	应用场景	数据模型	优点	缺点
键值数据库	Redis、Memcached、Riak	内容缓存，如会话、配置文件、参数等；频繁读写、拥有简单数据模型的应用	<key,value>键值对，通过散列表来实现	扩展性好，灵活性高，大量操作时性能高	数据无结构化，通常只被当作字符串或者二进制数据，只能通过键来查询值
列族数据库	Cassandra Bigtable、HBase	分布式数据存储与管理	以列族式存储，将同一列数据存在一起	可扩展性强，查找速度快，复杂性低	功能局限，不支持事务的强一致性
文档数据库	MongoDB、CouchDB	Web 应用，存储面向文档或类似半结构化的数据	<key,value>键值对，value 是 JSON 结构的文档	数据结构灵活，可以根据 value 构建索引	缺乏统一查询语法
图形数据库	Neo4j、InfoGrid	社交网络、推荐系统，专注构建关系图谱	图结构	支持复杂的图形算法	复杂性高，只能支持一定的数据规模

1. 键值数据库

键值数据库是 NoSQL 中最基本、最常见的数据库类型。它的基本原理是在 Key 和 Value 之间建立一个映射关系（散列表），类似于哈希函数，这个表中有一个特定的地址 Key 和一个指针指向特定的数据 Value，如图 5-5 所示。键值数据库和传统关系型数据库相比有一个根本的区别，就是在键值数据库中没有模式的概念。在传统关系型数据库中，数据的属性在设计之初就被确定下来了，包括数据类型和取值范围等。而在键值数据库中，只要制定好 Key 与 Value

之间的映射，当遇到一个 Key 值时，就可以根据映射关系找到与之对应的 Value，其中 Value 的类型和取值范围等属性都是任意的。

键值数据库可以分为临时型、永久型和混合型数据库。临时型将数据存储在内存中，存储和读取速度很快，但容易导致数据丢失。永久型将数据保存在磁盘上，防止数据丢失，但会影响读写性能；混合型集合了临时型和永久型的特点，确保了读写速度和数据的永久性。

键值数据库对于 IT 系统来说，其优势在于简单、易部署，能够处理海量数据，具有极高的并发读写性能。它可以按照键对数据进行定位，还可以通过对键进行排序和分区，以实现更快速的数据查询。

当然，键值数据库也有自身的局限性，它仅适用于关键字查询，对于非关键字查询和需要逻辑计算的查询，其效率较为低下。此外，键值数据库在发生故障时不支持回滚操作，因此无法支持事务。

2. *列族数据库*

列族数据库一般采用列族数据模型，数据库由多个行构成，每行数据包含多个列族，不同的行可以具有不同数量的列族，属于同一列族的数据会被存放在一起，在对数据进行查询（Select）的过程中非常有利。与传统的关系型数据库相比，列族数据库可以在查询效率上有很大的提升，如图 5-6 所示。

Key_1	Value_1
Key_2	Value_2
Key_3	Value_1
Key_4	Value_3
Key_5	Value_2
Key_6	Value_1
Key_7	Value_4
Key_8	Value_3

图 5-5　键值数据库

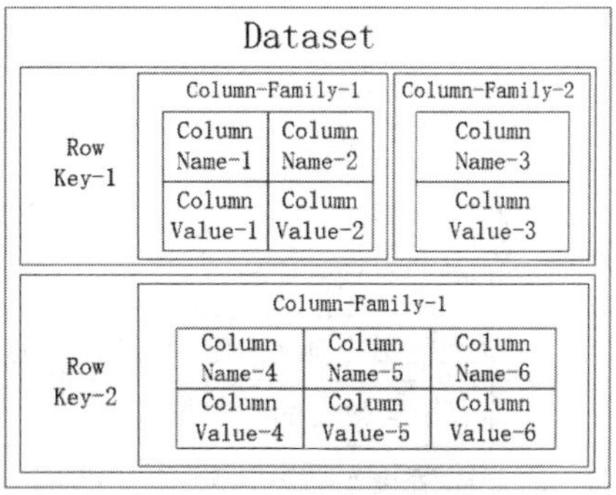

图 5-6　列族数据库

此列族数据库表由两行组成，每一行都有关键字 Row Key，每一行由多个列族组成，即 Column-Family-1 和 Column-Family-2，而每个列族由多个列组成。

传统的关系型数据库主要采用行存储方式，大数据的高效存储与访问要求引发了从行存储模式向列存储模式的转变，如表 5-3 所示的学生信息表。

表 5-3　学生信息表

姓名	性别	出生日期
张三	男	1998-3-18
李四	女	1999-6-12

其行存储如图 5-7 所示。

张三	男	1998-3-18
李四	女	1999-6-12

图 5-7　行存储

其列存储如图 5-8 所示。

张三	男
李四	女

张三	1998-3-18
李四	1999-6-12

图 5-8　列存储

列族数据库的数据模型具有支持不完整的关系数据模型、适合规模巨大的海量数据、支持分布式并发数据处理等特点。总的来讲，列存储数据库的模式灵活、修改方便、可用性高、可扩展性强，但功能局限，不支持事务的强一致性。表 5-4 中列出了行存储方式与列存储方式的比较。

表 5-4　行存储方式与列存储方式的比较

对比项	行存储方式	列存储方式
存储	一行中各列一起存放，单行集中存储	一行中各列独立存放，单列集中存储
索引效率	海量数据索引占用大量空间，索引效率随着数据增长而降低	基于列自动索引，大数据查询效率高，不产生额外存储
空间效率	同一行不同列的数据类型不同，压缩效率低，空置列依然占据空间	一列的数据类型相同，压缩效率高，空置不占据空间
I/O	查某列必须读出整行，I/O 负荷高、速度慢	只需读出某列数据，I/O 负荷低、速度快
结构	表结构改变的影响很大	可以随时动态增加列
适用场景	数据写入后需要修改和删除，基于行的反复查询，多用于 OLTP 数据库	批量数据一次写入，基于少量列的反复查询，多用于 OLAP 数据库

3. 文档数据库

文档数据库的灵感来自 Lotus Notes 办公软件，它与键值数据库类似。该类型的数据模型是版本化的文档，文档以特定的格式存储，如图 5-9 所示。

```
{
    id: 1,
    name: "张三",
    sex: "男",
    Tel: {
      office: "123123", Mobile: "132132132"
    }
    Address: "china,GZ"
}
```

图 5-9　JSON 格式的文档数据库

"文档"其实是一个数据记录，这个记录能够对包含的数据类型和内容进行"自我描述"，这使得记录很容易完全移动到其他服务器。同时，因为在移动过程中，只有被移动的那一条记录（文档）需要操作，而不像关系型中每个有关联的表都需要锁住来保证一致性，这样一来ACID的保证就会变得更快速，读写的速度也会有很大的提升。

文档数据库可以看作键值数据库的升级版，允许之间嵌套键值，如图5-10所示。

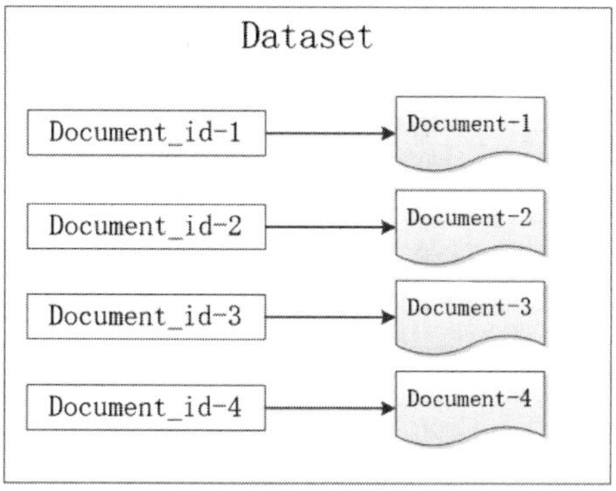

图 5-10 文档数据库

文档数据库主要解决的问题不是高并发读写操作，而是实现海量数据存储，同时具有优异的查询性能。它比键值数据库的查询效率更高，因为文档数据库不仅可以根据键创建索引，同时还可以根据文档内容创建索引。

在古老的文件管理系统中，数据不具备共享性，每个文档只对应一个应用程序，也就是说，即使多个不同应用程序都需要相同的数据，也必须各自建立属于自己的文件。而文档数据库虽然是以文档为基本单位，但是仍然属于数据库范畴，因此它支持数据的共享。这就大大减少了系统内的数据缓存内容，节省了储存空间，简化了管理和维护。

在传统关系型数据库中，数据被分割成离散的数据段，而在文档数据库中，文档被看作数据处理的基本单位。所以，文档可以很长也可以很短，可以复杂也可以简单，不必受到结构的约束。但是，这两者之间并不是相互排斥的，它们之间可以相互交换数据，从而实现相互补充和扩展。

虽然文档数据库的操作方式在处理大数据方面优于关系型数据库，但文档数据库缺乏统一的查询语法，并不可以完全替代关系型数据库，而是为更适合这种方式的项目提供一种更佳的选择。

4. 图形数据库

图形数据库来源于图论中的拓扑学，以节点、边及节点之间的关系来存储复杂网络中的数据，如图5-11所示。

这种拓扑结构类似E-R图，但在图形模式中，关系和节点本身就是数据，而在E-R图中，关系描述的是一种结构。

图形数据库是以图形的形式存储数据的。在构造的图中，实体表示为一个节点，实体之间的关系表示为一条边。最简单的图是节点，即具有属性的实体。关系可以将节点连接到任何结构中。那么，对数据的查询就转化成了对图的遍历。图形存储最卓越的特点就是研究实体与实体间的关系，所以图形存储中有丰富的关系表示，这在NoSQL成员中是独一无二的。

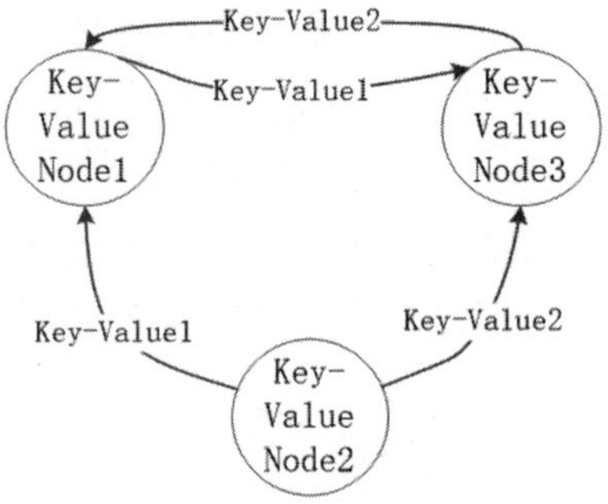

图 5-11　图形数据库

图形数据库是大数据时代的一种基于数学图论算法的新型数据库系统，能够有效地处理复杂的关系网络。它擅长处理大型、复杂、互联、多变的网络数据。它的效率远远高于传统关系数据库的一百倍、一千倍甚至一万倍。图数据库特别适用于社交网络、实时推荐、金融征信系统等广泛领域。领英（LinkedIn）、沃尔玛、CISCO、HP、eBay 等全球知名企业都在使用图数据库。中国企业也在逐步开始用图数据库来构建自己的应用，尤其在征信领域，如工商总局、天眼查、启信宝、企信宝、企业信用信息、企查查等 App 都用了图数据库。

5. NoSQL 的典型产品

随着大数据的出现和不断发展，非关系型数据库现在已经成为一个非常热门的新领域，而非关系型数据库产品的发展也非常迅速。今天的计算机架构应该在数据存储方面具有很强的水平可伸缩性，NoSQL 致力于改变这种情况，下面简单介绍 4 种典型 NoSQL 数据库产品。

（1）Redis。Redis 是一种主要基于内存存储和运行的，能快速响应的键值数据库产品。它的英文全称是 Remote Dictionary Server（远程字典服务器，简称 Redis）。Redis 数据库产品用 ANSIC 语言编写而成，功能丰富、简单稳定，并且是开源的。少量数据存储、高速读写访问是 Redis 的最主要应用场景。在数据库排行网上，Redis 长期居于内存数据库排行第一的位置。毋庸置疑，它很受程序员的喜欢，也说明了它在市场上的成功。国内如新浪微博和知乎，国外如 GitHub、Stack Overflow、Flickr、暴雪和 Instagram 等企业，都是 Redis 的用户。现在使用 Redis 的用户越来越多，大多数的互联网公司都使用 Redis 作为公共缓存。

（2）Cassandra。Cassandra 最初由 Facebook 开发，后来成为 Apache 开源项目，它是一个网络社交云计算方面理想的数据库。它集成了其他的流行工具，如 Solr，现在已经成为一个完全成熟的大型数据存储工具。其主要功能比 Dynomite（分布式的 Key-Value 存储系统）更丰富，但支持度却不如文档存储 MongoDB。Cassandra 的主要特点就是它不是一个数据库，而是由一堆数据库节点共同构成的一个分布式网络服务，对 Cassandra 的一个写操作会被复制到其他节点上，而对 Cassandra 的读操作也会被路由到某个节点上面去读取。

（3）MongoDB。MongoDB 是 NoSQL 文档存储模式数据库的重要一员，目前在数据库排行网上高居前几位，体现了其受欢迎程度。MongoDB 中的 Mongo 取自于 Humongous，代表“极大”的意思。MongoDB 是一款开源、跨平台、分布式，具有大数据处理能力的文档存储数据库。MongoDB 在 2007 年由 MongoDB 软件公司开发完成，并实现全部代码开源发展。目前，该文档数据库被国内外众多知名网站所采纳，用于提高数据访问的处理速度和大数据存储问题。

（4）Neo4j。Neo4j 是一种高性能的 NoSQL 图形数据库，它将结构化数据存储在网络上，而不是表中。它是一个嵌入式的、基于磁盘的 Java 持久性引擎，具有完整的事务特征。Neo4j 也可以被看作一个高性能的图形引擎，它具有成熟数据库的所有特征。当使用 Neo4j 时，程序员在一个面向对象和灵活的网络结构中工作，而不是一个严格和静态的表，但是他们可以享受具有完整事务特征的企业级数据库的所有好处。Neo4j 因其嵌入式、高性能、轻量化等优势而受到越来越多的关注。

6. NewSQL 数据库

前面探讨了 NoSQL 数据库的相关技术，NoSQL 数据库能够很好地应对海量数据的挑战，为用户提供可观的可扩展性和灵活性，很好地弥补了传统关系型数据库的缺陷，但是它也有自身的不足，为了解决这些不足，NewSQL 数据库应运而生。NewSQL 是一种新型的关系型数据库，是各种新的可伸缩、高性能数据库的简称。NewSQL 数据库不仅具有 NoSQL 数据库对海量数据的存储和管理能力，而且保留了传统数据库所支持的 ACID 和 SQL 特性。

最近热门的 NewSQL 数据库产品包括了 Spanner、PostgreSQL、SequoiaDB（国产）、SAP HANA、MariaDB、VoltDB、Clustrix 等。

综合来看，在大数据技术的发展下，数据处理架构实现了变革。以前，业界和学术界追求的方向是设计一种架构来支持多类应用（One Size Fits All）。但是，实践证明，这种理想愿景是不可能实现的，不同应用场景的数据管理需求截然不同，一种数据库架构根本无法满足所有场景。

因此，到了大数据时代，数据库架构开始向着多元化方向发展，并形成了传统关系数据库（OldSQL）、NoSQL 数据库和 NewSQL 数据库 3 个阵营，三者各有自己的应用场景和发展空间。在未来一段时期内，3 个阵营共存共荣的局面还将持续，不过有一点是肯定的，那就是传统关系型数据库的辉煌时期已经过去了。

【任务实施】

1. 键值数据库应用案例：Redis 在新浪微博的成功应用

在美国有一个非常有名的信息分享平台叫作 Twitter。而在中国，同样也有一个非常流行的信息分享平台，即新浪微博，它还有一个非常温馨的名字叫作“围脖”，如图 5-12 所示。

图 5-12　新浪微博

从技术上来说，用户发表数据特别容易，但这会造成每天新增的数据量都是百万级甚至千万级的。所以，需要不断地增加服务器。因为一般一台 MySQL 服务器可能支撑的规模也就是几十万，或者说复杂一点只有几百万，所以可能需要每天都增加服务器，从而解决面对的这些问题。

目前，国内最大的 Redis 用户是新浪微博，新浪在 200 多台物理机上运行着 Redis，这才能够保证运行大量的数据，为新浪的用户提供服务。

新浪通常一起使用 NoSQL 和 MySQL，根据应用的特点选择合适的存储方法。关系型数据如索引，存储在 MySQL 中。非关系型数据库，例如一些有 Key/Value 需求的和高并发性要求的数据库，则存储在 Redis 中。

2. 列族数据库应用案例：Cassandra 在 Netflix 公司的成功应用

Netflix 是美国一家在线影片租赁提供商，所提供的内容包括了互联网随选流媒体播放、定制 DVD、蓝光光碟在线出租业务等。根据 Netflix 2022 年 4 月发布的 Q1 财报，其公司已在 100 多个国家中拥有超过 2.2 亿用户。其在线服务平台实现了每秒 200 万次的数据处理和超过 1.5 万亿行数据的查询。

由于原先使用的传统关系型数据库受性能限制，无法再提供更好的在线数据处理服务，于是 Netflix 于 2013 年完成了大数据从传统关系型数据库到 NoSQL 数据库 Cassandra 的转移。在当时，Cassandra 对于 Netflix 而言是首选数据库，因为它们几乎满足了 Netflix 的所有需求。Netflix 已经将 95%的数据存储在 Cassandra 上，包括客户账户信息、影片评分、影片元数据、影片书签和日志等。Netflix 在 750 多个节点上运行着 50 多个 Cassandra 集群。高峰时，Netflix 每秒要处理 70 多万次读取和 130 多万次写入操作。Netflix 平均每天要处理 600 多亿次的读取与 1100 多亿次的写入操作。

3. 文档数据库应用案例：MongoDB 在大都会人寿保险公司的成功应用

大都会在美国的人寿保险业务涉及 100 多个行政系统和 1 亿多人规模的保险客户。为了更好地提供在线服务，大都会决定采用 MongoDB 作为新的数据库，全面应对客户快速有效的在线操作体验。

MongoDB 使大都会对每一个客户的详细而全面的在线描述成为了现实。MongoDB 高效简单的在线处理方式，使没有经过培训的新员工也可轻而易举地在线完成入职登记过程。大都会也用 MongoDB 实现在线快速收集人才信息，并建立丰富的人才数据库，就像建立在线人才招聘平台一样。

4. 图形数据库应用案例：Neo4j 在 eBay 公司的成功应用

总部位于美国的 eBay（易贝）公司是一家销售玩具、领带、拖鞋、手机等商品的电子商务平台，并为个人提供网上拍卖交易服务，业务范围遍及全球 190 多个国家。目前，eBay 每天为客户提供几千个分类的近千万件商品，所服务的注册用户已经超过了 2 亿个。

2014 年之前，eBay 商品交易平台的订单快递查询业务使用的是 MySQL 数据库，随着业务的大规模增长，该平台技术支持团队认为现有的 MySQL 数据库解决方案已经满足不了实际业务处理需要，尤其是 MySQL 响应速度太慢、维护太复杂，会影响用户的在线购买体验，并给平台运行本身带来技术处理压力。

鉴于 eBay 平台快递查询的核心实体是用户和订单，它们之间产生各种途径的派送关系。于是 eBay 技术团队在 2014 年把相关的业务数据管理从 MySQL 数据库迁移到了 Neo4j 数据库。迁移完成后，技术团队发现，现有快递查询功能的速度快了几千倍，而执行查询请求的代码却缩减为原来的 1/10～1/100，达到了提高速度、减少维护工作量的目的。同时，由于 Neo4j 无须事先定义存储模式，当新的查询需求提出后，技术支持团队可以很容易地在代码端扩展相关功能，体现了 Neo4j 数据库的灵活性。

【任务小结】

本任务首先对 NoSQL 数据库的 4 种典型类型（键值数据库、列族数据库、文档数据库、图形数据库）进行了详细介绍，然后简单介绍了 NoSQL 数据库的 4 种典型产品（Redis、Cassandra、MongoDB、Neo4j），并分别分析了其在新浪微博、Netflix、大都会、eBay 等公司的成功应用，最后引出 NewSQL 数据库的概念。

【考核评价】

评价内容	评分项	考核点	自评得分	教师考评得分
学习态度	课堂表现、学习活动态度（40 分）	积极主动（10 分）、沟通合作（10 分）、课堂讨论（10 分）、课后作业（10 分）		
知识技能目标	典型 NoSQL 数据库（20 分）	键值数据库的特点（5 分）、列族数据库的特点（5 分）、文档数据库的特点（5 分）、图形数据库的特点（5 分）		
	NoSQL 数据库典型产品（12 分）	Redis 的特点（3 分）、Cassandra 的特点（3 分）、MongoDB 的特点（3 分）、Neo4j 的特点（3 分）		
	NewSQL 数据库（10 分）	传统关系数据库、NoSQL 数据库和 NewSQL 数据库的应用场景和发展空间（10 分）		
	NoSQL 的相关应用案例（18 分）	Redis 的应用案例（5 分）、Cassandra 的应用案例（4 分）、MongoDB 的应用案例（4 分）、Neo4j 的应用案例（5 分）		
总得分				

项目拓展

1. NoSQL 各种技术综合网站

https://hostingdata.co.uk/nosql-database/，NoSQL 官网，可以了解所有已经公布的 NoSOL 数据库情况，英文。

http://bbs.chinaunix.net/forum-292-1.html，ChinaUnix，中文。

https://bbs.csdn.net/，csdn 论坛，中文。

https://www.oschina.net/question/tag/NoSQL，开源中国社区，中文。

https://blog.51cto.com/，51CTO 技术论坛，中文。

2. NoSQL 各种源代码下载及学习地址

https://www.mongodb.com/，Mongodb 官网，英文。

https://mongoing.com/，MongdoDB 社区，中文。

https://redis.io/，Redis 官网，英文。

http://www.redis.cn/，Redis 官网，中文。

https://cassandra.apache.org/_/index.html，Cassandra 官网，英文。

http://hbase.apache.org/，Hbase 官网，英文。

思考与练习

1. 什么是关系型数据库？目前关系型数据库管理系统主要有哪些？
2. 简述关系型数据库的优势和不足。
3. 如何理解 NoSQL 的含义？
4. 简述 NoSQL 的优势和不足。
5. 请比较 NoSQL 数据库和关系数据库的区别。
6. 试述 NoSQL 数据库的的分类和特点。
7. 常见的主流 NoSQL 数据库典型产品有哪些，各有什么特点？
8. 试述 NoSQL 的应用案例。
9. 什么是 NewSQL 数据库？

项目 6　大数据分析与处理

项目导读

随着数字化的发展，二进制、文本、图片、视频等格式的文件越来越多，数据储量越来越庞大。只有分析才能得到更深入的、有价值的信息，因此大数据的分析方法在大数据领域就显得尤为重要。

教学目标

- 了解大数据常用的分析方法。
- 了解大数据常用的分析技术。
- 学习大数据分析处理的应用案例。

任务 1　大数据分析方法

【任务描述】

大数据技术的兴起，出现了各种大数据的处理技术，包括可视化、数据挖掘等，除了技术的更新，分析思路也出现了变化，那么大数据分析的方法有哪些？

【任务目标】

了解数据可视化分析、诊断分析、预测分析、AI 智能分析。

【知识链接】

大数据分析就是从大量的杂乱无章的数据中揭示其中隐含的内在规律，发掘有用的知识以指导人们进行科学的推断与决策。

大数据分析有多种方法，大体可以从下述几个方面进行分析。

1. 可视化分析

可视化分析是指对所面临的不同因素、不同方面现状的调查研究，对调查所得的大量数据资料进行初步的整理和归纳，并以图表方式展示出来，以方便找出这些资料的内在规律，着重于客观事实的静态描述，着重分析“已经发生了什么”。

分析维度：均值、中位数、众数、方差、四分位表、峰度、偏度、频数等方面的数值变化。

应用业务场景：企业 KPI、年收入报告、销售月增长等。

可视化分析常用图形如散点图、折线图、柱状图等进行直观展示，如图 6-1 和图 6-2 所示。

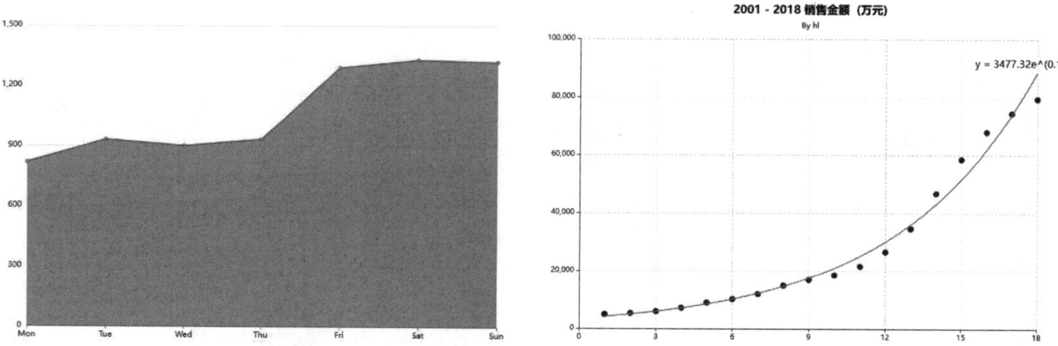

（a）折线图　　　　（b）散点图

图 6-1　折线、散点图

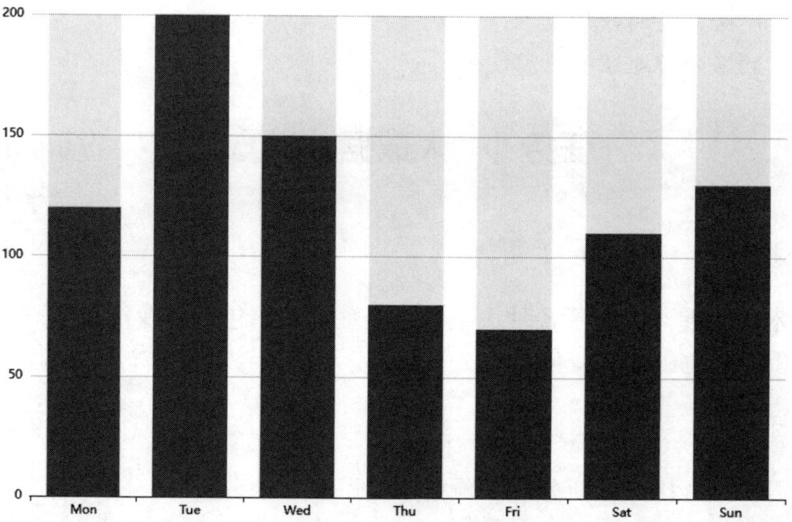

图 6-2　柱状图

2. 诊断分析

诊断分析根据业务逻辑，通过集群、分割、孤立点分析，深入数据内部挖掘价值。主要是深入分析“为什么会发生”。通过诊断性分析，可以快速识别数据的模式和异常值，以了解不同因素之间的关系。诊断性分析包括可能性、概率或分布式结果，包括如回归分析、主成份分析和敏感性分析等技术。

由于诊断性分析可以帮助企业找到数据点之间的联系，因此它可用于多种情景。例如，营销部门可以用诊断性分析来解释为什么某些促销活动更有效。它还可以帮助物流供应商确定路线中的瓶颈。一般来说，诊断性分析可用于各个领域，满足不同的业务需求。

3. 预测分析

预测分析利用历史数据对未来的结果进行预测。预测分析依赖建模，需要精确的数据以及人工进行预测，着重于“未来会发生什么”。总的来说，预测分析是通过使用历史或当前数据预测潜在结果。对大多数公司来说，这就是“奇迹”发生的地方。与描述性和诊断性分析相比，预测分析更复杂，因为它要求数据科学家具备专业知识。简而言之，这种方法会使用统计建模，进行可靠的预测。预测分析包括以下内容：

预测分析

（1）时间序列数据挖掘。时间序列数据挖掘随着时间的推移收集有组织的数据（例如，庄稼生产周期），以便找到和确定模式，并基于该模式进行预测。最简单的例子是分析某地区粮食产量在一年中的什么时段会出现供应高峰。

（2）贝叶斯分析。贝叶斯分析是一种统计模型，通过确定假设的概率（例如，利率的变化影响股票市场指数的概率）从而减少不确定性。

（3）预测建模。预测建模使用数据的定量分析确定模式。通过将数据提供给预测模型，可以得到某个决策反馈，例如更改流程中的某些元素。

预测性分析还可能包括产品定位、产量预测、风险评估、客户细分等。但为了提供可靠的结果，预测分析需要有确定性的、详细的数据。

4. AI 智能分析

在 AI 智能分析领域，在分类或预测算法中用于“学习”或“训练”预测变量和结果变量之间关系的数据称为“训练数据”。从训练数据中学到算法后，将该算法应用于具有已知结果的另一个数据样本（验证数据），以查看其与其他模型相比具有哪些优势，通过数据总结，查找原因，预测分析，从而提供下一步计划步骤。AI 智能分析基于已有的数据不需要或只需要较少的人工干预自动分析，并根据分析结果执行新的指令操作。AI 智能分析着重于“自动分析、AI 人工智能”。

【任务实施】

用大数据诊断分析找出某品牌的某款运动鞋款式销量急剧下降原因。

可以从以下几个方面分析：

（1）产品相关问题，例如断码率、运动鞋系列问题。

（2）线上店面业务的主要成因分析，内容如下：

- 转化分析：店铺目标用户量、平均消费金额、复购率、忠诚度（老客户复购率大约 60%）。
- 留存分析：通过活动等形式把用户引流到流量池里，但是经过一段时间后，部分用户可能就会慢慢流失了，那些留下来或者经常访问店铺的用户称之为留存。

（3）营销分布式结果：

- 营销广告结果：近年线下投放广告与线上投放广告的营业额参照。
- 客户反馈结果：收集上千万的消费者的同等品牌购买记录，从客户不同维度分析，了解客户对产品的关注信息，例如定价、外观等。

当然还可以通过收集更多信息如产品在市场的热度、客户喜好、市场环境相关因素等进行分析。

大数据诊断分析方法主要针对问题，采集业务逻辑关联数据，深入数据内部分析，快速找出销量下滑原因，从而为企业制定快速响应策略提供辅助。

【任务小结】

大数据是个新兴的技术，除了技术外，思想也需要改变，从对数据的结果可视化展示、数据挖掘分析、数据的走势预判以及构造数据模型建立 AI 人工智能分析平台自动决策或者辅助决策的学习可知，学习大数据技术先从分析开始。

【考核评价】

评分内容	评分项	要求	自评得分	老师考评得分
学习态度	课堂表现、学习活动态度（40 分）	积极主动（10 分）、沟通合作（10 分）、课堂讨论（10 分）、课后作业（10 分）		
知识技能目标	总结分析（20 分）	了解大数据可视化的常见分析纬度（20 分）		
	诊断分析（20 分）	对诊断分析的理解（20 分）		
	预测分析、AI 分析（20 分）	初步了解预测分析、AI 分析方法（20 分）		
总得分				

任务 2　大数据分析技术

【任务描述】

大数据处理技术是一个技术体系，其不仅对纷繁复杂的海量数据的价值进行提炼，更包含了从数据的采集、转化、提炼、存储、分析挖掘、数据展示及应用等相关的一系列的技术。

学习大数据处理技术，先从了解大数据预处理、存储、分析挖掘与应用等相关技术体系开始，那么这些技术体系都有哪些呢？

【任务目标】

了解大数据采集与预处理技术、存储管理技术、文本挖掘、数据挖掘等大数据分析技术。

Flume 流采集技术

【知识链接】

1. 大数据采集、预处理技术

数据采集与数据分类息息相关，常见的物联用数据源包括 RFID 射频数据和传感器数据等存储。而物联数据又可以分物联静态数据和物联动态数据，两种数据处理和存储又不一样。

（1）静态数据。如测设备地址类（地点、GIS 信息）、设备名称编号（资产属性相关）等结构数据存储在关系型数据库 MySQL/Oracle 等数据库上。

（2）动态数据。如诊断信号类（如温湿度、压力状态）、设备自身状态数据（如电池电量）等以时间为序列对应的数据，可以采用列族数据库如 Hbase。

（3）非结构化数据。如图片、超文本、多媒体、空间数据（如地图）等非结构化数据存储在 HDFS、MongDB 等数据库上。

（4）数据采集技术。数据采集需要考虑建立一个综合性平台，充分考虑数据源的数据强化采集能力，考虑对表、文件、消息等多种数据的实时增量数据采集及批量数据分布式采集等能力，同时需要考虑图形拖拽式开发、可视化维护、配置接口时间等，还需要采集的统一调度。支持大数据各种技术包括 Spark、Hive、关系型数据库存储过程、shell 脚本等，前面已经介绍了，这里简单介绍一下工具 Flume。

（5）Flume 流采集技术。

1）Flume 特性。

- Flume 支持在日志系统中定制各类数据发送方用于收集数据；同时支持对数据进行简单处理，并写到各种数据接收方（比如文本、HDFS、Hbase 等）的能力。
- Flume 的数据流由事件（Event）贯穿始终。事件是 Flume 的基本数据单位，它携带日志数据（字节数组形式）并且携带头信息，这些 Event 由 Agent 外部的 Source 生成，当 Source 捕获事件后会进行特定的格式化，然后 Source 会把事件推入（单个或多个）Channel 中。可以把 Channel 看作一个缓冲区，它将保存事件直到 Sink 处理完该事件。
- Flume 具备高可靠性。当节点出现故障时，日志能够被传送到其他节点上而不会丢失。Flume 提供了三种级别的可靠性保障，从强到弱依次如下：
  - End-to-end：收到数据时，Agent 首先将 Event 写到磁盘上，当数据传送成功后，再删除；如果数据发送失败，可以重新发送。
  - Store on failure：这也是 scribe 采用的策略，当数据接收方 crash 崩溃时，将数据写到本地，待恢复后，继续发送。
  - Best effort：数据发送到接收方后，不会进行确认，Sink 负责持久化日志或者把事件推向另一个 Source。

2）Flume 核心概念。

- Flume 依赖 Java 运行环境，支持自定义开发，常见客户端有 Avro、Log4J、Syslog 和 HTTP Post。
- Flume 设计成一个分布式的管道架构，可以看作在数据源和目的地之间有一个 Agent 的网络，支持数据路由。每一个 Agent 都由 Source、Channel 和 Sink 组成。
- Channel：中间缓存可以使用不同配置，例如内存、文件、JDBC 等。
- Source：Source 负责接收输入数据，并将数据写入管道，支持数据有 HTTP、JMS、RPC、NetCat、Exec、Spooling Directory。
- Sink：负责读出数据并发给最终的目的地，支持 HDFS、HBase、Sol，也就是物联网的数据也能在这里进行输出存储，Flume NG 流程示意图如图 6-3 所示。

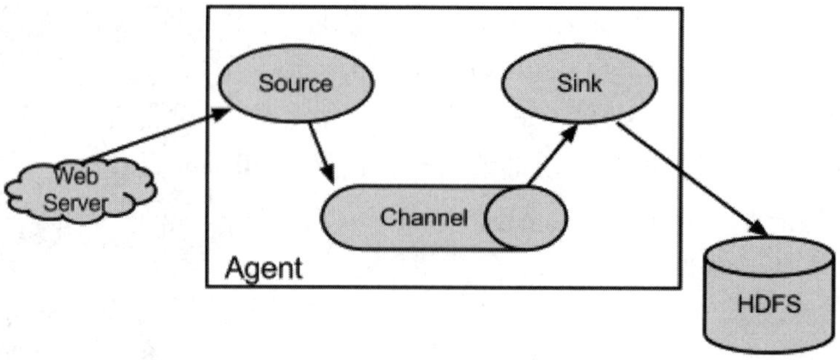

图 6-3　Flume NG 流程示意图

Flume 有串行模式、复制模式、负载均衡模式、聚合模式，目前市场常见的模式是聚合模式。日常 Web 应用通常分布于上百个服务器，大者甚至上千个、上万个服务器，由此产生的日志处理起来非常麻烦。用组合方式能很好地解决这一问题，每台服务器部署一个 Flume 采集日志，再传送到一个集中的收集日志的 Flume 上，再由此 Flume 上传到 HDFS、HBase、Hive、消息队列中，并联后如图 6-4 所示。

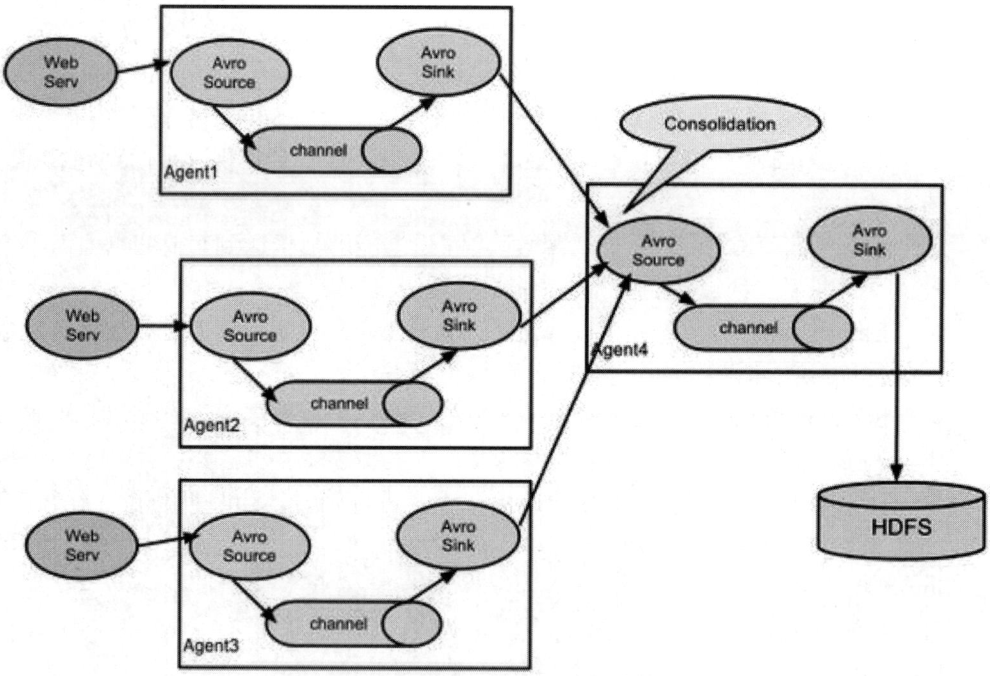

图 6-4　集合模式拓扑结构示意图

2. 大数据存储及管理技术

大数据存储及管理技术主要解决大数据的可存储、可表示、可处理、可靠性及有效传输等几个关键问题。根据业务需要建立相应的数据存储。数据的存储根据数据类型采用不一样的技术手段，目前数据类型主要分为结构化数据、半结构化数据以及非结构化数据，相应的比较流行的数据存储产品如图 6-5 所示。

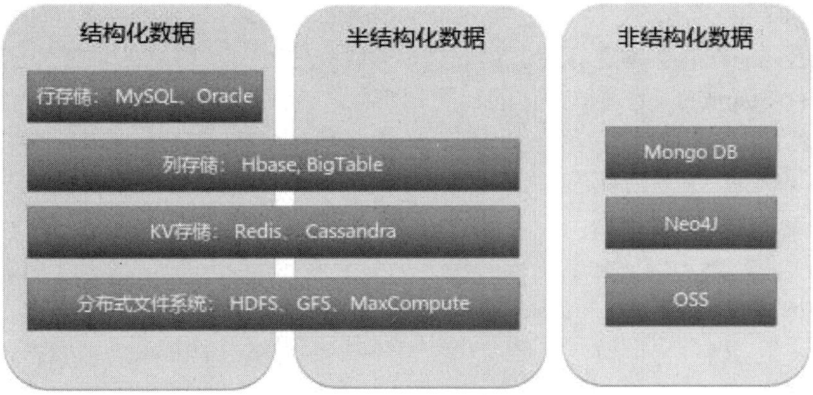

图 6-5　数据存储产品

数据管理技术还涉及数据存储的安全、透明、加密、访问控制、数据审计、真伪识别、数据完整性等相关技术。数据存储技术在其他章节已经做过详细的介绍，这里不再叙述。

3. 大数据分析技术

数据挖掘工具 Weka 介绍

大数据的分析可以了解到各行各业的具体情况，然后通过数据信息，做出相对应的预判，具有很好的指导意义。大数据分析技术主要有可视化技术、文本挖掘、数据挖掘、机器学习等。

（1）可视化技术。大数据可视化技术是政府及企业应用得比较广泛的技术，其前端界面常见的技术有 Highcharts、Echarts、Charts、D3 等。

（2）文本挖掘技术。存储信息使用最多的是文本，所以文本挖掘被认为比数据挖掘具有更高的商业潜力，当数据挖掘的对象完全由文本数据类型组成时，这个过程就称为文本数据挖掘。文本挖掘又涉及以下几个方面：

1）文本分类。文本分类指按照预先定义的主题类别，为文档集合中的每个文档确定一个类别。这样用户不但能够方便地浏览文档，而且可以通过限制搜索范围来使文档的查找更容易、快捷。目前，用于英文文本分类的分类方法较多，用于中文文本分类的方法较少。文本分类方法主要有朴素贝叶斯分类（Naive Bayes）、向量空间模型（Vector Space Model）以及线性最小二乘 LLSF（LinearLeast Square Fit）。

2）文本聚类。聚类与分类的不同之处在于聚类没有预先定义主体类别，它的目标是将文档集合分成若干个簇，要求同一簇内文档内容的相似度尽可能大，而不同簇之间的相似度尽可能小。

3）文本结构分析。文本结构分析的目的是更好地理解文本的主题思想，了解文本表达的内容以及采用的方式，最终结果是建立文本的逻辑结构，即文本结构树，根结点是文本主题，依次为层次和段落。

文本挖掘对于语义关系需要集成计算语言学和自然语言处理等成果进行分析。按照文本挖掘过程，其涉及的主要技术如下：

1）文本数据预处理技术。预处理技术包括 Stemming（英文）/分词（中文）、特征表示和特征提取。与数据库中的结构化数据相比，文本具有有限的结构，或者根本就没有结构。此外，文本的内容是人类所使用的自然语言，计算机很难处理其语义。预处理技术涉及以下几个方面：

- 分词技术：在对文本进行特征提取前，需要先进行文本信息的预处理，对英文而言需要进行 Stemming 处理，中文的情况则不同，由于中文词与词之间没有固定的间隔符（空格），因此需要进行分词处理，目前主要有基于词库的分词技术和无词典的分词技术两种。
- 特征表示：文本特征指的是关于文本的元数据，分为描述性特征（如文本的名称、日期、大小、类型等）和语义性特征（如文本的作者、机构、标题、内容等）。在文本挖掘时只需对这些特征项进行处理，从而实现对非结构化的文本处理。
- 特征提取：特征提取算法一般是构造一个评价函数，对每个特征进行评估，然后把特征按分值高低排队，预定数目分数最高的特征被选取。在文本处理中，常用的评估函数有信息增益（Information Gain）、互信息（Mutual Information）、文本证据权（The Weight of Evidence for Text）和词频（Word Frequency）。

2）文本挖掘分析技术。文本转换为向量形式并经特征提取后，便可以进行挖掘分析了。常用的文本挖掘分析技术有文本结构分析、文本摘要、文本分类、文本聚类、文本关联分析、分布分析和趋势预测等。

3）文本挖掘热点难点技术。文本建模、挖掘算法的选择、模型可视化表达等。常用的文本挖掘工具如下：

- SAS：数据与文本挖掘及优化。SAS 能够提供描述性建模、预测性建模和解析性建模（用于解析、过滤和转换诸如电子邮件、注释字段、书籍等非结构化数据）。
- Robert Small，Two Crows：许多数据挖掘相关的同义词可以互换使用，例如数据科学、预测分析、数据分析、模式分析/识别、商业智能（BI）、知识挖掘、知识提取、大数据分析和文本分析。
- Polyglot：是一种支持大量多语言应用程序的自然语言管道，开源软件，有标记化、语言监测、命名实体识别、语音标记、情绪分析、词嵌入等功能。
- IBM SPSS：软件的各种高级功能被广泛地运用于学习算法、统计分析和文本分析。IBM SPSS 允许扩展，支持 Python 和 R 语言来改进语法。

（3）数据挖掘技术。数据挖掘是通过智能的方法，从数据中提取实用信息进行统计、在线分析处理、情报检索等对数据予以解释，发现数据的模式与关系以及预测趋势和行为的过程。数据挖掘过程涉及的技术有数据仓库、统计学、信息检索、机器学习等。

1）数据仓库。许多数据挖掘任务都需要处理大型数据集，甚至是处理实时的快速流数据。因此数据挖掘可以很好地利用可伸缩的数据库技术，以便获得在大型数据集上的高效率和可伸缩性。此外，数据挖掘任务也可以用来扩充已有数据库系统的能力，以便满足高端用户复杂的数据分析需求。企业数据仓库的建设是以现有企业业务系统和大量业务数据的积累为基础的。数据仓库不是静态的概念，需要把信息及时交给需要这些信息的使用者，供他们做出改善其业务经营的决策。

2）统计学。统计学主要研究数据的收集、分析、解释和表示，通过数据建模解释观测中的随机性和确定性，并用来提取关于所考察的过程或总体的结论。

3）信息检索。信息检索的典型方法是采用概率模型。例如，文本文档可以看作词的包，即出现在文档中的词的多重集。文档的语言模型是生成文档中词的包的概率密度函数。两个文档之间的相似度可以用对应的语言模型之间的相似性度量。

数据挖掘较出名的集成类工具如下：

- Oracle Data Mining：该数据挖掘工具提供了出色的数据预测算法，可用于分类、回归、聚类、关联、属性重要性判断以及其他专业分析。
- Weka：公开的数据挖掘工作平台，集成大量数据挖掘算法，包括对数据进行预处理、分类、回归、聚类、关联规则以及交互式页面上的可视化
- Qlik：支持拖放界面，即时响应用户的修改和交互。支持多个数据源，实现与各种外部应用格式的无缝集成。Qlik 是集中式共享分析的绝佳工具。
- KNIME：开源工具，供本地和云端连接器，以实现不同环境之间数据的迁移。KNIME 支持在 Java、Ruby、Python 和 R 环境中运行。
- Rattle（R）：数据可视化工具。提供诸如聚类、数据可视化、建模以及其他统计分析类功能。

4）机器学习技术：机器学习是一种能够赋予机器学习的能力以此让它完成直接编程无法完成的功能的方法。但从实践的意义上来说，机器学习是一种通过利用数据训练出模型，然后使用模型进行预测的方法。机器学习又分为有监督学习、无监督学习、强化学习、深度学习。

随着大数据应用的增加，机器学习已成为解决领域问题的一项关键技术，相关领域主要如下：

- 计算金融学：用于信用评估和算法交易。
- 图像处理和计算机视觉：用于人脸识别、运动检测和对象检测。
- 计算生物学：用于肿瘤检测、药物发现和 DNA 序列分析。
- 能源生产：用于预测价格和负载。
- 汽车、航空航天和制造业：用于预见性维护。
- 自然语言处理：用于语音识别应用。

机器学习的常用算法包括 k-均值和 k-中心点（k-medoids）、层次聚类、高斯混合模型等，现阶段机器学习是一门独立热门的新技术，由于篇幅有限，这里不展开论述。

【任务实施】

信息化项目建设前期往往经过收集问题、需求、提出解决方案、方案目标这几个步骤，大数据项目也是如此。智慧应急大数据管理平台是一个大数据应用的典型案例，是结合了大数据的采集、数据挖掘、人工智能应用等相关技术的综合应用平台。

（1）应急管理信息化现有基础及存在问题如图 6-6 所示。

（2）项目部分需求。采集各部门资源数据，经过数据整理，形成应急管理数据共享中心，供各项应急业务快速开发应用，并形成可视化指挥一张图，资源调度一张屏。

（3）收集数据源信息。统一基础数据平台、医院、救急物资、应急场所等，包含 10 亿条左右记录。

（4）项目部分解决方案。

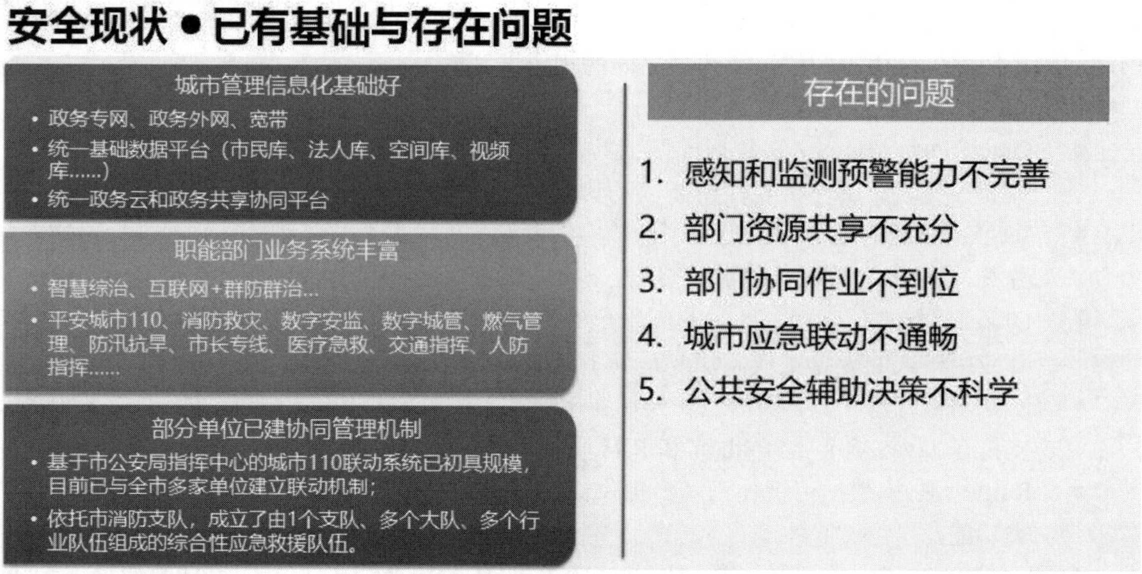

图 6-6　应急基础及存在问题示意图

- HBase 导入海量数据：并支持大数据查询。
- Hive：对历史应急数据查询分析。
- 可视化设计：实现“政务地图可视化+实时应急资源显示+应急指挥沙盘描绘”。
- 数据服务中心：构建应急数据资源目录和知识图谱，建立大数据分析应用，为应急管理的智能监测预警和高效辅助决策提供支持，涉及数据挖掘和算法等技术。
- 应急 AI 服务中心：为应急管理各类应用提供预测、预警类机器学习算法分析服务，发现安全应急潜在的运行规律。
- 人工智能：实现“电话语音文字+应急术语互译+快速智能应急通信反应”。
- 应用支撑中心：提供业务融合、轻应用开发、基础技术支撑、应急管理一张图、应急资源一键搜、应急指挥一声令等支撑服务。
- 建立各种典型应用场景：如安全生产监督管理、自然灾害监测预警、指挥救援与决策、灾后复盘分析。应用的相关技术包括数据可视化、数据综合分析等。
- 安全生产监督管理：构建企业安全生产智能监管云平台，融合企业危险源、IoT 监测、现场报警和扫码上报信息，搭建企业画像、视频智能分析和智能执法等应用，为安全生产数字化能力提升、安全生产监管模式智能化转型提供服务支撑。
- 自然灾害监测预警：建立深度学习平台，融合遥感卫星图像、视频监控、无人机等多种手段，实现灾害事件第一时间发现、灾害信息自动聚合、灾害研判主动推荐，为灾情救援提供支撑。

（5）方案建设目标。

- 安全生产场景：覆盖企业安全生产的人、机、环、管多场景，识别更精准、监管更高效；构建 AI 训练平台，快速、高效实现复杂场景检测模型构建。
- 自然灾害场景：覆盖多灾种动态监测预警；实时智能视频识别准确率达到 95%以上；遥感解译识别准确率达到 95%以上；受灾人口热力监测每 10 分钟更新一次。

- 指挥救援与决策场景：将数据挖掘及人工智能技术与业务流程完美融合，助力业务应用智能化升级；打造应急管理决策方案智能推荐引擎，科学辅助决策。
- 灾后复盘分析场景：搭建自动语义分析和深度挖掘等技术与工具平台，实现海量数据自动分析；支持单一或多种灾害事故的跨时空多维对比分析。

【任务小结】

大数据分析技术涉及不同的数据格式，不同的采集和存储技术，其重点是结构化和非结构化数据的采集及存储。

大数据分析技术涉及广泛，很多分析技术在市场上已经形成成熟的技术产品，而根据项目要求选择相应的技术产品往往事半功倍。

【考核评价】

评价内容	评分项	考核点	自评得分	老师考评得分
学习态度	课堂表现、学习活动态度（40分）	积极主动（10分）、沟通合作（10分）、课堂讨论（10分）、课后作业（10分）		
知识技能目标	数据采集（20分）	了解各种数据源的采集及预处理工具（20分）		
	数据存储及管理（20分）	了解大数据的存储及管理（20分）		
	数据分析挖掘工具（20分）	了解市面比较出名的数据分析及挖掘工具（20分）		
总得分				

项目拓展

1. 通过互联网了解各行业对大数据分析平台的需求，根据需求选择相应的大数据技术平台。
2. 了解结构化数据和非结构化数据的采集及处理。

思考与练习

1. 大数据分析的概念是什么？
2. 简述大数据分析的流程和技术。
3. 结构化数据及半结构化数据分别用什么技术和产品存储？

项目 7　数据可视化

项目导读

随着大数据时代到来，各种数据信息汹涌而来，需要在这些纷繁复杂的数据信息中高效地获取相关领域的关联数据，并能以直观、生动、易于理解方式展现数据信息的各种属性和特征，从而对数据进行更深入的观察、分析和理解。数据可视化是大数据分析的重要手段，用以实现用户与数据之间的交互，让用户能清晰明了地观察和分析数据，发现数据中的关联性。本项目中介绍数据可视化分析的技术、方法以及数据可视化工具。

教学目标

- 培养学生民族自豪感和自尊心。
- 掌握数据可视化概念和数据可视化分析工具的使用方法。
- 了解数据可视化方法。
- 了解数据可视化应用方向。

任务 1　数据可视化概念

【任务描述】

大数据时代，数据信息包含着各种类型的数据，数据可视化通过将数据转化为人们易于理解的形式，实现人类与数据良好的交互，从而提高数据分析的效率。

数据可视化方法从第二次世界大战时期的南丁格尔玫瑰图开始，已经有很长的历史，了解数据可视化的发展有利于更好地理解数据可视化概念。

常见的数据可视化方法有哪些？对掌握大数据可视化有哪些帮助？数据可视化有什么作用呢？而制作可视化效果的工具有哪些？带着这些疑问，让我们一同走进数据可视化的世界。

【任务目标】

- 了解数据可视化概念。
- 了解数据可视化的优势。
- 掌握数据可视化工具的使用方法。

【知识链接】

1. 数据可视化的概念

随着大数据时代的到来，从企业、政府到个人，每天都在与汹涌而来的各种数据信息打交道。如何从这些数据中快速地获取企业、政府、个人或者科学研究所需要的信息，并直观形象地展现出来，这就是大数据可视化要解决的问题。

以下是通过某市疾病预防控制中心网站提取的相关数据。从数据中可以了解到某市新冠确诊病例的人员信息，并根据数据制作了两种不同表现形式的分析报表，如图 7-1 和图 7-2 所示。

日期	确诊序列号	性别	年龄	国籍	发现方式	状态	序号	确诊	无症状	无症状转确诊
2022/4/2	本土确诊病例1	男	32	中国籍	驾驶货车经过我市域内	确诊	1	1	0	0
2022/4/3	本土确诊病例1	男	37	中国籍	省外返X市本土确诊病例的密切接触者	确诊	2	1	0	0
2022/4/3	本土确诊病例2	男	42	中国籍	省外返X市本土确诊病例的密切接触者	确诊	3	1	0	0
2022/4/3	本土确诊病例3	男	29	中国籍	省外返X市本土确诊病例的密切接触者	确诊	4	1	0	0
2022/4/3	本土确诊病例4	男	44	中国籍	驾驶货车经过我市域内	确诊	5	1	0	0
2022/4/3	本土无症状感染者1	女	34	中国籍	省外返X市本土确诊病例的密切接触者	无症状	6	0	1	0
2022/4/3	本土无症状感染者2	男	49	中国籍	省报告的一例本土感染者的密切接触者	无症状	7	0	1	0
2022/4/4	本土确诊病例1	男	51	中国籍	进行重点人员例行核酸检测筛查	确诊	8	1	0	0
2022/4/4	本土确诊病例2	女	51	中国籍	为近日外省报告的一例本土感染者的密切接触者	确诊	9	1	0	0
2022/4/5	本土确诊病例1	男	32	中国籍	驾驶货车经过我市域内	确诊	10	1	0	0
2022/4/5	本土确诊病例2	男	49	中国籍	为近日外省报告的一例本土感染者的密切接触者	确诊	11	1	0	0
2022/4/5	本土无症状感染者1	男	30	中国籍	为近日外省报告的一例本土感染者的密切接触者	无症状	12	0	1	0
2022/4/7	本土确诊病例1	男	46	中国籍	从外省驾驶货车来X市例行核酸检测初筛阳性	确诊	13	1	0	0
2022/4/7	本土确诊病例2	女	43	中国籍	从外省驾驶货车来X市例行核酸检测初筛阳性	确诊	14	1	0	0
2022/4/7	本土确诊病例3	男	46	中国籍	从外省驾驶货车来X市例行核酸检测初筛阳性	确诊	15	1	0	0
2022/4/8	本土确诊病例1	男	52	中国籍	隔离期间核酸检测初筛阳性	确诊	16	1	0	0
2022/4/8	本土确诊病例2	男	7	中国籍	隔离期间核酸检测初筛阳性	确诊	17	1	0	0
2022/4/8	本土无症状感染者1	男	30	中国籍	隔离期间核酸检测初筛阳性	无症状	18	0	1	0

图 7-1　业务报表 A

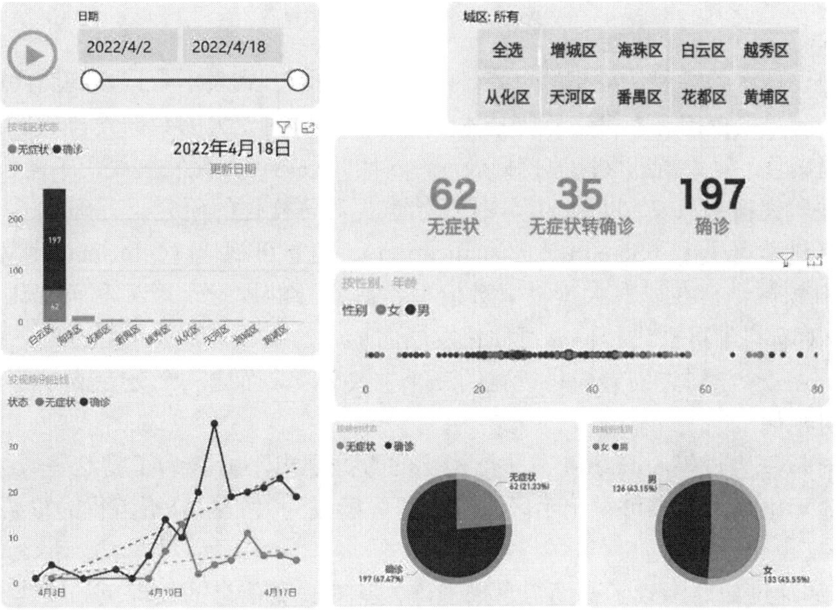

图 7-2　业务报表 B

通过对比两张图显然能够看出报表 B 比报表 A 更具有直观、形象、清晰、易于理解的特点。数据可视化的核心就是用一张图表达很多重要的信息和规律。数据可视化就是运用计算机图形学和图像处理技术，将大型数据集中的数据转换为图形或图像显示，并进行交互处理的理论、方法和技术。

2. 数据可视化的发展

很早以前，人们就已经通过图形的可视化手段来分析问题。最著名的数据可视化里程碑之作是弗罗伦斯·南丁格尔（Florence Nightingale）的玫瑰图，如图 7-3 所示。19 世纪 50 年代，在英国、法国和俄国进行的克里米亚战争中，南丁格尔通过搜集数据发现很多士兵死亡原因并非是“战死沙场”，而是因为在战场外感染了疾病，或在战场上受伤，没有得到适当的护理导致死亡。她将各种士兵死亡原因的统计数据以图表形式制作出来，即著名的南丁格尔玫瑰图，她的方法打动了当局者，增加了战地医院，改善了医疗条件，由此减少了士兵死亡的人数，她为挽救士兵生命做出了巨大贡献。

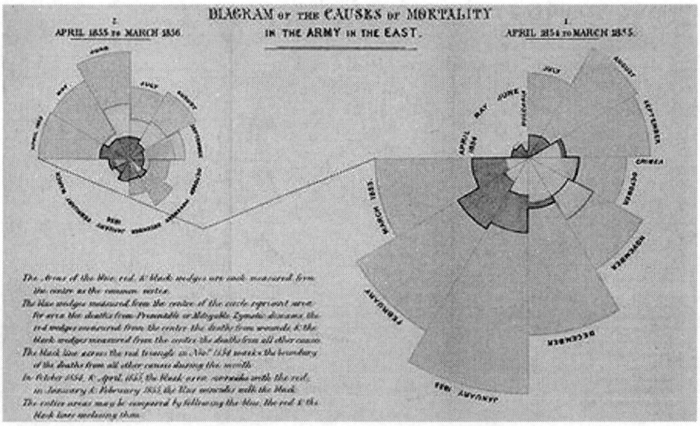

图 7-3　南丁格尔玫瑰图

数据可视化技术的发展从最初的以点、线、简单图形方式表示数据，到现代通过将计算机技术与图形学、数据挖掘、人机交互等技术融合在一起，对庞大的数据设计满足大数据各个领域需求的直观交互，对数据进行快速挖掘处理，这期间数据可视化发展经历了漫长的历史阶段。

国际相关研究机构从 20 世纪 80 年代开始重视对可视化的研究，并确定了可视化研究的方向。通常将科学可视化（Scientific Visualization）、信息可视化（Information Visualization，是一个跨学科领域，旨在研究大规模非数值型信息资源的视觉呈现）和可视化分析（Visual Analytics，是随着科学可视化和信息可视化发展而形成的新领域，重点是通过交互视觉界面进行分析推理）这三个学科方向看成可视化的三个主要分支，而这三个分支整合在一起形成了新学科“数据可视化”。

大数据时代，大规模、高纬度、非结构化的数据层出不穷，为了将这些数据以可视化的形式完美地显示出来，依靠可视化手段进行数据分析成为大数据分析流程的重要一环。

3. 数据可视化的优势

（1）传递速度快。相较于书面信息来说，人脑对视觉信息的处理更加快速。使用可视化图形图表的形式来总结和展示庞大、复杂的数据，可以确保读者对各项数据关系的理解比通过那些混乱的报告或庞大的文本数据展示方式更加快速。

（2）数据显示的多维性。进入21世纪，以大数据、物联网、5G技术、人工智能为核心特征的数字化浪潮席卷而来，同时也带来了海量的信息和数据，面对庞大的多维信息和数据，人们的认知能力具有一定的局限性，在进行信息解读时会面临相应的复杂性。通过数据可视化的展示，能够清楚地将数据每一维度的值分类、排序、组合和显示，这样就可以看到所表示对象或事件的对应数据中的多个属性或变量。

（3）更直观地展示信息。数据可视化提供了统计图形、图表、信息图表等方式来传递信息，能让用户通过视觉感知器官将获取的可视编码信息通过大脑解码后形成认知，在交互分析过程中洞悉信息的内涵。

（4）巩固、加深记忆。人们在观察物体的时候，大脑和计算机一样有长期的记忆（memory，硬盘）和短期的记忆（cache，内存）。很多研究已经表明，在进行理解和学习的任务的时候，图文一起能够帮助读者更好地了解所要学习的内容，图像更容易理解，更有趣，也更容易让人们记住。

4. 数据可视化的作用

视觉是一切感觉之首，人的大脑有一半的资源都被用于接收、读取、解析眼睛所见，但人眼所看到的并非全部，因为视觉信息还要经过大脑的转换和解析。而我们所说的数据可视化运用了CG（Computer Graphics的简称，又称计算机图形学）、图形图像处理等技术，其结合了视觉感知和人脑认知的优势，并能与艺术美学的概念融会贯通。

（1）信息处理与记录。当下社会已经进入“图像化时代”，图像化就是指将各种复杂的数据信息制作成图像展示出来，并逐渐形成规模。数据本身由文字、符号、图像等信息构成；而文字的本质即象形文字，是由图画文字演化而来，可以说其与图像同源。

宋人郑樵在《通志》中明确提到“置图于左，置书于右，索象于图，索理于书”，在阅读的过程中，图文二者可以互相补充验证。目前，我国最早的图文结合实物地图是甘肃天水放马滩出土的战国秦木板地图。该地图中有关地名、河流、山脉及森林资源的注记有82条之多，为研究中国先秦发达的地图学文献资料提供了实物作证。另外，还有一种特定类型的“职贡图”，该图是我国绘画史上第一部采用外域职贡人物作为主要题材的工笔人物卷轴画，其记录了古代社会中外国及中国境内的少数民族上层向中国皇帝进贡的纪实图像，以图证史，可以将历史记载不足之处进行补充。梁元帝萧绎曾画《职贡图》，已经失传，所幸有北宋摹本（部分）流传，如图7-4所示。

图7-4　萧绎《职贡图》（宋摹本局部）

（2）信息推理与分析。数据分析指用适当的统计、分析方法对收集来的大量数据进行分析，其目的是把隐藏在复杂数据中的信息集中和提炼出来，将有用的信息整理后形成结论，以保证最大程度地发挥数据的作用。利用图形化表现数据的方式可以极大地降低用户对于复杂数据的理解度，可以通过这种方法来寻找数据的规律、分析推理其本质、预测未来发展趋势。

（3）信息传播与协同。互联网时代，信息大多由文字和数据组成，人们的眼睛成为人脑获取信息的重要途径，但由于长时间的阅读易引起视觉疲劳，反而损失、无视了大部分信息。Martin J. Eppler（马丁 • 开普勒）和 R A.Burkhard（雷默 • 克哈德）认为可视化的优势在于认知、情感和社会 3 个方面，其可以用来实现信息协作与修正、信息分享与论证、突出重要信息的目的。

【任务实施】

从信息加工角度来看，繁杂的信息会消耗人们较多的注意力。而可视化能够对信息起到辅助的作用，通过易于感知的符号、图形、颜色等方法将庞大又复杂的数据以图形化的方式展示出来，在有限的记忆空间中提升信息认知的效率，明确地向人们传递有效信息。那么，常用的可视化工具都有哪些？

1. Power Bi

Power Bi 是微软推出的可视化工具，用于自助服务和企业商业智能（BI）的统一、可扩展平台（该平台便于使用，能够帮助获取更深入的数据简介），Power Bi 可连接到任何数据并对数据进行可视化，其软件主界面如图 7-5 所示。

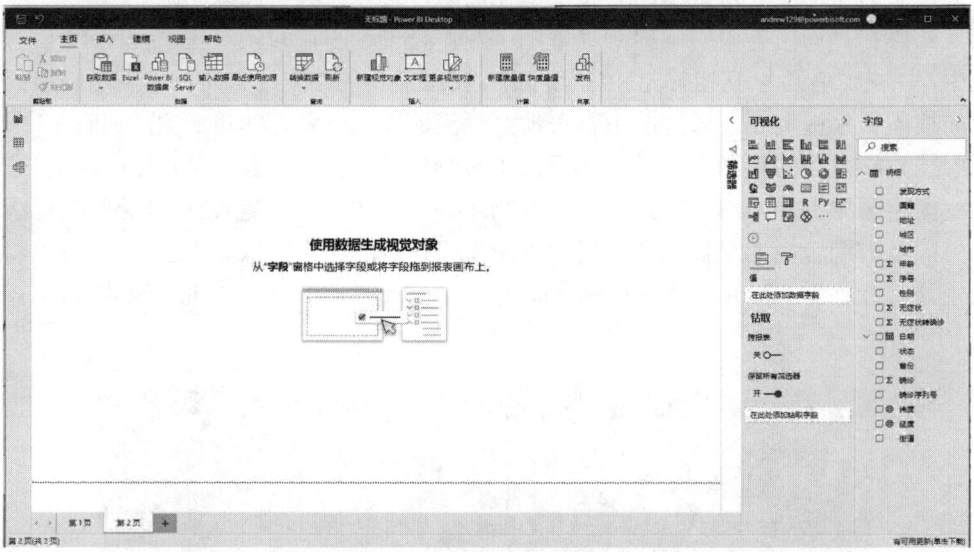

图 7-5　Power BI 软件主界面

Power Bi 是基于云的商业数据分析和共享工具，包含 Windows 桌面应用程序（Power Bi Desktop）、联机 SaaS（软件即服务）服务（称之为 Power Bi 服务）及移动 Power Bi 应用（可在 Windows、IOS 和 Android 系统的各类设备上使用）。软件能够把复杂的数据转化成简洁的视图，同时可以创建可视化交互式报告，即使在外也可以利用手机端 App 随时查看。

2. Highcharts

Highcharts 是一个用 JavaScript 编写的图表库，能够很简单便捷地在 Web 网站或者是 Web 应用程序添加具有交互性的图表。Highcharts 的图表类型丰富，可以制作包括线图、柱形图、饼图、散点图、仪表图等类型的图表，也可以制作实时更新的曲线图。

另外，由于 Highcharts 是开源的，对于个人网站、学校网站和非盈利机构，可以不经过授权直接使用 Highcharts 的系列软件。Highcharts 优势在于其完全基于 HTML5 技术，不需要安装插件或配置 PHP、Java 运行环境，仅需两个 JS 文件即可使用。

3. ECharts

ECharts 是 Enterprise Charts 的缩写，即商业级数据图表，是百度公司使用 JavaScript 实现的开源可视化库。自 2013 年 6 月 Echart 正式发布 1.0 版本以来，它提供了丰富的可视化展示方式，如图 7-6 所示。ECharts 可以流畅地运行在 PC 和移动设备上，兼容当前绝大部分的浏览器（IE8/9/10/11、Chrome、Firefox、Safari 等），底层依赖矢量图形库 ZRender，提供直观、交互丰富、可高度个性化定制的数据可视化图表。

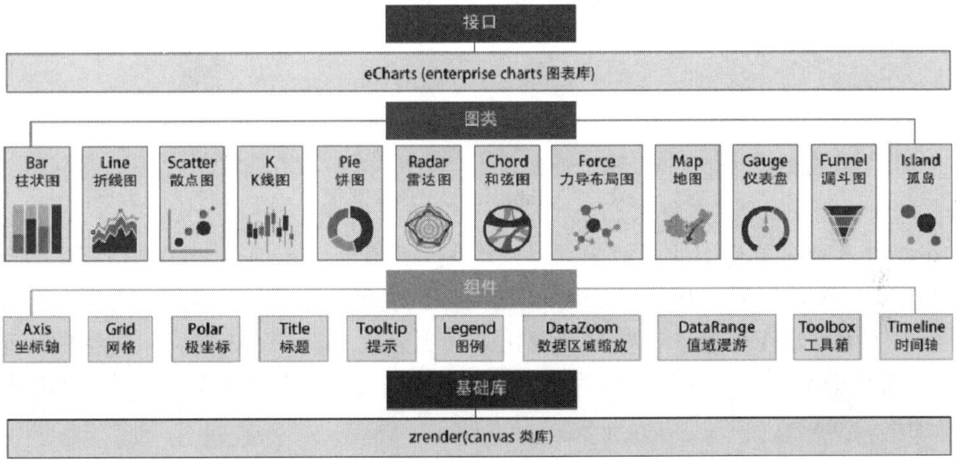

图 7-6 ECharts 图类、组件、基础库展示图

4. Tableau

Tableau 起初是一家提供商业智能的软件公司，成立于 2004 年，总部位于美国华盛顿西雅图。该产品起源于美国国防部提出的关于人们分析信息能力的项目，并在将此项目移交斯坦福大学后快速发展。之后，负责产品的三位博士克里斯蒂安 • 夏博（Christian Chabot）、帕特 • 汉拉汉（Pat Hanrahan）和克里斯 • 斯托特（Chris Stolte）共同创建了 Tableau 公司，将数据可视化功能融入数据库中，使其具有交互性和可理解性。

Tableau 将数据连接、运算、分析与图表结合在一起，其程序很容易操控，工作界面如图 7-7 所示。用户可以将大量数据拖放到数字“画布”上，能够快速地创建各种图形图表。Tableau 的产品包含多个类别，其中 Tableau Desktop、Tableau Server、Tableau Reader 使用频率最高。

5. D3

D3 的全称为 Data-Driven Documents，顾名思义，它是一个基于数据驱动的文档。其中，Data-Driven 是由数据决定绘图流程的程序设计模型。通常 D3 又被称为 D3.js，这是因为

JavaScript 文件的扩展名为.js。实际上，D3 就是一个 JavaScript 的函数库，可以用来创建可交互的可视化图表。

D3 是一个开源项目，作者是纽约时报的工程师。D3 项目的代码托管于 GitHub（开发管理平台，目前是全世界流行的代码托管平台，集结了来自世界各地的优秀工程师）。

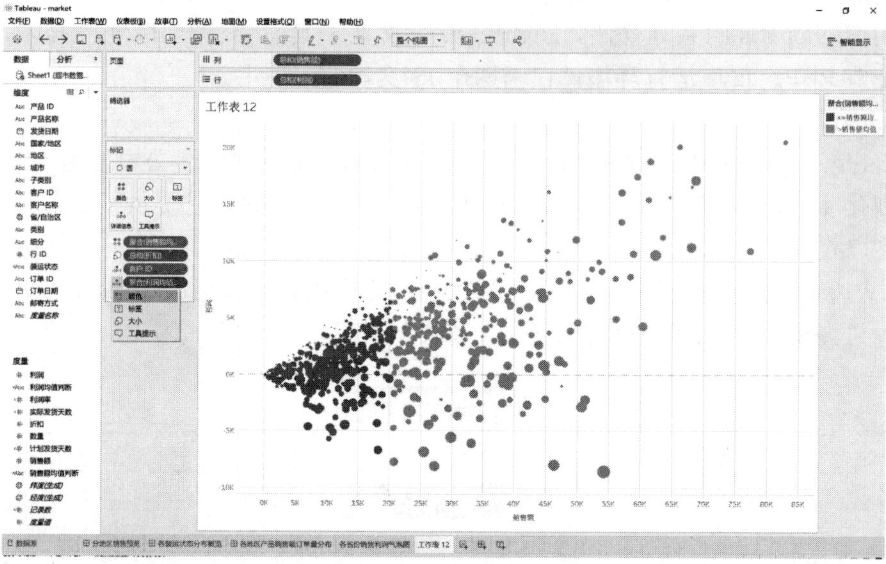

图 7-7　Tableau 的工作区界面

D3 在提供各种简单易用的函数的同时，也大大简化了 JavaScript 操作数据的复杂度。由于 D3 本质上是 JavaScript，所以 JavaScript 在操作上也可以实现 D3 的所有功能，但相对比来说，D3 可以大大减小工作量，在数据可视化方面更为优秀。在 D3 中，可视化的复杂步骤被精简到了只需几个函数即可达到目的的程度，用户只需要输入简单的函数，就能够转换为绚丽的可视化图形。

【任务小结】

本任务首先介绍了数据可视化基础，包括数据可视化的概念和作用；其次介绍了数据可视化软件与工具。

【考核评价】

评价内容	评分项	考核点
学习态度	课堂表现、学习活动态度（40 分）	积极主动（10 分）、沟通合作（10 分）、课堂讨论（10 分）、课后作业（10 分）
知识技能目标	数据可视化基础（30 分）	数据可视化的概念（10 分）、数据可视化的发展（5 分）、阐述数据可视化在大数据技术中的地位（5 分）、数据可视化的优势和作用（10 分）
	数据可视化常用工具（30 分）	列出经常使用的数据可视化工具、进行对比分析，并总结其使用特点（30 分）
总得分		

任务 2 数据可视化方法

【任务描述】

随着数据应用领域的拓宽以及深层次表现方式的出现，人们开始研究视觉表现对认知产生的影响，而可视化也开始通过抽象的图形或更加直观的视觉形式来表现数据的内涵信息。

那么，可视化的表现方式有哪些？面对庞大的数据，又该如何选择可视化的表现方式呢？

【任务目标】

- 了解不同数据图表的数据分析作用。
- 掌握数据可视化方法技巧。

【知识链接】

图形是可视化数据信息最直观的表现方式，其表现形式有很多。但在实际应用中，应先从总体上观察分析数据，再细化到具体的分类及特性。

1. 可视化图形

（1）柱形图（Column Chart）。柱形图是最常见的图表，也最容易解读，其是一种以长方形的长度为变量的纵向统计图表。其主要用来比较两个或两个以上的条件，且只有一个变量需要进行比较。柱形图主要利用“柱子”的高度来反映数据的差异，辨识效果较好。

如图 7-8 所示是冈比亚儿童患疟疾的影响因素的柱形图展示，X 轴代表是否使用蚊帐，蚊帐是否杀虫（通过蚊帐的处理对蚊虫进行消杀）；RDT 代表快速诊断结果，0 表示没有感染疟疾，1 表示感染疟疾。图中利用形状高度对感染与非感染儿童的蚊帐使用和处理情况进行对比；利用不同颜色的形状对感染疟疾和非感染疟疾儿童进行区分。

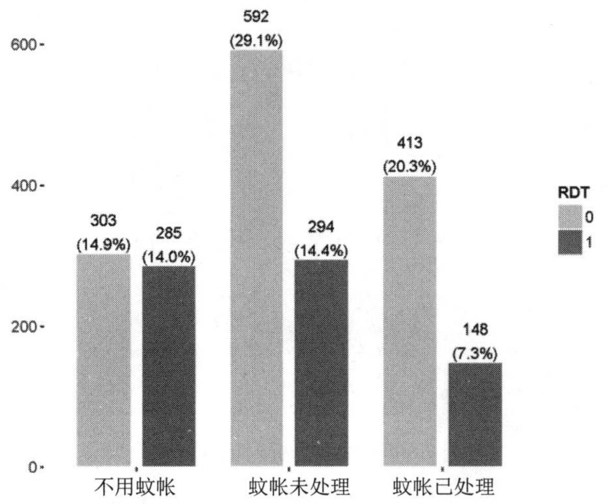

图 7-8 冈比亚儿童患疟疾的影响因素

而当坐标轴比较长或者变量相对较多时，则可以使用另一种横置型柱形图，称之为条形图（Bar Chart），如图 7-9 所示。此外，条形图有简单条形图、复杂条形图等形式。

（2）饼状图（Pie Chart）。饼状图或称饼图，其呈现数据的方式是用扇形的面积来表示相应数量。饼图可通过圆中各个扇形面积的大小，对一个数据系列在总体中所占比例的多少进行对比和判断。在一些特定情况下，饼图可以有效地对信息进行展示，特别是想要对某个扇区在整体中所占比例进行比较时。但对不同饼图之间的数据进行比较，却无法精确地读取比对的结果。如图 7-10 为各地区销售量占比饼状图。

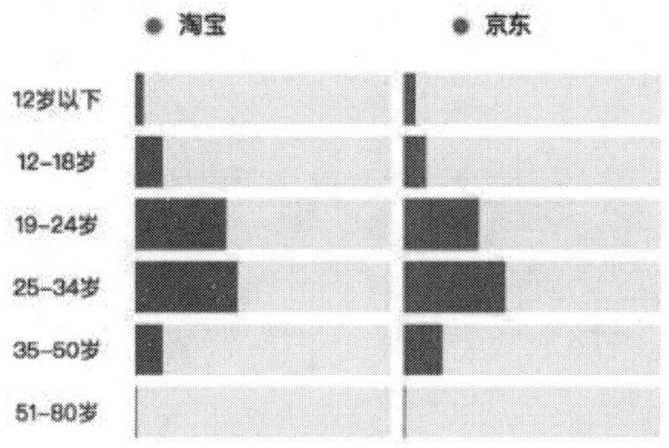

图 7-9　条形图

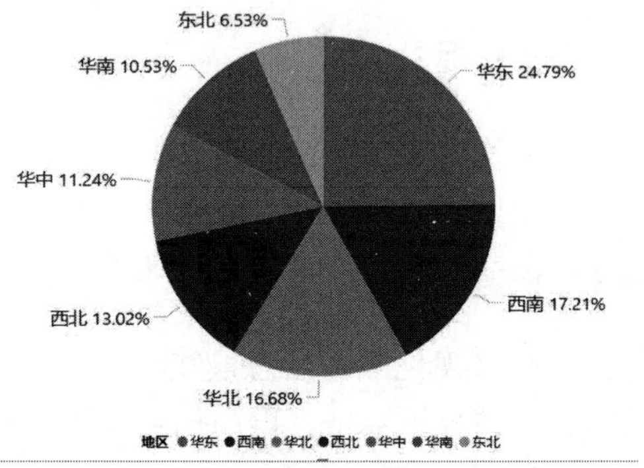

图 7-10　各地区销售量占比饼状图

（3）雷达图（Radar Chart）。雷达图将多个维度的数据量映射到坐标轴上，这些坐标轴起始于同一个圆心点，通常结束于圆周边缘，将同一组的点用线连接起来就成了雷达图，如图 7-11 所示。雷达图适用于多维度数据（四维以上），且每个维度均可以排序。但它的局限在于数据点最多为 6 个，否则不容易辨别，因此使用场合有限。需注意的是，通常情况下用户不熟悉雷达图，解读有困难，使用时尽量加上说明，以减轻解读负担。

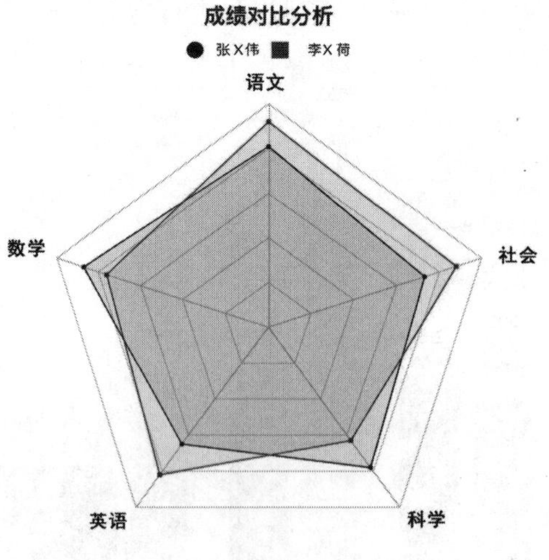

图 7-11　成绩分析对比雷达图

（4）散点图（Scatter Diagram）。散点图是一种以笛卡尔坐标系中点的形式表示二维码数据方法，将所有数据以点的形式展现在直角坐标系上，以显示变量之间的相互影响程度，点的位置由变量的数值决定。

如图 7-12 所示，这张图表是一张反映各国健康与财富的世界地图。X 轴表示收入状况，较富裕的国家在图表右侧，较贫穷的国家在图表左侧；Y 轴表示健康状态，较健康的国家处在表格的上方。每颗气泡代表一个国家，通过气泡（散点图）显示了世界所有国家/地区的平均预期寿命及平均收入（可参考 https://www.gapminder.org）。

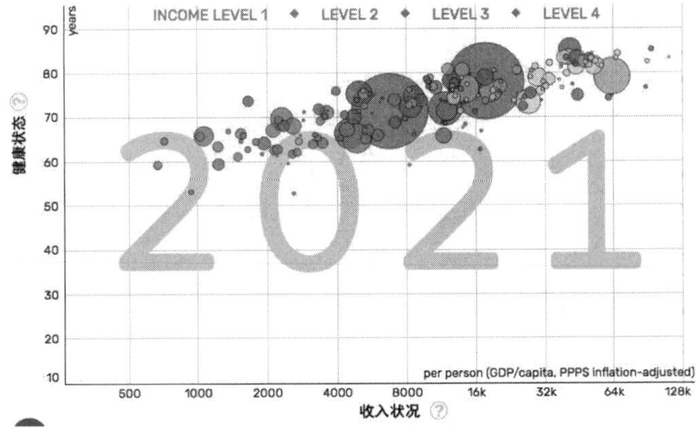

图 7-12 全球健康及收入状况图

（5）热力图（Heat Map）。热力图是数据的图形表示，是一种能够展示数据变化规律的图，通过调配颜色、半径、强度来达到最佳的可视化效果，如图 7-13 所示。热力图的优势：相比于直接将数据点置于图上，热力图可以快速看到数据空间的连续性及热度。

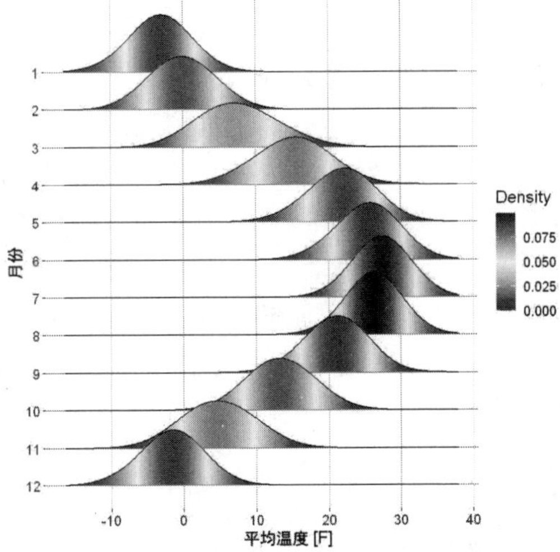

图 7-13 北京各月份温度分布热力图

2. 文本可视化

传统的文本分析技术虽然在一定程度上能够从数据中提取重要信息，但是提取出的信息仍然无法满足人们利用浏览及筛选等方式对其进行的分析、理解和应用。而文本可视化技术的出现，将文本中原本复杂的或难以通过文字表达的内容、规律用视觉符号的形式表达出来，同时向人们提供与视觉信息进行快速交互的功能，使人们能够利用大脑解析视觉信息的能力快速获取大数据中蕴含的关键信息。文本可视化包含文本分析、数据挖掘、数据可视化、计算机图形学、人机交互、认知科学等学科的理论和方法，是人们理解复杂的文本内容、结构和内在规律等信息的有效手段。

利用文本可视化系统对文本进行分析和理解的基本过程如图 7-14 所示。文本可视化涵盖了信息收集、数据预处理、知识表示、可视化呈现、用户认知等。

（1）文本分析。文本分析是指对文本的表示及其特征项的选取，它从文本数据中提取特征词汇及内容，通过构建向量空间模型并进行降维的方式来表示文本数据信息，以便进行可视化呈现与交互。其过程包含信息收集、数据预处理、知识表示等。

词云（也称文字云、标签云）通过字体的大小来表示关键词出现的频率，是文本数据中出现频率较高的关键词在视觉上的突出呈现，如图 7-15 所示。

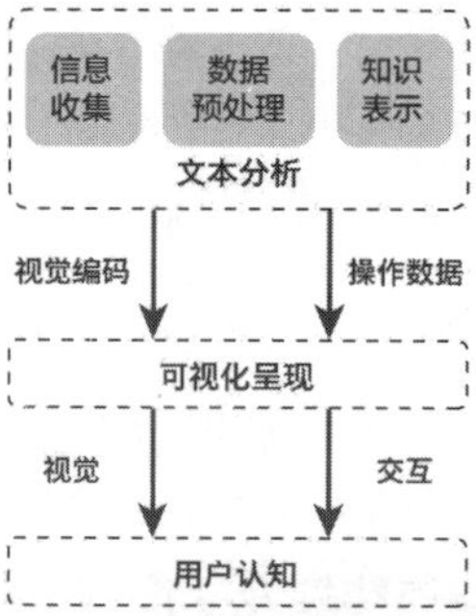

图 7-14　文本可视化的基本框架

图 7-15　文本可视化典型案例—词云

（2）可视化呈现。在信息图中，文本内容的视觉编码主要涉及尺寸、颜色、形状、方位、文理等；文本间关系的视觉编码主要涉及网络图、维恩图、树状图、坐标轴等。所以，文本可视化的一个重要任务是选择合适的视觉编码呈现文本信息的各种特征。

（3）用户认知。用户认知采用用户与信息图的交互方式，能便于用户通过可视化呈现有效地发现文本信息的特征及规律，通常会根据使用场景为系统设置一定程度的交互功能。

3. 网络数据可视化

随着信息技术在不同领域的应用，用户能够大量地获取对应的网络结构数据，如学术论文互引网络、社会关系网络等。但随着网络节点和边的增加，仅使用文字和数据表格来表现网络结构的方法已经无法满足用户分析、管理、利用及处理网络结构数据的需求。如何高效浏览、理解、挖掘、操作、导航大量的网络结构数据，成为目前信息领域的一个需要解决的问题。

网络数据可视化技术作为重要的信息可视化技术之一，充分利用人类的视觉信息需经过大脑转换和解析的方式，将网络数据进行图形化处理后展示出来，能够更清晰直观地概览网络结构数据，一方面可以辅助用户认识网络的内部结构，另一方面有助于挖掘隐藏在网络内部的有价值的信息。

4. 层次数据可视化

层次结构作为最常见的信息结构之一，可以表达事物的从属和包含关系，这种关系可以是事物本身固有的整体与局部的关系，也可以是人们在认识世界时赋予的类别与子类别的关系或逻辑上的承接关系。从布局策略的角度出发，主流的层次数据可视化方法可分为节点连接、空间填充、混合方法，此处主要介绍节点连接和空间填充。

（1）节点连接。节点连接是用绘制成不同形状的节点表示数据（内容信息），节点之间的连线表示数据间关系（结构关系）的一类层次可视化技术，代表技术如空间树、圆锥树等。节点形式显示的层次关系基本都是有方向的，一般父节点在前或者在上，子节点在后或者在下，如图 7-16 所示。

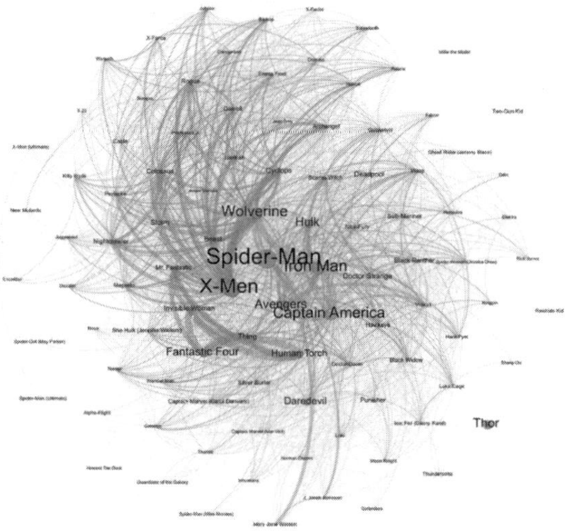

图 7-16　漫威角色关系节点连接

（2）空间填充。空间填充是利用嵌套的方法表达树状结构，即用各种形状的包围框来表示层次结构的节点（内容信息），上层节点对下层节点的包围关系表示数据间的关系（结构信息）的一类层次可视化技术，代表技术如矩形树图、圆填充图、信息立方体等。

1）矩形树图（Treemap）可以用来表示具有多层级关系的数据，是一种适合展示父子层级占比的树形结构。矩形树图具备一定的交互性，可通过点击、缩放来查看更深层次的细节，如图 7-17 所示。

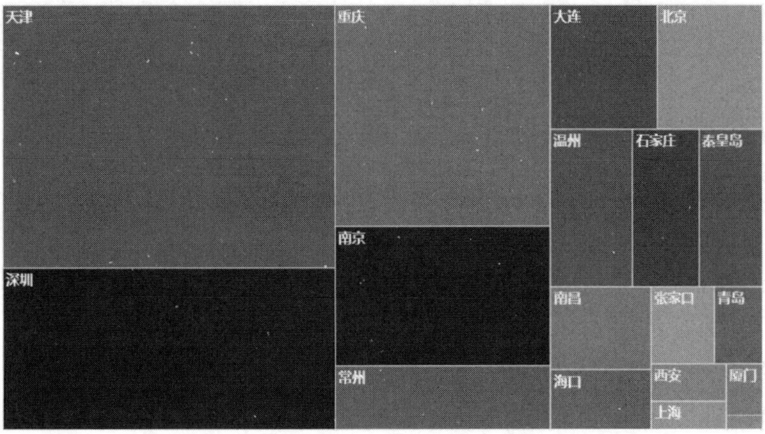

图 7-17　矩形树图

2）圆填充图。圆填充图（Circle Packing）是一种“大圆包小圆”的布局，如图 7-18 所示，其特点是二维嵌套圆环的相切表示树的兄弟关系，用圆包围表示树的亲子关系，圆环的位置、大小和颜色分别对应节点的不同属性，同层兄弟节点被排布在同一个圆内，互不遮挡。

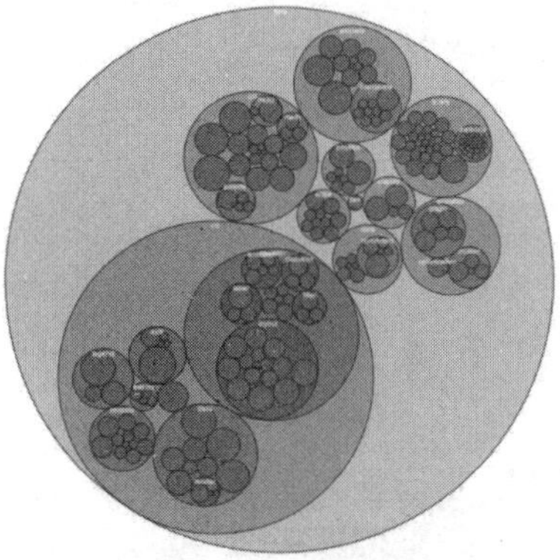

图 7-18　圆填充图

【任务实施】

销售数据图表展示

在本节的知识链接中，介绍了数据可视化图表的几种形式。Power BI Desktop 是一款可在本地计算机上安装的免费应用程序，可用于连接到数据、转换数据并实现数据的可视化效果。下面通过模拟某公司的各大区（包括各省）的产品销售情况的案例，利用 Power BI Desktop 来将相关数据转换为图表图像的形式。

某公司的各大区（包括各省）的产品销售情况 Excel 表如图 7-19 所示。

产品编码	产品名称	品类	产品指导价	产品经理	年度目标
A001	iPad mini	平板电脑	3200	洪X雅	730000000
A002	iPad Pro	平板电脑	8600	洪X雅	530000000
A003	iPad Air	平板电脑	7400	洪X雅	705000000
A004	小米手机	手机	4000	王X蕾	1050000000
A005	苹果手机	手机	6800	王X蕾	720000000
A006	经典红蓝机	switch	2289	郑X和	595000000
A007	OLED版	switch	2589	郑X和	540000000
A008	switch NS	switch	1550	郑X和	450000000
A009	铁三角	耳机	389	郑X和	135000000
A010	Beats	耳机	1508	郑X和	90000000

年份	月份	门店编码	产品编码	销售数量	单价	销售金额
2021	5月	HL001	A001	55248	3100	171,268,800
2021	5月	HL047	A001	39545	3100	122,589,500
2021	5月	HL001	A003	33063	6980	230,779,740
2021	5月	HL047	A002	33898	8100	274,573,800
2021	5月	HL009	A001	39591	3390	134,213,490
2021	5月	HL001	A004	34200	3880	132,696,000
2021	5月	HL013	A001	34580	3390	117,226,200
2021	5月	HL001	A002	29175	8100	236,317,500
2021	5月	HL001	A005	23604	5690	134,306,760
2021	5月	HL001	A006	21104	2889	60,969,456
2021	5月	HL009	A002	25414	7820	198,737,480
2021	5月	HL009	A003	31450	6770	212,916,500
2021	5月	HL047	A003	26795	6980	187,029,100
2021	5月	HL047	A004	19750	3880	76,630,000
2021	5月	HL047	A005	28136	5690	160,093,840
2021	5月	HL001	A007	22488	2980	67,014,240
2021	5月	HL002	A003	24215	7110	172,168,650
2021	5月	HL032	A001	28479	3390	96,543,810
2021	5月	HL001	A010	23253	1208	28,089,624

图 7-19　某公司的各大区（包括各省）的产品销售情况 Excel 表

（1）将数据导入 Power BI Desktop，打开 Power BI Desktop，选择“获取数据”→Excel 选项，选择案例数据表，如图 7-20 所示。

（2）在导航器中，选择所有数据表内容，并单击右下角“转换数据”按钮，进入到 Power query 界面，如图 7-21 所示。

（3）在 Power query 界面中，对数据进行清洗，查看左侧查询面板的每一个“表”对应的信息，对视图界面中题头行带有 column 的表，执行“转换”选项卡中的“将第一行用作标题”命令。清洗完毕后单击左上角的“关闭并应用”按钮即可，如图 7-22 所示。

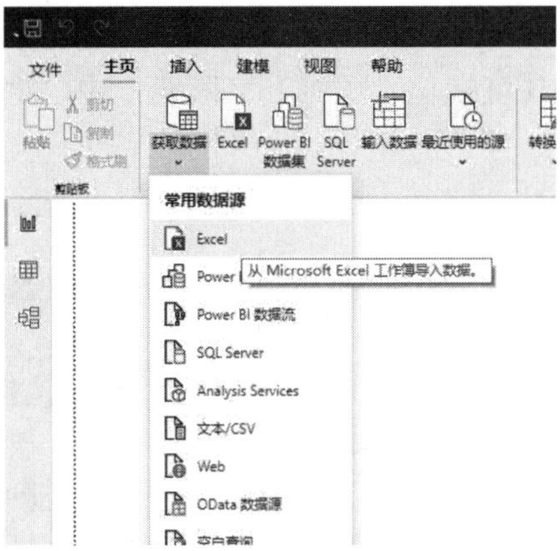

图 7-20　获取数据

图 7-21　选择数据表

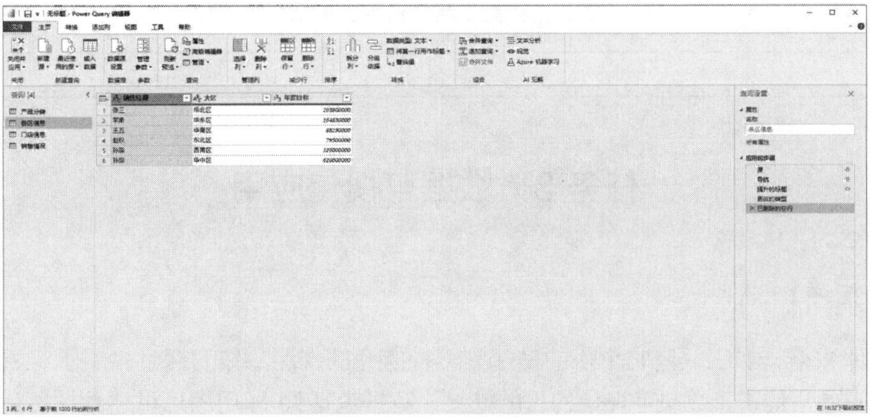

图 7-22　数据清洗界面

（4）返回到 Power BI Desktop 界面后，在右侧可视化组件面板中选择环形图。将“产品详情”表中的“品类”字段拖到可视化“图例”字段选框中；将“销售情况”数据表中的“销售数量”字段拖到可视化“值”字段选框中。如图 7-23 所示，在整个数据表中，平板电脑的销售量最高，占所有产品总量的 36.5%；而耳机的销售量最低，只占所有产品总量的 15.7%。

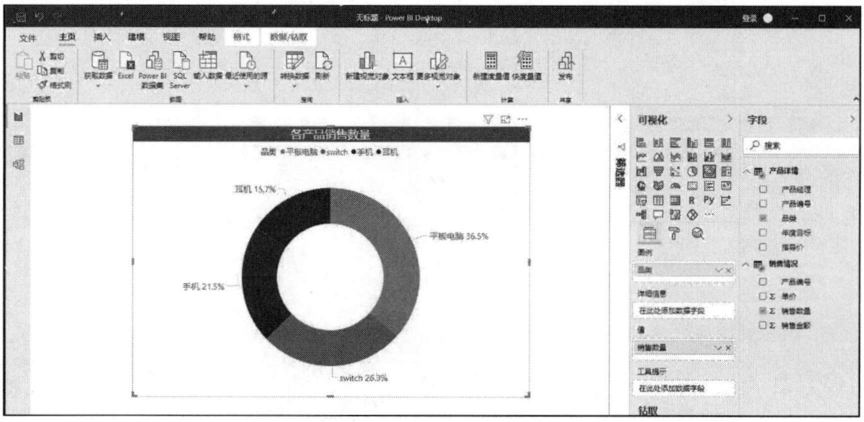

图 7-23　插入环形图并设置

【任务小结】

本任务首先介绍了一些主要的数据可视化呈现方法，包括图形可视化、文本可视化、网络数据可视化及层次数据可视化；其次通过案例，利用 Power BI Desktop 软件实现简单的可视化呈现。

【考核评价】

评价内容	评分项	考核点
学习态度	课堂表现、学习活动态度（40 分）	积极主动（10 分）、沟通合作（10 分）、课堂讨论（10 分）、课后作业（10 分）
知识技能目标	可视化表现方式（30 分）	数据可视化选择技巧（10 分）、不同图表的数据分析作用（20 分）
	相关软件的基本使用方法（30 分）	能够独立利用相关数据制作可视化报表。（30 分）
总得分		

任务 3　数据可视化应用

【任务描述】

可视化不仅是一种工具，它更多的是起到一种媒介的作用，作为探索、展示、表达数据含义的一种方法。通俗地讲，数据可视化的目的是“让数据说话”，即用图形讲述数据传达的内涵。可视化数据是一种表达数据的方式，是现实世界的抽象表达。那么，数据可视化有哪些典型的案例呢？

【任务目标】

- 了解数据可视化的应用领域。
- 掌握数据可视化的应用方向。

【知识链接】

在人类文明初期，人类通过书写、绘画来存储和传递信息。当下社会已经进入图像化时代，从功能上看，图像不仅可以替代文字，还可以发挥解释文字、阐发文字的作用。而数据可视化通过图形图像的方式对信息进行传递，是提高人们感知能力的重要途径。

1. 中国主要城市交通健康榜

高德地图推出了中国主要城市交通健康实时榜单。将全国 100 个主要城市的“交通健康指数”均值作为健康、亚健康临界值，即健康水平线；高于健康水平线的城市为交通健康的城市。

同时，高德地图还可以通过对历年节假日全国高速拥堵趋势的回顾，对未来节假日全国高速高峰时段的拥堵趋势进行预测。图 7-24 展示了 2018—2021 年清明节期间全国高速公路拥堵趋势（小时级），从高峰时段来看，历年高峰时段较为一致：出行高峰基本在小长假第一天 9—12 时，峰值均在 10—11 时；返程高峰在小长假第三天 14—19 时，峰值均在 16—17 时。

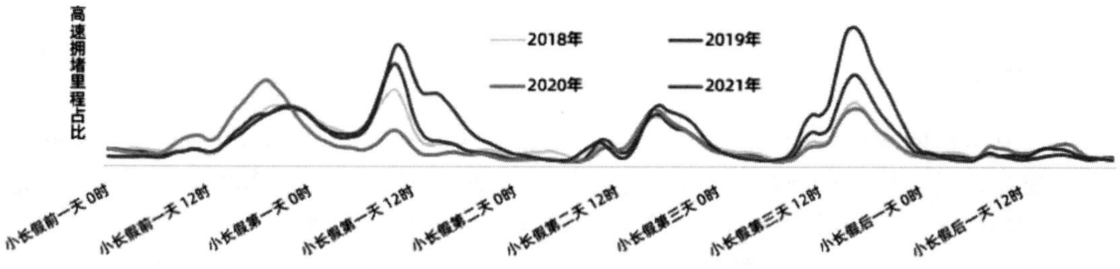

图 7-24　2018—2021 年清明节假期全国高速公路拥堵趋势回顾

通过对 2018—2021 年清明节假期全国高速公路拥堵趋势的回顾，可预测 2022 年清明期间，由于受到高速免费通行、清明扫墓、踏青赏花等多种出行因素叠加影响，预计 4 月 3 日为出城高峰期。如图 7-25 所示，4 月 3 日的 9—12 时为出程高峰时段，预计峰值出现在 10—11 时；4 月 5 日 14—19 时为返程高峰时段，预计峰值出现在 16—17 时。

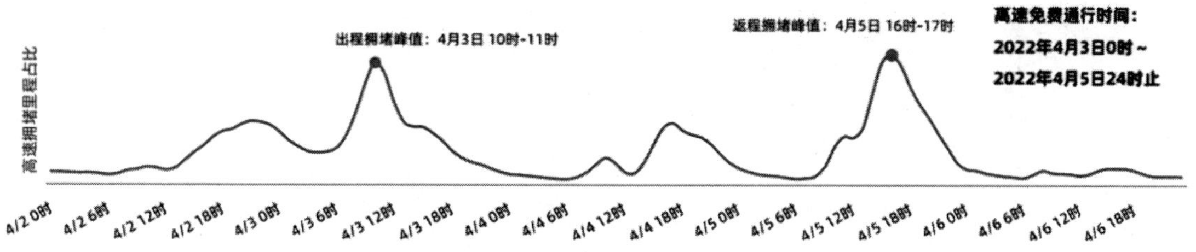

图 7-25　2022 年清明节期间全国公路拥堵趋势预测

2. The Pudding 生日相悖实验

The Pudding 最近发布了一个交互式可视化软件，如图 7-26 所示，讲述有关生日悖论的知识（生日悖论，指如果一个房间里有 23 个或 23 个以上的人，那么至少有两个人的生日相同的概率要大于 50%。例如在一个 30 人的小学班级中，存在两人生日相同的概率为 70%。对于 60 人的大班，这种概率要大于 99%）。虽然大多数非统计学家可能会发现，生日悖论是概率论中的一个标准问题，非常枯燥且不直观，但这种可视化使得它看起来有趣且易于理解。创作者可融入最近的用户互动的方式使得整个体验非常具有关联性。

生日相悖实验可视化交互效果展示

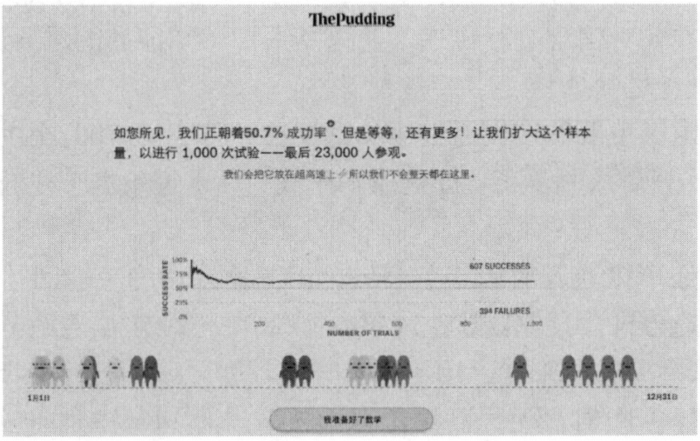

图 7-26　生日悖论实验交互可视化

【任务实施】

通信公司业务数据分析及可视化展示

工信部在 2021 年 8 月发布了通信行业市场发展情况，到 2021 年上半年为止，我国宽带市场总接入用户数量为 5.1 亿，相比于 2020 年末增长了 2606 万户。以下案例模拟某通信公司业务情况并进行数据分析及可视化展示。

（1）获取数据中的 Excel，在弹出的窗口中选择本案例需要的数据文件“销售业务报表”，如图 7-27 所示。

城市	业务代码	用户代码	结算日期	累计用户数	收入	利润	成本	年份	季度
长沙	DDCP	E	2021/2/23	2293	3411431	69334	3342097	2021	第1度
长沙	DDCP	E	2021/3/31	2339	4034476	66296	3968180	2021	第1度
长沙	CPYJ	E	2021/4/30	2376	4015237	71562	3943675	2021	第2度
长沙	CPYJ	E	2021/5/31	2386	4188931	148306	4040625	2021	第2度
长沙	CPYJ	E	2021/6/30	2389	1492989	42115	1450874	2021	第2度
长沙	CPYJ	E	2021/7/31	2389	3725753	61596	3664157	2021	第3度
长沙	CPYJ	E	2021/8/31	2397	2548257	105885	2442372	2021	第3度
长沙	CPYJ	E	2021/9/30	2407	4757300	82484	4674816	2021	第3度
长沙	CPYJ	E	2021/10/31	2421	4325037	150657	4174380	2021	第4度
长沙	CPYJ	E	2021/11/30	2475	1217717	53121	1164596	2021	第4度
长沙	CPYJ	E	2021/12/31	2477	3131204	1077	3130127	2021	第4度
成都	DDCP	E	2020/1/31	1609	6402416	226393	4420114	2020	第4度
成都	DDCP	E	2020/2/23	1633	4231636	166603	2229890	2020	第4度
成都	DDCP	E	2020/3/31	1647	1366007	62633	4325190	2021	第1度
成都	CPYJ	E	2020/4/30	1595	3072525	101936	2970589	2020	第2度
成都	CPYJ	E	2020/5/31	1605	3858905	115968	3742937	2020	第2度
成都	CPYJ	E	2020/6/30	1614	5325701	45346	5280355	2020	第2度
成都	CPYJ	E	2020/7/31	1691	1111243	989	1110254	2020	第3度
成都	CPYJ	E	2020/8/31	1694	1614454	65191	1549263	2020	第3度
成都	CPYJ	E	2020/9/30	1706	1971000	56147	1914853	2020	第3度
成都	CPYJ	E	2020/10/31	1718	3015833	84681	2931152	2020	第4度
成都	CPYJ	E	2020/11/30	1778	4480769	60655	4420114	2020	第4度
成都	CPYJ	E	2020/12/31	1790	2274196	44306	2229890	2020	第4度
成都	DDCP	E	2021/1/31	1302	4461392	136202	4325190	2021	第1度
成都	DDCP	E	2021/2/23	1326	2931222	31633	2899589	2021	第1度
成都	DDCP	E	2021/3/31	1396	2937226	43962	2893264	2021	第1度
成都	CPYJ	E	2021/4/30	1914	3106539	5007	3101532	2021	第2度
成都	CPYJ	E	2021/5/31	1986	4241392	92372	4149020	2021	第2度
成都	CPYJ	E	2021/6/30	1987	2211810	100011	2111799	2021	第2度
成都	CPYJ	E	2021/7/31	2044	2459310	72828	2386482	2021	第3度
成都	CPYJ	E	2021/8/31	2117	1618390	6981	1611409	2021	第3度
成都	CPYJ	E	2021/9/30	2119	1526676	36544	1490132	2021	第3度
成都	CPYJ	E	2021/10/31	2123	3468340	141394	3326946	2021	第4度
成都	CPYJ	E	2021/11/30	2161	4525628	45875	4479753	2021	第4度

城市	省份	地区
北京	北京	华北
长沙	湖南	华中
成都	四川	西南
福州	福建	华东
广州	广东	华南
贵阳	贵州	西南
哈尔滨	黑龙江	东北
海口	海南省	华南
杭州	浙江	华东
合肥	安徽	华东
呼和浩特	内蒙	华北
济南	山东	华东
昆明	云南	西南
拉萨	西藏	西南
兰州	甘肃	西北
南昌	江西	华东
南京	江苏	华东
南宁	广西	华南
上海	上海	华东
沈阳	辽宁	东北
石家庄	河北	华北
太原	山西	华北
天津	天津	华北
乌鲁木齐	新疆	西北
武汉	湖北	华中
西安	陕西	西北
银川	宁夏	西北
郑州	河南	华中
重庆	重庆	西南

图 7-27　导入数据

（2）在“导航器”界面中选中相对应的数据表，并单击右下角的“转换数据”按钮，如图 7-28 所示。

图 7-28　选择数据表

（3）在 Power query 编辑器中对数据进行清洗后，单击左上角的“关闭并应用”按钮，如图 7-29 所示。

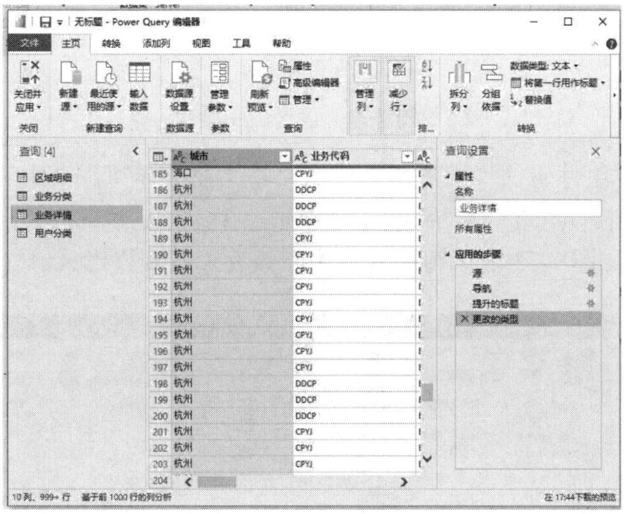

图 7-29　清洗数据

（4）如图 7-30 所示，回到 Power BI Desktop 界面。根据最后的效果图，我们需要知道总的利润、成本、累计用户数的数量。单击“主页”选项卡中的“新建度量值”按钮，对相应的数据进行求和运算。公式语法：列名= SUM ('表名'[字段名称])。

度量值公式如下：

总利润 = SUM('业务详情'[利润])

成本总计 = SUM('业务详情'[成本])

总收入=SUM('业务详情'[收入])

累计用户数总计 =SUM('业务详情'[累计用户数])

字段选择区中，由公式得到的度量值字段如图 7-31 所示。

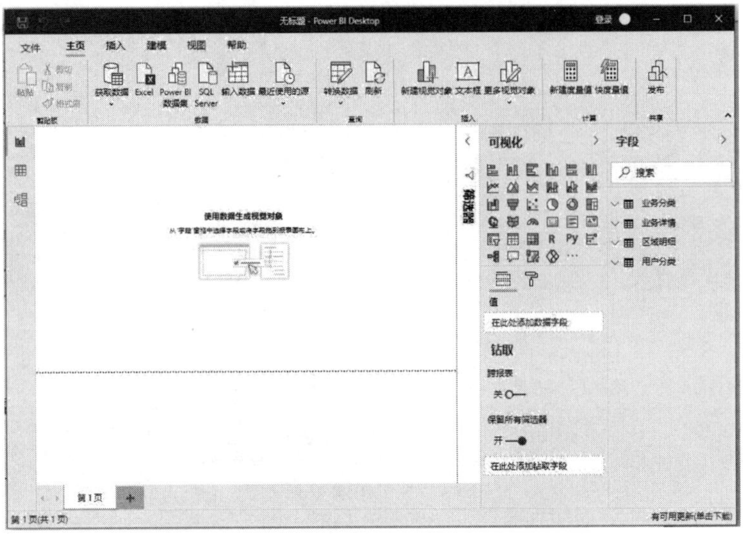

图 7-30　Power Bi Desktop 报表视图界面

图 7-31　度量值字段

（5）单击可视化组件中的“切片器”按钮，将“业务详情”表中的“年份”拖拽到图表设置区的“字段”框中（如图 7-32 所示），并在图表区单击“年份切片器”，单击“切片器”选框右上角的箭头，如图 7-33 所示将切片器类型改为“列表”形式。

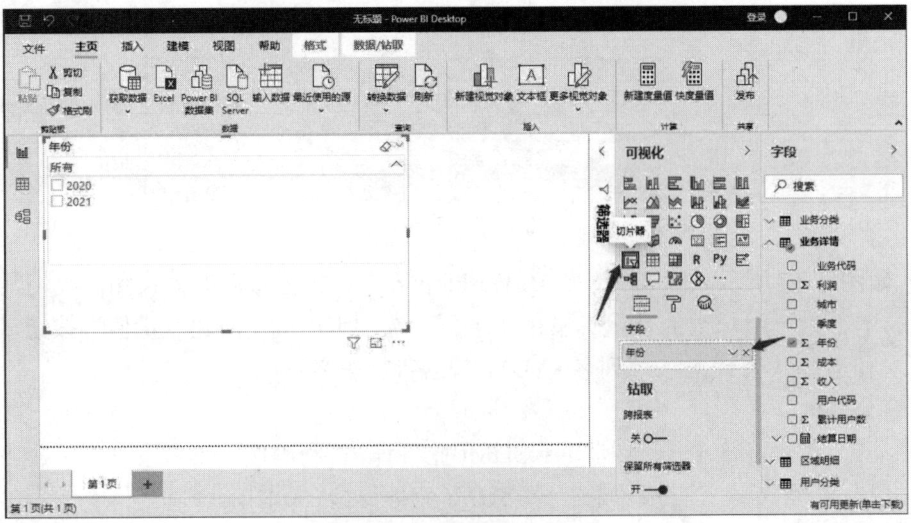

图 7-32　设置后的结果

图 7-33 设置切片器类型

（6）在图表设置区的格式中，将切片器方向改为“水平”，如图 7-34 所示，并将切片器标头关闭，自行调整标题选项中文字的样式。

图 7-34 设置切片器方向

（7）再次选择切片器，将“业务详情”中的“季度”字段拖拽到可视化组件“字段”框内，如图 7-35 所示。可利用图表设置区的格式来调整切片器的视觉及文本样式。

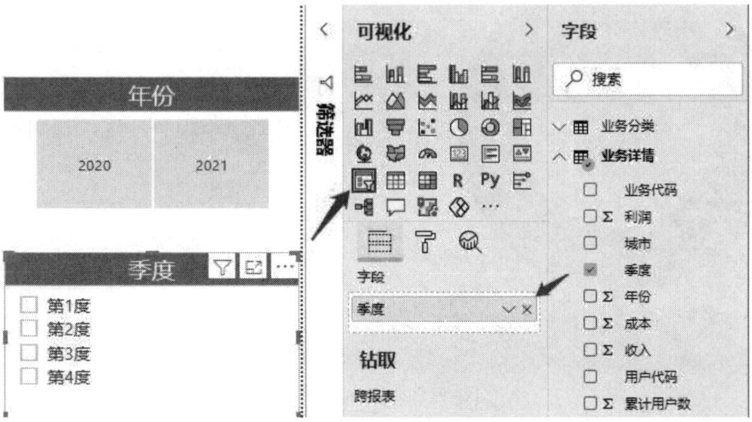

图 7-35 季度切片器做法

（8）选择可视化组件中的卡片图，并将“总利润”度量值字段拖拽到组件“字段”选框内，如图 7-36 所示。在图表设置区的格式中增加卡片图的标题并自行更改其视觉样式，如图 7-37 所示。

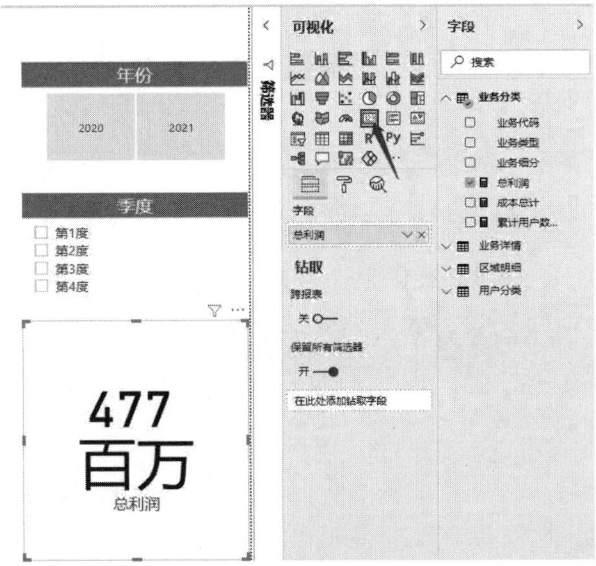

图 7-36　卡片图样式

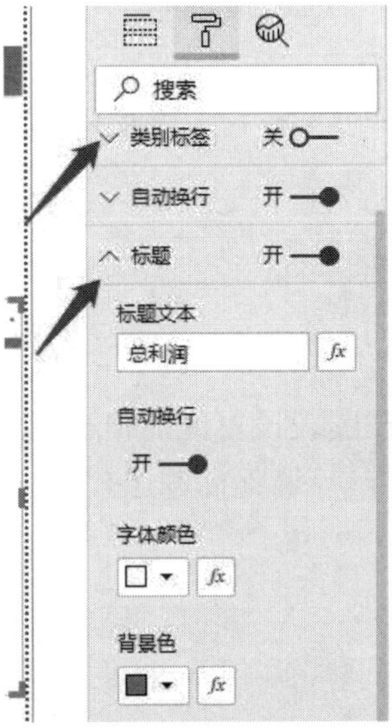

图 7-37　卡片图格式设置

（9）利用环形图显示各地区收入情况。选择可视化组件中的环形图，将“区域明细”表中的“地区”字段拖入可视化组件“图例”字段框中，度量值“成本总计”字段拖入“值”字段框中，如图 7-38 所示。同时选择“格式”选项卡，将“详细信息”中的“标签样式”改为“类别，总百分比”，如图 7-39 所示；可自行调整标题及相关视觉样式。

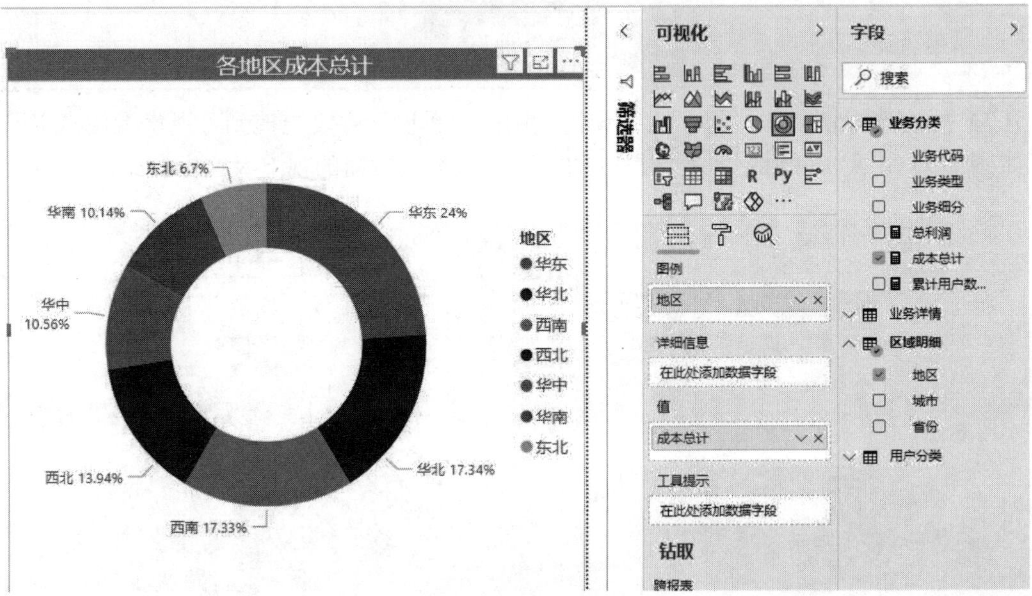

图 7-38　环形图设置

（10）导入外部可视化组件中的词云并选择该可视化组件，将“区域明细”表中的“城市”字段拖入可视化组件“类别”字段框中，“值”的字段框则拖入度量值“累计用户数总计”，如图 7-40 所示。在该图中，通过各城市文字大小的对比可知，上海和昆明的累计用户数数量最多。

图 7-39　环形图样式设置

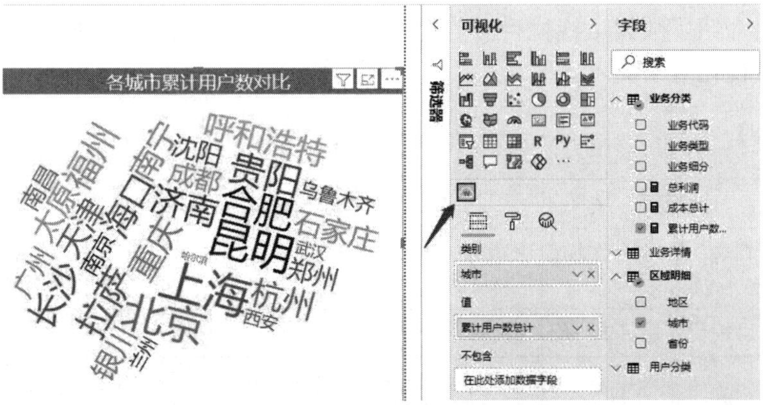

图 7-40　词云设置

（11）选择“插入”选项卡中的“图像”按钮，可置入相应的 LOGO 图标或其他相关图片，如图 7-41 所示。

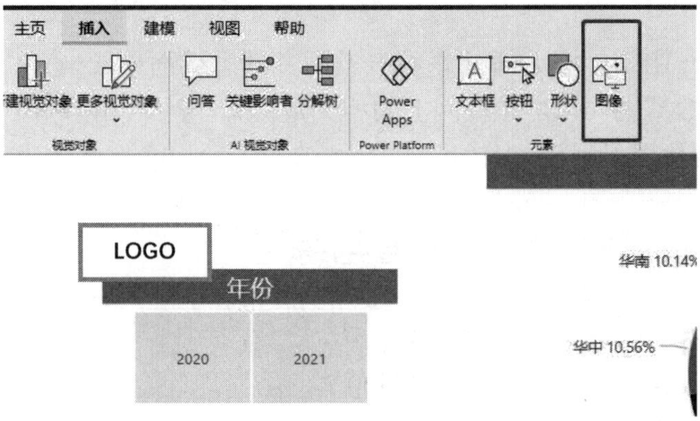

图 7-41　置入图片

（12）保存文件，将文件以.pbix 为后缀进行命名或导出为 PDF 文件，效果图如 7-42 所示。

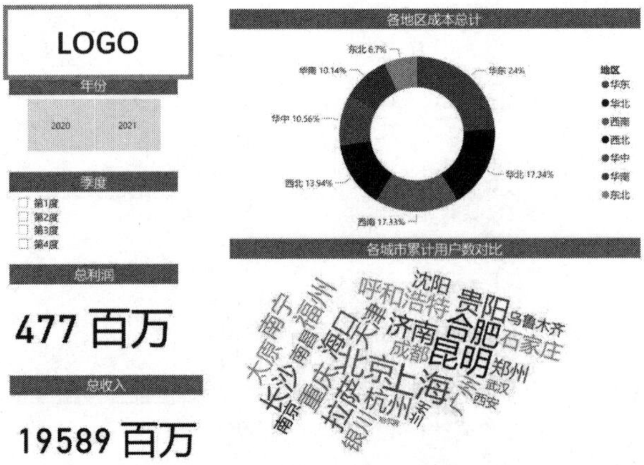

图 7-42　效果图

【任务小结】

本任务主要介绍了数据可视化目前的应用方向，以及如何在 Power BI Desktop 软件中利用相关数据制作可视化效果展示。

【考核评价】

评价内容	评分项	考核点
学习态度	课堂表现、学习活动态度（40 分）	积极主动（10 分）、沟通合作（10 分）、课堂讨论（10 分）、课后作业（10 分）
知识技能目标	数据可视化应用（20 分）	数据可视化应用案例解析（20 分）
	案例实施（40 分）	体验和掌握数据可视化分析的应用操作（15 分）、独立制作完整的可视化数据报表并加以解析（25 分）
总得分		

项目拓展

1．在装有 Power BI 软件的机器上，打开软件并熟悉界面构成。

2．自制简单的数据表（也可爬取网上的相关数据），导入 Power Bi 中，利用可视化插件对数据内容进行可视化展示。

思考与练习

1．请用自己的语言阐述数据可视化的作用。

2．如何理解可视化在大数据技术中的地位？

3．为什么要用视觉图形来表现数据？

4．请举出关于数据可视化的其他实际案例。

实战篇

项目 8　大数据分析基础环境搭建

项目 9　大数据平台搭建

项目 10　大数据分析案例技术实践

项目8　大数据分析基础环境搭建

项目导读

在大数据分析任务中，首要任务就是实现对任务基础运行环境的搭建，这里主要包括操作系统的安装、网络环境的配置、用户的创建与相应基础软件的安装等。本项目的内容主要建立在实践的基础上，并对上述任务的搭建过程展开了较为详细的讲解。在项目9和项目10的内容组织过程中，主要参考了企业案例下的环境相关配置，并参考了“1+X”证书（大数据平台运维和云计算应用）的实操考核内容，以及职业技能竞赛相关主题。

教学目标

- 培养善于探索、精益求精的精神。
- 了解大数据分析所需要的基础环境。
- 掌握若干大数据基础应用开发所需软件环境的准备工作。
- 掌握虚拟系统的搭建。

任务1　虚拟系统的搭建

【任务描述】

为了了解并掌握大数据相关企业的大数据分析平台的搭建过程，并为项目10中的相关实践内容提供软件开发基础运行环境，需要读者通过搭建虚拟计算集群的方式，掌握Linux系统平台下的基础管理及运维。

【任务目标】

掌握Linux服务集群在虚拟机上的搭建过程。

【知识链接】

1. Linux系统常用命令

（1）表8-1列出了文件与目录操作命令。

（2）表8-2列出了用户操作命令。

表 8-1 文件与目录操作命令

命令	使用方式	命令解析
pwd	直接使用	显示当前所在目录（即工作目录）
ls	ls [选项] [文件|目录]	显示指定目录中的文件或子目录信息。当不指定文件或目录时，显示当前工作目录中的文件或子目录信息 -a：全部的档案，连同隐藏档（开头为.的档案）一起列出来 -l：长格式显示，包含文件和目录的详细信息 -R：连同子目录内容一起列出来 如：ls -a
cd	cd <路径>	用于切换当前用户所在的工作目录，其中路径可以是绝对路径也可以是相对路径 如：cd ~（返回当前用户主目录）；cd ..（返回上一级目录）
mkdir	mkdir [选项] 目录	用于创建目录。创建目录前需保证当前用户对当前路径有修改的权限 如：-p 用于创建多级文件夹
rm	rm [选项] <文件>	用于删除文件或目录，常用选项-r、-f。-r 表示删除目录，也可以用于删除文件；-f 表示强制删除，不需要确认。删除文件前需保证当前用户对当前路径有修改的权限
cp	cp [选项] <文件> <目标文件>	复制文件或目录
mv	mv [选项] <文件> <目标文件>	移动文件或对其改名。常用选项-i、-f、-b。-i 表示若存在同名文件，则向用户询问是否覆盖；-f 直接覆盖已有文件，不进行任何提示；-b 当文件存在时，覆盖前为其创建一个备份
cat	cat [选项] [文件]	查看文件内容。常用选项：-n，用于显示行号（空行也编号）
tar	tar [选项] [档案名] [文件或目录]	为文件和目录创建档案。利用 tar 命令，可以把一大堆的文件和目录全部打包成一个文件，这对于备份文件或将几个文件组合成一个文件以便于网络传输是非常有用的。该命令还可以反过来，将档案文件中的文件和目录释放出来 常用选项： -c：建立新的备份文件 -C <目录>：切换工作目录，先进入指定目录再执行压缩/解压缩操作，可用于仅压缩特定目录里的内容或解压缩到特定目录 -x：从归档文件中提取文件 -z：通过 gzip 指令压缩/解压缩文件，文件名为*.tar.gz -f <备份文件>：指定备份文件 -v：显示命令执行过程

表 8-2 用户操作命令

命令	使用方式	命令解析
useradd	useradd 用户名	创建新用户，该命令只能由 root 用户使用
passwd	passwd 用户名	设置或修改指定用户的口令
chown	chown [选项]	将文件或目录的拥有者改为指定的用户或组，用户可以是用户名或者用户 ID，组可以是组名或者组 ID，文件是以空格分开的要改变权限的文件列表，支持通配符。选项-R 表示对目前目录下的所有文件与子目录进行相同的拥有者变更

续表

命令	使用方式	命令解析
chmod	chmod [-R] 模式 文件或目录	修改文件或目录的访问权限。选项-R 表示递归设置指定目录下的所有文件和目录的权限
su	su [-] 用户名	将当前操作员的身份切换到指定用户。如果使用选项-，则用户切换后使用新用户的环境变量，否则环境变量不变

（3）表 8-3 列出了系统操作命令。

表 8-3　系统操作命令

命令	使用方式	命令解析
clear	直接使用	清除屏幕。实质上只是让终端显示页向后翻了一页，如果向上滚动屏幕还可以看到之前的操作信息
hostname	hostname [选项]	用于显示和设置系统的主机名称。在使用 hostname 命令设置主机名后，系统并不会永久保存新的主机名，重新启动机器之后还是原来的主机名。如果需要永久修改主机名，需要同时修改/etc/hostname 的相关内容 常用选项：-a 显示主机别名，-i 显示主机的 ip 地址
hostnamectl	hostnamectl set-hostname <host-name>	永久设置当前主机的名称
ip	ip addr	查看 IP 地址
systemctl	systemctl <命令选项> service_name.service	管理系统中的服务，.service 表示管理的服务均包含了一个以.service 结尾的文件，存放于/lib/systemd/目录中，可以省略。命令选项有 start、restart、reload、stop、status，分别对应服务的启动、重启、重新加载、停止和显示状态。另外选项 enable 表示开机时启动，disable 表示撤销开机启动
reboot	直接使用	用于重新启动计算机，只能 root 用户使用
poweroff	直接使用	用于关闭计算机，只能 root 用户使用
echo	echo [字符串]	用于在终端设备上输出字符串或变量提取后的值。一般通过在变量前加上$符号的方式提取出变量的值
source	source [文件]	用于重新执行刚修改的初始化文件，使之立即生效，而不必注销用户，重新登录

2. Linux 系统下 vi 编辑器的使用

格式：vi [文件名]

功能：vi 是 Linux 的常用文本编辑器，vim 是从 vi 发展出来的一个非图形化的文本编辑器，其在代码补全、编译等方面的功能特别丰富，被程序员广泛使用。

vi/vim 有 3 个工作模式：

（1）命令模式。用户刚刚启动 vi/vim，便进入了命令模式。此状态下敲击键盘的动作会被 vi 识别为命令，而非输入字符。以下是常用的几个命令：

- i：切换到输入模式，以输入字符。
- x：删除当前光标所在处的字符。

- :：切换到末行模式，用于在最底行输入命令。

（2）输入模式。在输入模式下可以对文件执行写操作，编写完成后按 Esc 键即可返回命令模式。

（3）末行模式。如果要保存、查找或者替换一些内容等，就需要进入末行模式。以下是常用的几个命令：

- Set nu：每一行显示行号。
- r 文件名：读取指定的文件。
- w 文件名：将编辑内容保存到指定的文件内。
- q：退出 vi。
- wq：保存文件并退出 vi。
- q!：强制退出 vi，不管是否保存文档内容。

虚拟机安装实操演示

【任务实施】

1. 分布式集群的网络规划

（1）网络规划。通常在做此类 Linux 服务集群为主的分布式平台构建时，我们采用主机与管理员地址分开的方式，如图 8-1 所示。这里需要对管理员主机和物理服务器进行网络规划，在本任务中我们采用的网段为 192.168.22.0，子网掩码为 255.255.255.0。图 8-1 中的 24 即等价于前述子网掩码。

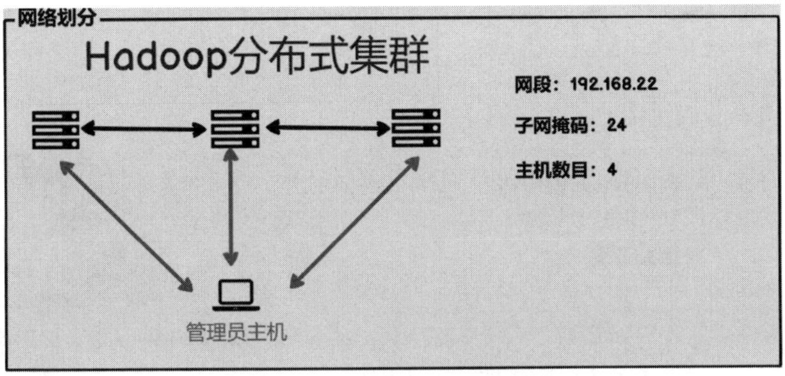

图 8-1　分布式集群网段规划表

（2）大数据处理平台的架构搭建规划。在本任务中，因涉及大数据离线处理平台与大数据实时处理平台的规划，故将该集群规划如图 8-2 所示。

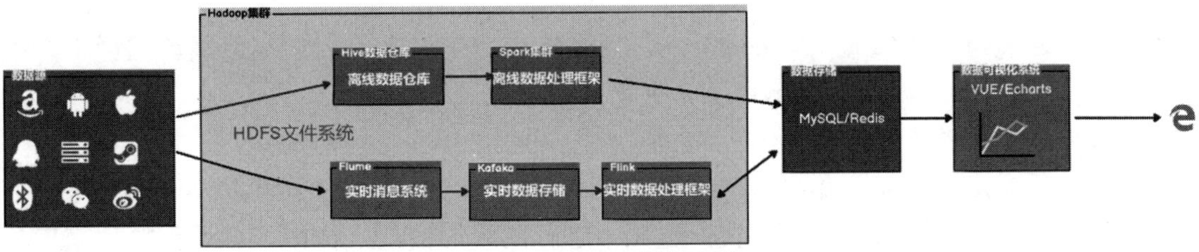

图 8-2　项目案例规划表

需要说明的是，数据的来源可能是任意设备。

2. 虚拟机的选择及计算机设置

虚拟机（Virtual Machine）指通过软件模拟的具有完整硬件系统功能的、运行在一个完全隔离环境中的完整计算机系统。在实体计算机中能够完成的工作在虚拟机中都能够实现。在计算机中创建虚拟机时，需要将实体机的部分硬盘和内存容量作为虚拟机的硬盘和内存容量。每个虚拟机都有独立的 BIOS、硬盘和操作系统，可以像使用实体机一样对虚拟机进行操作。现今主流的虚拟机软件有 VMware（VMWare WorkStation）、Virtual Box 等。因 Virtual Box 的网络及安装过程过于复杂，对初学者不是非常友好，故这里采用 VMware16 版本进行讲解。

需要注意的是，在使用任何虚拟机时均应检查主板 BIOS 中 CPU 处理器的“虚拟化支持”一项是否开启。因各种计算机型号进入 BIOS 的方式不同，需读者自行查找对应品牌计算机如何进入 BIOS 并开启该选项。

3. Linux 系统的选择及下载

行业中使用的主流 Linux 发行版系统非常多，如 RedHat、Ubuntu、Centos、DeepIn、麒麟等。在本任务中，为了与多数企业实际应用环境及职业技能证书中相关内容相契合，故采用 Centos7-2009 这一版本系统作为任务中的操作系统进行部署。

为了方便广大读者下载和使用该版本 Linux，并对行业内的专业习惯性操作有所了解，我们采用了阿里开发者社区（https://developer.aliyun.com/mirror/）提供的版本。该网址页面如图 8-3 所示。

图 8-3 阿里开发社区

选择“OS 镜像”选项，找到 centos→7（x86_64_DVD_2009），之后复制第三栏“下载地址中”的地址到下载软件中（如迅雷等）进行下载，如图 8-4 所示。

4. 虚拟机软件中的网络设置

（1）打开虚拟机软件，并选择“编辑”→“虚拟网络编辑器”，如图 8-5 所示。

（2）在界面右下侧的“更改设置”选项中进行网段的变更，如图 8-6 所示。

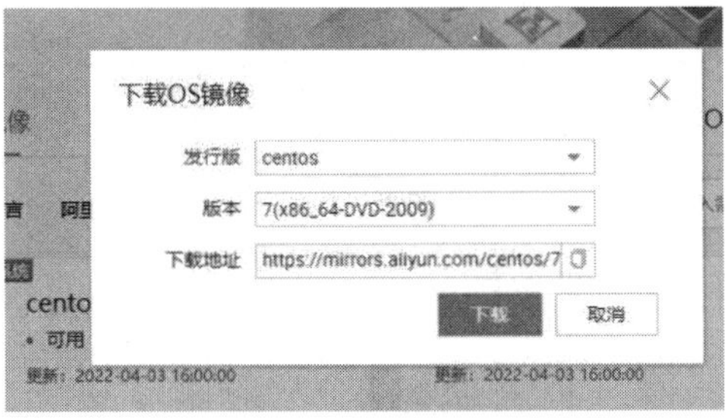

图 8-4　OS 镜像下载

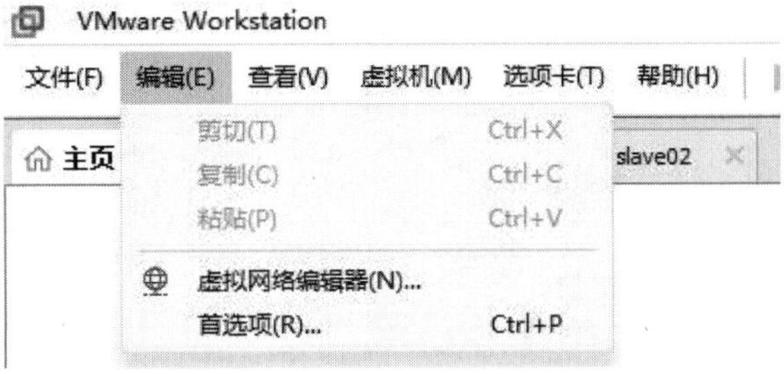

图 8-5　“虚拟机编辑器”选项

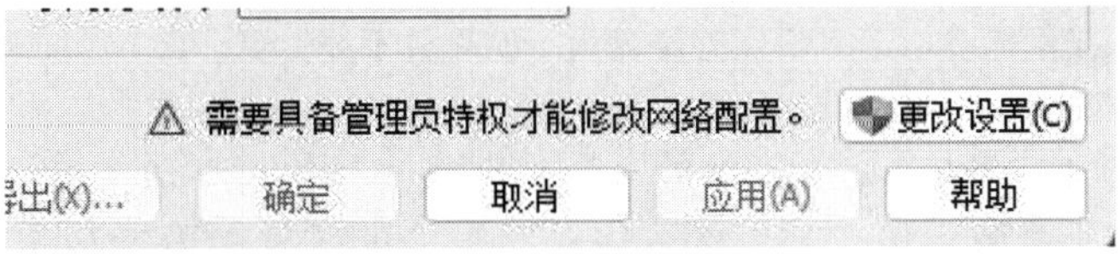

图 8-6　网络设置

（3）如图 8-7 所示，在标注①、②、③的位置进行操作：选择 VMnet8，并将其修改成图中的样子；网段设置为 192.168.22.0/24；标号③的内容可更改，也可不更改，不影响之后的实际操作。

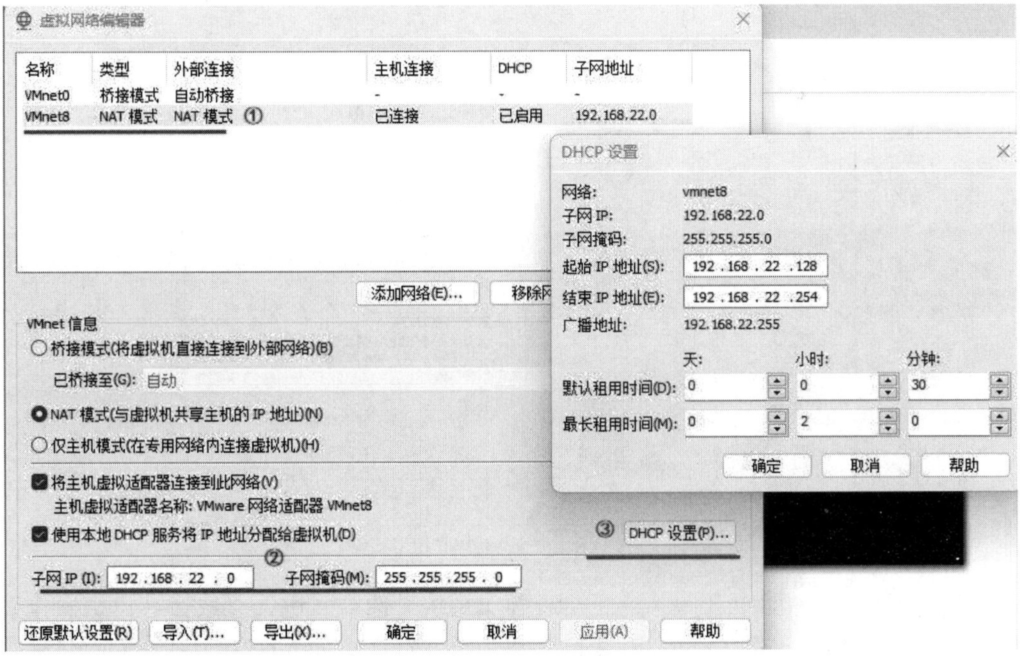

图 8-7　详细网段设置

5. 在虚拟机中安装 Centos 系统

（1）虚拟机的规划及安装设置如表 8-4 所示。

表 8-4　部署安装规划表

主机名	IP 地址	安装内容	推荐内存、硬盘大小设置
Master	192.168.22.4	安装图形化 Linux 系统，带图形化管理软件，主管理、分发节点	4GB 内存、50GB 硬盘，双核 CPU
Slave01	192.168.22.5	最小化安装 Linux 系统，工作、计算节点	2GB 内存、30GB 硬盘，双核 CPU
Slave02	192.168.22.6	同 Slave01 安装	同上

注意：（1）物理机要求：至少 6 核芯处理器，8GB 以上内存，100GB 左右硬盘空间；推荐 16GB 以上内存主机，8 核芯以上处理器。

（2）因安装后更新系统的需要，请尽量保持硬盘大小的设置不要变更。

在这里简要说明一下，上述节点的安排同一般企业中的设置是一致的，即主管理节点采用图形化安装，其他节点采用最小化安装。该做法最大的好处是方便后期的软件调试、测试和平台运维等工作。

（2）Master 主机的安装与设置。打开 VMware 软件，在“主页”中选择“新建虚拟机”选项，在之后的页面中选择“自定义（高级）”选项，如图 8-8 所示。

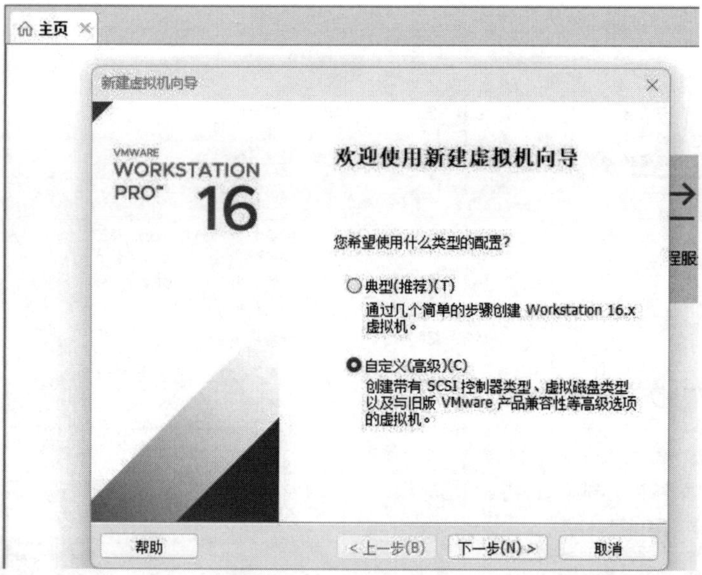

图 8-8　新建虚拟机

（3）在新打开的界面中选择“稍后安装操作系统”选项，进入“选择客户机操作系统”界面，在其中选择 Linux→“Centos 7 64 位”选项。并在之后的界面中，将“主机名称”设置为 Master，安装位置可自行定义。内存、CPU 设置如规划表中要求设置，其他内容不修改，直接单击“下一步”按钮即可。具体一些关键的变更如图 8-9 所示，并在最后单击“完成”按钮即可。

（4）Slave01 和 Slave02 的设置。这里变更的内容主要是内存和硬盘大小，设置如图 8-10 所示，其余保持一致。

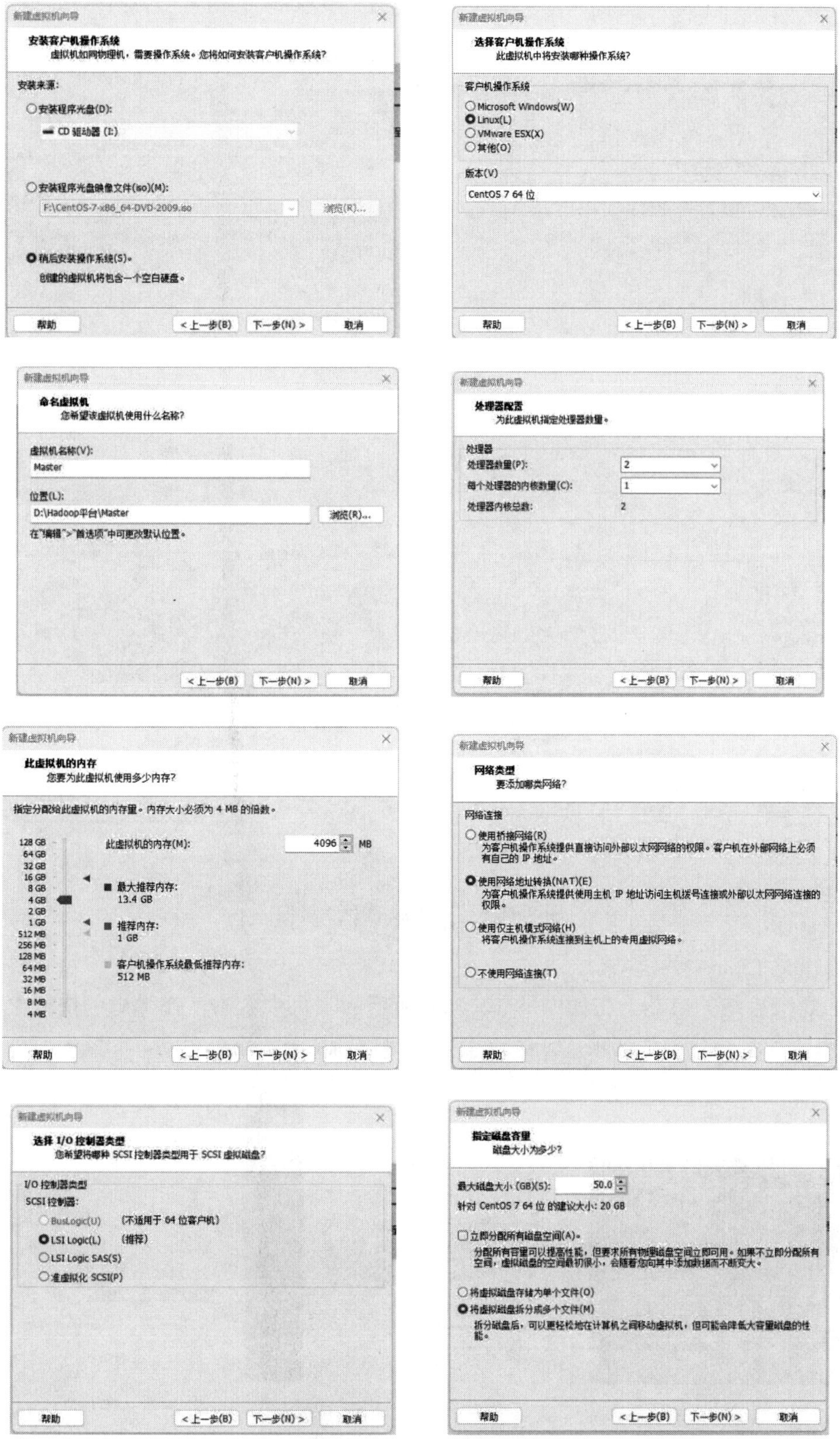
新建虚拟机向导
安装客户机操作系统
虚拟机如同物理机，需要操作系统。您将如何安装客户机操作系统?
安装来源:
安装程序光盘(D):
CD 驱动器 (I:)
安装程序光盘映像文件(iso)(M):
F:\CentOS-7-x86_64-DVD-2009.iso
浏览(R)...
稍后安装操作系统(S)。
创建的虚拟机将包含一个空白硬盘。
帮助
< 上一步(B)
下一步(N) >
取消
新建虚拟机向导
选择客户机操作系统
此虚拟机中将安装哪种操作系统?
客户机操作系统
Microsoft Windows(W)
Linux(L)
VMware ESX(X)
其他(O)
版本(V)
CentOS 7 64 位
帮助
< 上一步(B)
下一步(N) >
取消
新建虚拟机向导
命名虚拟机
您希望该虚拟机使用什么名称?
虚拟机名称(V):
Master
位置(L):
D:\Hadoop平台\Master
浏览(R)...
在"编辑">"首选项"中可更改默认位置。
< 上一步(B)
下一步(N) >
取消
新建虚拟机向导
处理器配置
为此虚拟机指定处理器数量。
处理器
处理器数量(P):
2
每个处理器的内核数量(C):
1
处理器内核总数:
2
帮助
< 上一步(B)
下一步(N) >
取消
新建虚拟机向导
此虚拟机的内存
您要为此虚拟机使用多少内存?
指定分配给此虚拟机的内存量。内存大小必须为 4 MB 的倍数。
128 GB
64 GB
32 GB
16 GB
8 GB
4 GB
2 GB
1 GB
512 MB
256 MB
128 MB
64 MB
32 MB
16 MB
8 MB
4 MB
此虚拟机的内存(M):
4096
MB
最大推荐内存:
13.4 GB
推荐内存:
1 GB
客户机操作系统最低推荐内存:
512 MB
帮助
< 上一步(B)
下一步(N) >
取消
新建虚拟机向导
网络类型
要添加哪类网络?
网络连接
使用桥接网络(R)
为客户机操作系统提供直接访问外部以太网网络的权限。客户机在外部网络上必须有自己的 IP 地址。
使用网络地址转换(NAT)(E)
为客户机操作系统提供使用主机 IP 地址访问主机拨号连接或外部以太网网络连接的权限。
使用仅主机模式网络(H)
将客户机操作系统连接到主机上的专用虚拟网络。
不使用网络连接(T)
帮助
< 上一步(B)
下一步(N) >
取消
新建虚拟机向导
选择 I/O 控制器类型
您希望将哪种 SCSI 控制器类型用于 SCSI 虚拟磁盘?
I/O 控制器类型
SCSI 控制器:
BusLogic(U)
(不适用于 64 位客户机)
LSI Logic(L)
(推荐)
LSI Logic SAS(S)
准虚拟化 SCSI(P)
帮助
< 上一步(B)
下一步(N) >
取消
新建虚拟机向导
指定磁盘容量
磁盘大小为多少?
最大磁盘大小 (GB)(S):
50.0
针对 CentOS 7 64 位 的建议大小: 20 GB
立即分配所有磁盘空间(A)。
分配所有容量可以提高性能，但要求所有物理磁盘空间立即可用。如果不立即分配所有空间，虚拟磁盘的空间最初很小，会随着您向其中添加数据而不断变大。
将虚拟磁盘存储为单个文件(O)
将虚拟磁盘拆分成多个文件(M)
拆分磁盘后，可以更轻松地在计算机之间移动虚拟机，但可能会降低大容量磁盘的性能。
帮助
< 上一步(B)
下一步(N) >
取消

图 8-9　虚拟机硬件配置

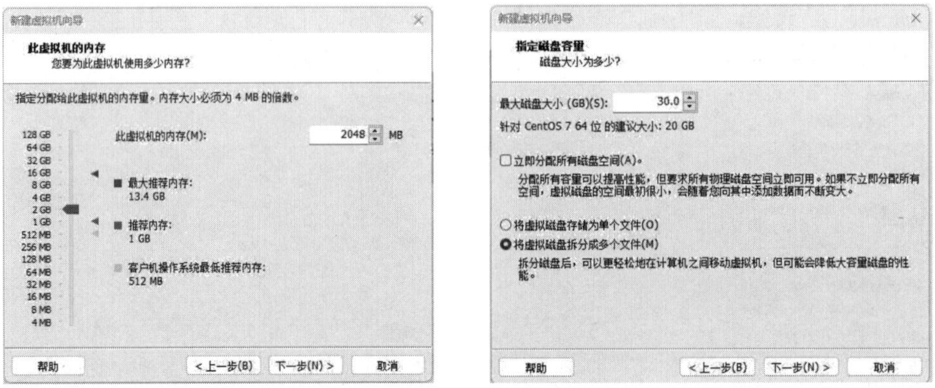

图 8-10　内存及硬盘配置

（5）导入安装镜像。在如图 8-11 所示的虚拟机主页中，找到 Master 主机，选择 CD/DVD 选项，然后在“使用 ISO 映像文件”下拉列表中找到之前下载的镜像文件，单击“确定”按钮即可。

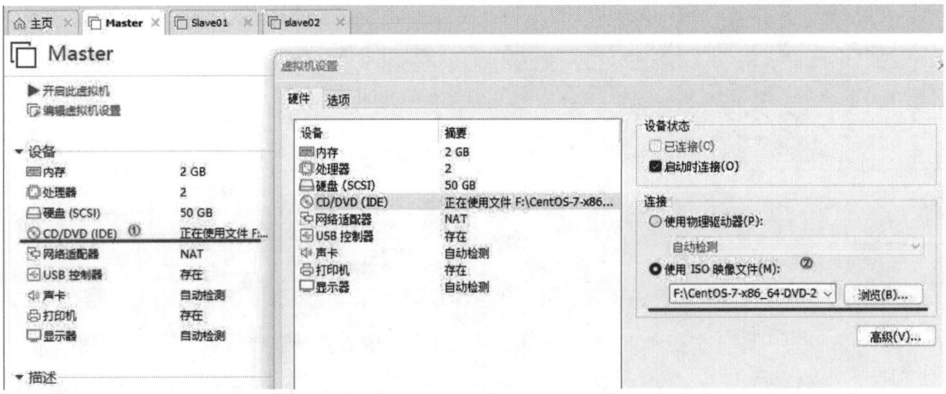

图 8-11　选择下载的 ISO 镜像

6. 图形化 Linux 系统安装

（1）虚拟系统的启动。在如图 8-12（a）所示的主页中右击，在弹出的快捷菜单中选择“电源”→“启动客户机”选项；或者直接单击绿色箭头▶，均可启动，如图 8-12（b）所示。

（a）　　（b）　　（c）

图 8-12　安装引导界面

（2）中文设置。开机后，选择 Install Centos7 选项并设置安装语言为中文，如图 8-12（c）所示。

（3）图形界面的安装。选择“软件选择”→“带 GUI 的服务器”选项，如图 8-13 所示。

图 8-13　软件选择

说明：后续的 Slave01 和 Slave02 主机的安装应选择“最小安装”选项。但是因为安装软件内容的不同，所以在后续实际使用中也会有较大的差异，这也是需要读者注意的地方。

（4）“安装位置”的设置。在图 8-13 所示的页面里，可以看到目前“开始安装”按钮依然是灰色的，需要对“安装位置”一项进行设置。打开页面后，无须选择任何内容，直接单击“完成”按钮即可，如图 8-14 所示。

图 8-14　硬盘选择

（5）Root 密码与创建用户。再次返回之前页面后，“开始安装”按钮已经变为蓝色，如图 8-15 所示。

图 8-15　开始安装

单击“开始安装”按钮后出现如图 8-16 所示的界面。在这里我们需要设置 Root 密码和常用用户的名称与密码。

图 8-16　用户设置界面

这里我们按照表 8-5 列出的规划进行配置。

表 8-5　用户部署规划表

主机名	IP 地址	Root 密码	常用用户名	密码
Master	192.168.22.4	123	op	123
Slave01	192.168.22.5	123	op	123
Slave02	192.168.22.6	123	op	123

说明：（1）应尽可能将密码设置得简单、不复杂。强烈建议读者在学习的过程中，也采用该方式。毕竟无法进入系统的时候，90%的原因是忘记密码。

（2）如此时不变更 Root 密码和增加用户、添加密码，在完成安装后需要设置符合规则的密码。该过程较为烦琐，本文中不做详述。强烈建议读者尽量此时修改密码，添加用户。

之后选择“Root 密码”选项，依次填入密码。因密码过于简单，故要单击两次“完成”按钮才能设置成功，如图 8-17 所示。

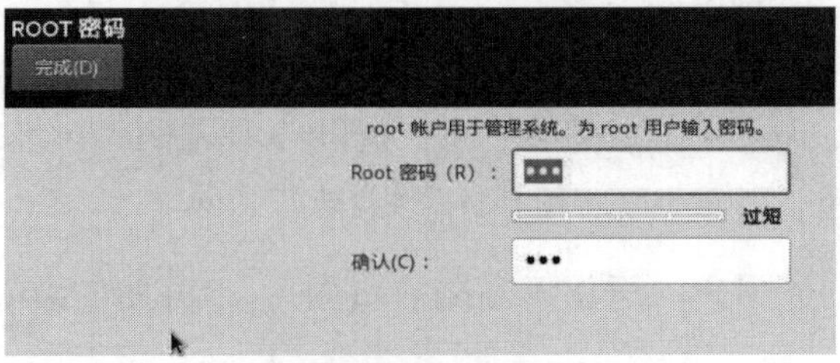

图 8-17　root 用户设置

“创建用户”的设置较为简单，此处不作详述，因密码也过于简单，也需要单击“完成”按钮两次。

（6）安装后期的主要设置。在安装后首先需要重启系统，出现“初始设置”界面，勾选“我同意许可协议”复选项，再单击“完成”按钮即可，如图 8-18 所示。

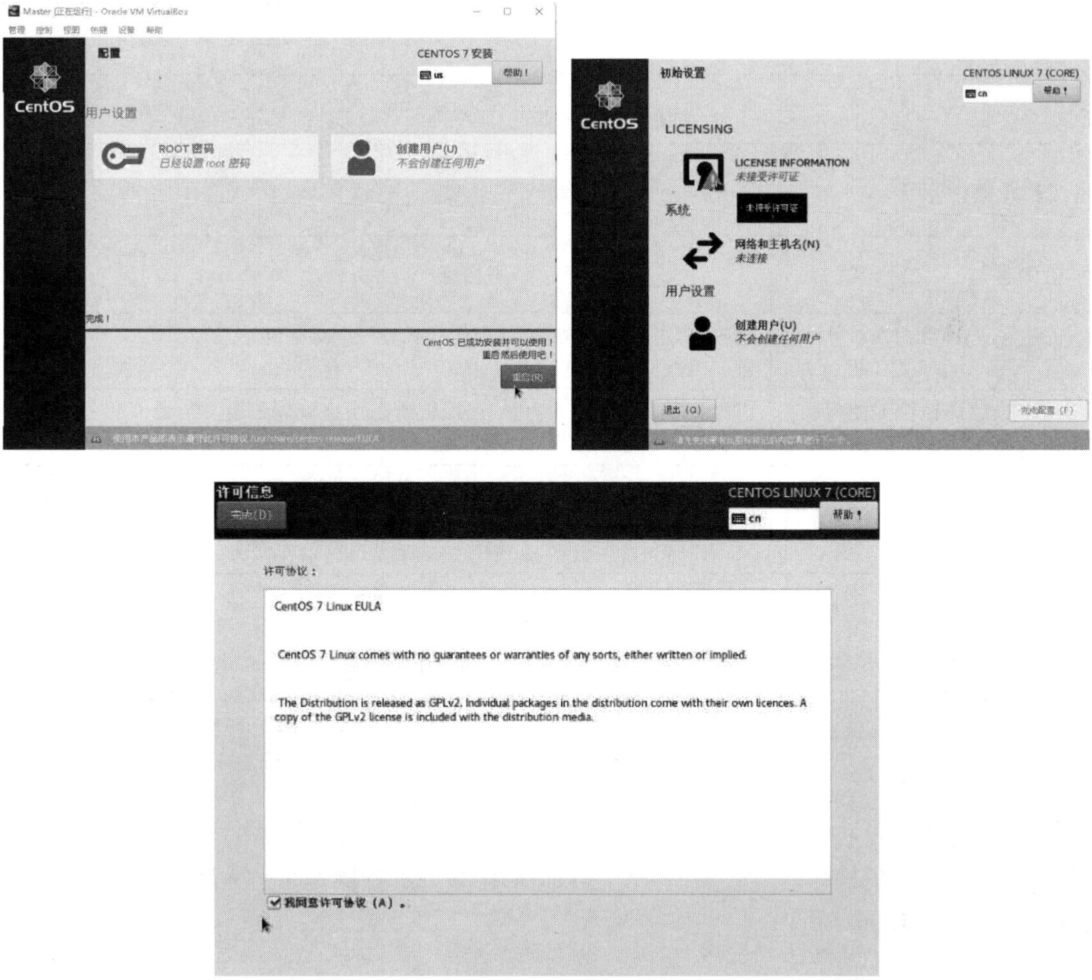

图 8-18　重启后的设置

（7）在之后的界面中单击“完成配置”按钮、“前进”按钮和“跳过”按钮即可完成安装，内容非常简单，这里不作讲解了。

7. 最小化 Linux 系统安装

该部分内容与前述内容基本一致，请读者认真阅读前述内容，选择图 8-13 中“最小安装”选项安装 Linux 系统，并严格按照配置表自行安装 Slave01、Slave02 主机。

【任务小结】

本任务内容主要讲解了规划集群部署和安装系统的过程，请将自己在对本任务内容实操中所遇到的各类问题记录在下面。

【考核评价】

评价内容	评分项	考核点	自评得分	教师考评得分
学习态度	课堂表现、学习活动态度（40 分）	积极主动（10 分）、沟通合作（10 分）、课堂讨论（10 分）、课后作业（10 分）		
知识技能目标	虚拟机的配置（20 分）	虚拟机数量配置（5 分）、虚拟机所在网络规划配置（5 分）、虚拟机中的硬件设置（10 分）		
	Linux 系统安装（40 分）	Master 主机系统的安装（10 分）、工作节点（Slave01/02）的安装（20 分）、用户及密码的设置（10 分）		
总得分				

任务 2　Linux 主机的配置

【任务描述】

在本任务中，我们要实现对 Linux 主机的多项配置。因为实际安装的软件不同，图形化主机和无图形化主机的操作差异较大。当使用无图形化主机进行操作时，读者应较为熟练地掌握任务 1 中的各种 Linux 命令。

【任务目标】

在无图形化和有图形化系统之间实现网络 IP 设置、SSH 链接设置和 Java 软件的运行环境配置。

【知识链接】

大数据 Hadoop 平台集群采用 Master/Slave 架构。集群包含单独的 Master 节点和多个 Slave 节点服务器，实验环境下一般分为三个节点，分别是 Master、Slave01 和 Slave02。大数据 Hadoop 平台集群在生产环境下，由于承载生产中大量数据存储计算，考虑整体容错性，会采用多 Master 架构。

生产环境下大数据 Hadoop 平台集群网络需要考虑其可用性和弹性。一个高冗余性和高可扩展的网络，不但可以提高集群的可用时间，也能满足 Hadoop 集群的增长。部署网络需要有每个节点双链路连接，防止单链路故障导致集群网络中断。交换机段需要配置链路绑定配置，防止产生链路环路，使用中需要检测网络运行状态，防止出现网络延迟和数据过载。

Secure Shell（SSH）是由 IETF（Internet Engineering Task Force，国际互联网工程任务组）制定的建立在应用层基础上的安全网络协议。它是专为远程登录会话（甚至可以用 Windows 远程登录 Linux 服务器进行文件互传）和其他网络服务提供安全性的协议，可有效弥补网络中的漏洞。通过 SSH，可以把所有传输的数据进行加密，也能够防止 DNS 欺骗和 IP 欺骗。SSH 还有一个额外优势，就是传输的数据是经过压缩的，所以可以加快传输的速度，目前已经成为 Linux 系统的标准配置。SSH 只是一种协议，存在多种实现，既有商业实现，也有开源实现。

常用的 SSH 使用密码登录，如果每次都必须输入密码，操作过程会比较麻烦。为此 SSH 还提供公钥登录的方式，可以省去输入密码的步骤。所谓“公钥登录”就是用户将自己的公钥储存在远程主机上。登录时，远程主机会向用户发送一段随机字符串，用户用自己的私钥加密后再返回。远程主机用事先储存的公钥进行解密，如果成功，就证明用户是可信的，直接允许登录 Shell，不再要求密码。这种方法要求用户必须提供自己的公钥。如果没有公钥，可以直接用 ssh-keygen 命令。

Linux 系统配置实操演示

【任务实施】

1. 修改 Master 主机的网络地址

（1）在 Master 主机开机，并使用规划的密码进入系统桌面后，单击屏幕左上角的“应用程序”→“系统工具”→“设置”→“网络”选项，如图 8-19 所示。

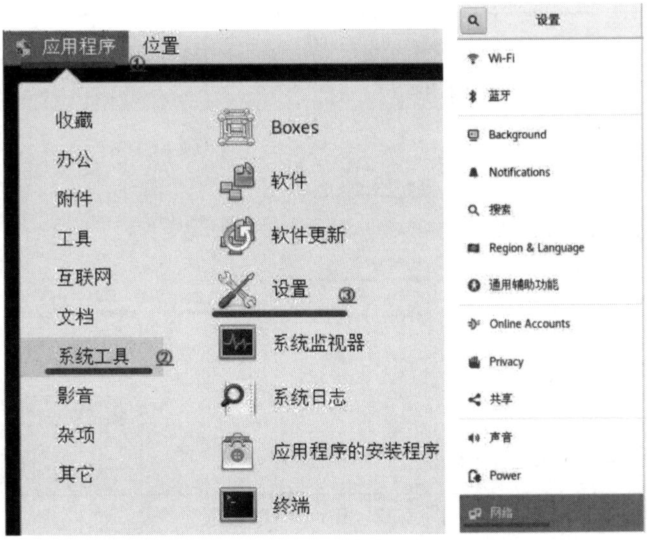

图 8-19 “网络”选项

（2）在打开的界面中，网络应该处于关闭状态，如图 8-20 所示，将灰色滑块向右侧拖拽即可打开网络。单击右侧的齿轮图标，打开后的网络可能如图 8-21 所示，也有可能完全不同，但不影响后续操作。

图 8-20　开启网卡

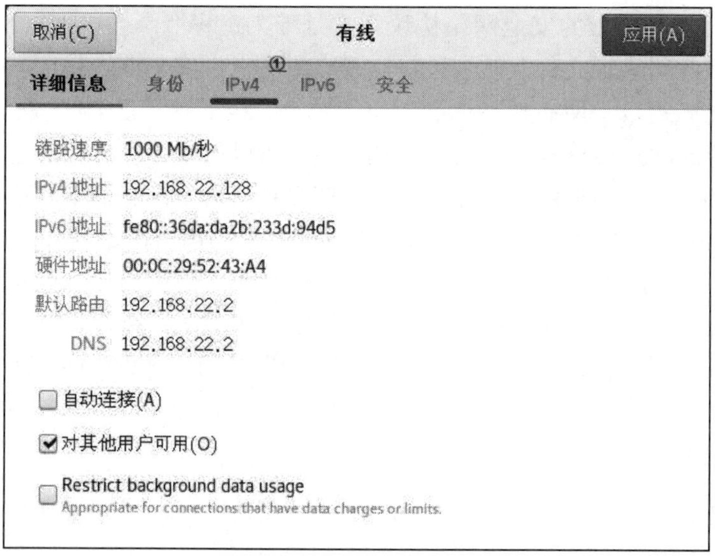

图 8-21　IPv4 设置选项

（3）单击 IPv4 标签，打开如图 8-22 所示的界面，按照图中①～⑤的标号进行修改，之后单击“应用”按钮。

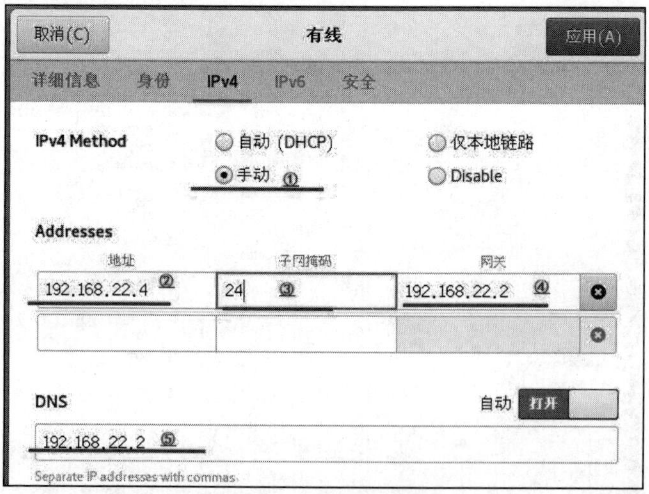

图 8-22　IPv4 手动设置

（4）打开如图 8-23 所示的界面，如果与本图不一样，需要回到图 8-20 所示的界面中打开网络。另外，需要将“自动连接”选项勾选，下次开机时网络就会自动启动了。

如果此时物理机是可以上网的，则可以通过 Centos7 内置的浏览器实现对网页的浏览，这里就不一一详述，请读者自行尝试。

图 8-23　完成后的 IP 设置

2. 修改 Slave01 和 Slave02 主机的网络地址

（1）使用 root 身份登录，在界面中的 login 后面输入 root 后按 Enter 键，在 Password 后面输入 123，输入密码时没有光标提示，请初学者注意。登录成功后，输入命令“ip<空格>addr”，如图 8-24 所示。

```
localhost login: root
Password:
[root@localhost ~]# ip addr
1: lo: <LOOPBACK,UP,LOWER_UP> mtu 65536 qdisc noqueue state UNKNOWN group default qlen 1000
    link/loopback 00:00:00:00:00:00 brd 00:00:00:00:00:00
    inet 127.0.0.1/8 scope host lo
       valid_lft forever preferred_lft forever
    inet6 ::1/128 scope host
       valid_lft forever preferred_lft forever
2: ens33: <BROADCAST,MULTICAST,UP,LOWER_UP> mtu 1500 qdisc pfifo_fast state UP group default qlen 1000
    link/ether 00:0c:29:41:17:e8 brd ff:ff:ff:ff:ff:ff
[root@localhost ~]# _
```

图 8-24　ip 查询命令结果

其中，lo 表示系统内部网络回路，ens33 表示现有网卡地址，但是没有启动。注意，如果安装后的网卡名称和此图不同，后续则需要按照实际网卡名称进行配置。

（2）输入命令“cd<空格>/etc/sysconfig/network-scripts/”，之后输入 ls 命令，如图 8-25 所示。

```
[root@localhost ~]# cd /etc/sysconfig/network-scripts/
[root@localhost network-scripts]# ls
ifcfg-ens33  ifdown-eth   ifdown-post    ifdown-Team      ifup-aliases  ifup-ipv6   ifup-post    ifup-Team      init.ipv6-global
ifcfg-lo     ifdown-ippp  ifdown-ppp     ifdown-TeamPort  ifup-bnep     ifup-isdn   ifup-ppp     ifup-TeamPort  network-functions
ifdown       ifdown-ipv6  ifdown-routes  ifdown-tunnel    ifup-eth      ifup-plip   ifup-routes  ifup-tunnel    network-functions-ipv6
ifdown-bnep  ifdown-isdn  ifdown-sit     ifup             ifup-ippp     ifup-plusb  ifup-sit     ifup-wireless
```

图 8-25　网络配置文件夹

其中，路径/etc/sysconfig/network-scripts/可以解读为“/系统设备/系统设置/网络脚本”。在上图中，有一个名为 ifcfg-ens33 的文件，即为之前名为 ens33 的网卡的配置文件。使用命令“vi <空格> ifcfg-en33”对文件进行配置。

（3）将该文件中画横线部分修改成如下内容，其他内容保持不变并保存（wq）：

```
TYPE=Ethernet
PROXY_METHOD=none
BROWSER_ONLY=no
BOOTPROTO=static
DEFROUTE=yes
IPV4_FAILURE_FATAL=no
IPV6INIT=yes
IPV6_AUTOCONF=yes
IPV6_DEFROUTE=yes
IPV6_FAILURE_FATAL=no
IPV6_ADDR_GEN_MODE=stable-privacy
NAME=ens33
IPADDR=192.168.22.5
NETMASK=255.255.255.0
GATEWAY=192.168.22.2
DNS1=192.168.22.2
UUID=d779701a-8191-48dd-98f4-86bd4b2423ec
DEVICE=ens33
ONBOOT=yes
```

说明：IPADDR 为 IP 设置项，NETMASK 为子网掩码，GATEWAY 为网关，DNS1 为网络解析地址，ONBOOT 为开机启动，上述配置内容如图 8-26 所示。

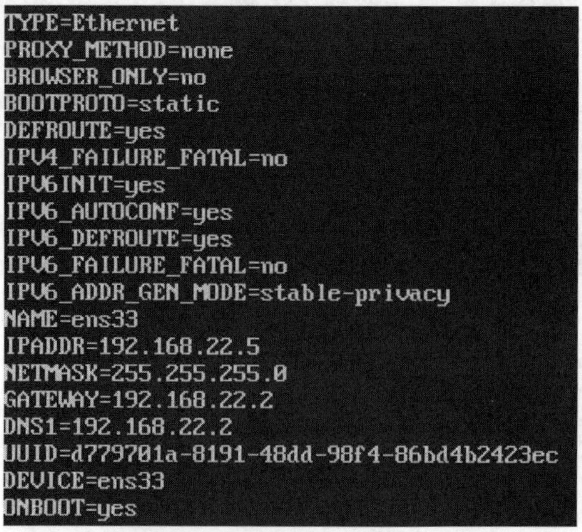

图 8-26　ens33 网卡修改内容

（4）使用 ifup ifcfg-ens33 命令启动网卡，并使用 ip addr 命令检查网络情况，如图 8-27 所示。

```
root@localhost network-scripts]# ifup ifcfg-ens33
onnection successfully activated (D-Bus active path: /org/freedesktop/NetworkManager/ActiveConnection/6)
root@localhost network-scripts]# ip addr
: lo: <LOOPBACK,UP,LOWER_UP> mtu 65536 qdisc noqueue state UNKNOWN group default qlen 1000
    link/loopback 00:00:00:00:00:00 brd 00:00:00:00:00:00
    inet 127.0.0.1/8 scope host lo
       valid_lft forever preferred_lft forever
    inet6 ::1/128 scope host
       valid_lft forever preferred_lft forever
: ens33: <BROADCAST,MULTICAST,UP,LOWER_UP> mtu 1500 qdisc pfifo_fast state UP group default qlen 1000
    link/ether 00:0c:29:41:17:e8 brd ff:ff:ff:ff:ff:ff
    inet 192.168.22.5/24 brd 192.168.22.255 scope global noprefixroute ens33
       valid_lft forever preferred_lft forever
    inet6 fe80::d850:88d2:9cb0:9801/64 scope link noprefixroute
       valid_lft forever preferred_lft forever
root@localhost network-scripts]# _
```

图 8-27　修改成功后的 ip 地址

也可使用更为常用的命令 systemctl restart network，该命令的意思是重启网络服务。

（5）测试与 Master 主机的连接，输入命令 ping 192.168.22.4，如图 8-28 所示。

```
[root@localhost network-scripts]# ping 192.168.22.4
PING 192.168.22.4 (192.168.22.4) 56(84) bytes of data.
64 bytes from 192.168.22.4: icmp_seq=1 ttl=64 time=0.733 ms
64 bytes from 192.168.22.4: icmp_seq=2 ttl=64 time=0.355 ms
64 bytes from 192.168.22.4: icmp_seq=3 ttl=64 time=0.381 ms
^C
--- 192.168.22.4 ping statistics ---
3 packets transmitted, 3 received, 0% packet loss, time 2005ms
rtt min/avg/max/mdev = 0.355/0.489/0.733/0.174 ms
[root@localhost network-scripts]# _
```

图 8-28　测试 Master 主机连通情况

（6）测试与互联网是否连接，输入命令 ping baidu.com，连通应如图 8-29 所示。

```
[root@localhost network-scripts]# ping baidu.com
PING baidu.com (220.181.38.251) 56(84) bytes of data.
64 bytes from 220.181.38.251 (220.181.38.251): icmp_seq=1 ttl=128 time=42.4 ms
64 bytes from 220.181.38.251 (220.181.38.251): icmp_seq=2 ttl=128 time=42.1 ms
64 bytes from 220.181.38.251 (220.181.38.251): icmp_seq=3 ttl=128 time=41.8 ms
64 bytes from 220.181.38.251 (220.181.38.251): icmp_seq=4 ttl=128 time=41.8 ms
^C
--- baidu.com ping statistics ---
4 packets transmitted, 4 received, 0% packet loss, time 3011ms
rtt min/avg/max/mdev = 41.817/42.060/42.447/0.326 ms
[root@localhost network-scripts]# _
```

图 8-29　测试同互联网的连通情况

在 Slave02 主机上重复上述操作。

3. 更新系统

这是一个较为常规的操作，在企业和生成环境下，往往要求系统管理员在安装完系统后第一时间对主机系统进行更新。在 Centos7 的早期版本中，需要修改若干设置才能提高更新效率，但是在 2009 版中对国内使用者做了更好的优化，所以在 Slave01 和 Slave02 主机中，直接运行 yum update 命令即可。如图 8-30 所示，最后出现的一句话是问管理员是否进行安装。如果确定更新则输入 Y 后按 Enter 键。整个运行时间较长，具体时间视网络环境而定，首次运行需要 20 分钟左右。实际更新时界面可能与图 8-30 有一些差别。

在 Master 主机中，做如下操作：先在屏幕上右击并选择“打开终端”选项，如图 8-31 所示，此时就进入到了 Linux 的 Shell 命令系统环境下；输入命令 su 转换为管理员身份，输入密码 123。之后运行更新命令 yum update，过程如图 8-31 所示。其他过程和无图形化界面的内容一致，不再重复。

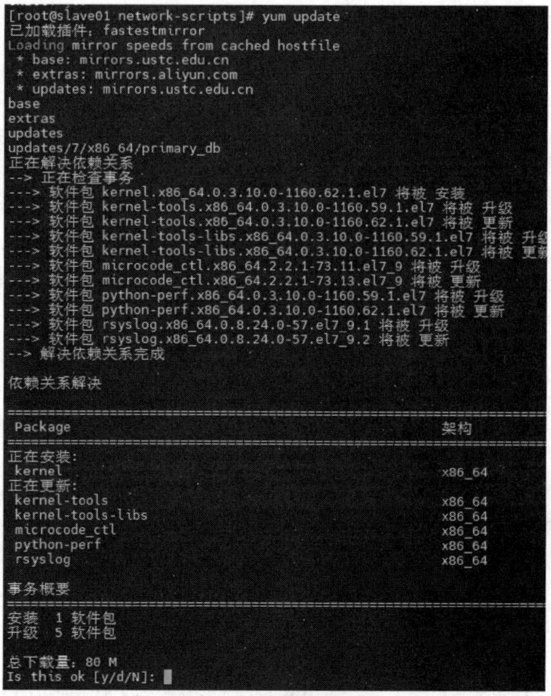

图 8-30　更新系统

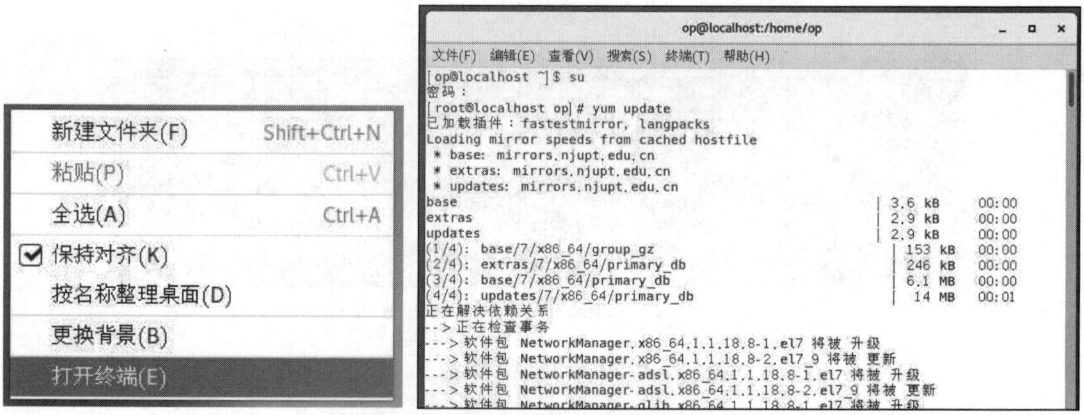

图 8-31　图形化系统下的更新界面

建议读者可以同时更新三台主机，更新完成后，在三台主机上使用同一个 root 身份，输入 reboot 命令重启系统，使更新生效。

4. 安装 Linux 远程管理软件

在执行上述命令时，读者不难发现对原生系统下的多终端统一管理是非常烦琐的，例如同样的命令无法通过复制的方法简化操作。在实际的 Linux 系统运维活动中，管理人员一般在 Windows 系统下安装如 xshell\putty\SecureCRT\VNC 等工具对远程 Linux 系统进行管理。因为上述软件均为收费软件，故我们使用一款免费的软件——MobaXterm。

该软件的主页地址为 https://mobaxterm.mobatek.net/，单击图 8-32 中标记①的按钮就可以进入下载页面，在这里我们选择标记②的地址下载免费版。在新页面中选择标记③的安装版本。

图 8-32　MobaXterm 下载页面

安装过程较为简单，默认设置即可。安装完成以后，一般会在桌面上出现一个 MobaXterm 图标，双击打开界面，如图 8-33 所示。在这里，我们以同 Master 主机建立连接为例进行说明，其他主机重复该操作即可。依次单击左侧标记为①的 Session 建立连接，单击标号为②的 SSH，在打开的新界面的 Remote Host（远程主机）中填入 Master 主机的 IP（192.168.22.4），接下来在 Specify Username（规定用户）中填入 root，并勾选前面的对号，单击 OK 按钮结束本流程。

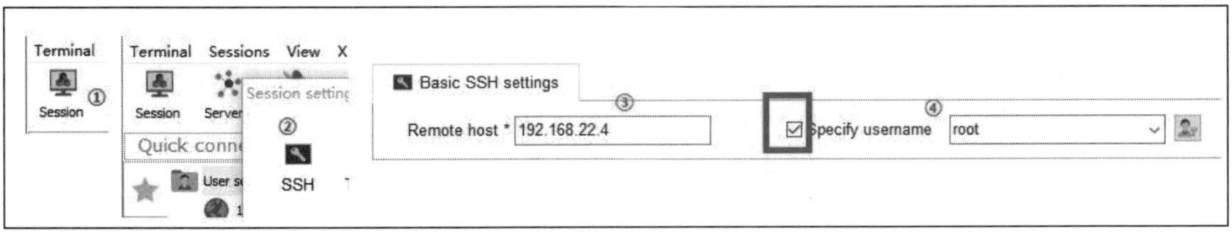

图 8-33　MobaXterm 用户界面

单击 OK 按钮后，在打开的界面中输入 root 密码 123，登录管理界面，如图 8-34 所示。

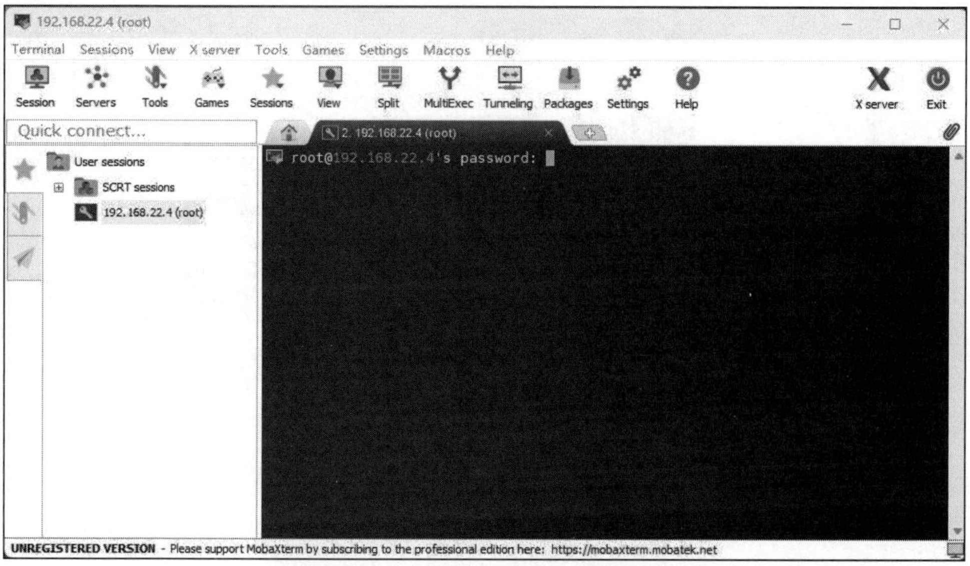

图 8-34　MobaXterm 的登录管理界面

保存该用户和密码界面，如图 8-35 所示，选择 YES 和 NO 按钮对今后的使用意义均不大，所以读者可自行选择。作为训练的一部分，请读者自行配置 Slave01/02 的连接。

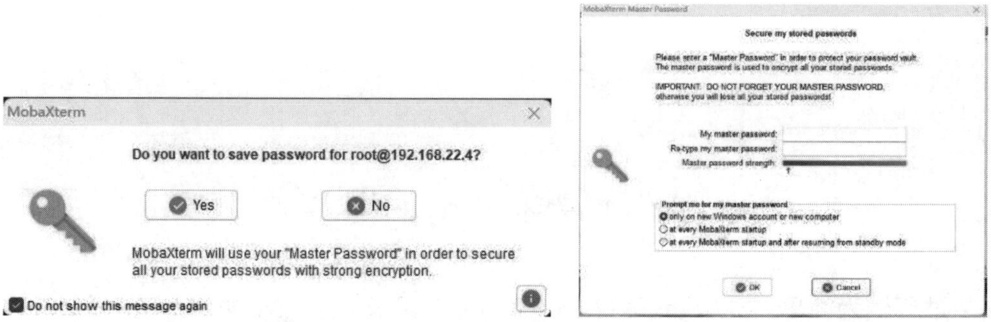

图 8-35　MobaXterm 的登陆提示保存密码界面

5. 在主机群上添加 Hadoop 用户

根据企业生成环境下的网络和系统安全原则，并不允许直接使用 root 用户的身份运行各种非系统程序，而是为这些程序创建相应的用户以进行运行。本书在此遵循了该原则，并为后续的大数据系统创建了一个相应的用户 hadoop，并利用该用户来执行大数据的相应处理流程。

使用 root 身份在三台主机上执行增加用户命令 useradd hadoop。这里为了使用方便，设置 hadoop 的密码为 123，使用命令 passwd hadoop，在提示部分输入 123 即可，如图 8-36 所示。

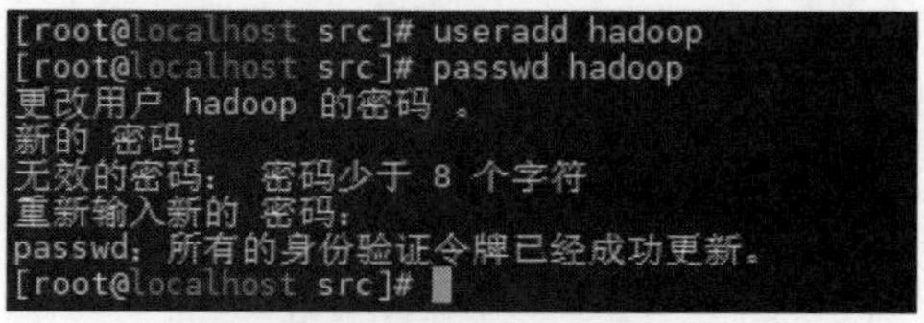

图 8-36　增加 hadoop 用户

6. 在三台主机上修改主机名称

重启系统后，使用 root 身份进入三台主机的终端界面，执行命令如表 8-6 所示。

表 8-6 设置主机名命令

Master（192.168.22.4）	（1）hostnamectl set-hostname master （2）bash
Slave01（192.168.22.5）	（1）hostnamectl set-hostname slave01 （2）bash
Slave02（192.168.22.6）	（1）hostnamectl set-hostname slave02 （2）bash

接下来，使用命令 vi /etc/hosts，在该文件中添加下述内容，保存后退出。实际过程如图 8-37 所示。

192.168.22.4 master

192.168.22.5 slave01

192.168.22.6 slave02

图 8-37 修改后的 hosts 文件

测试命令如表 8-7 所示。

表 8-7 测试主机解析命令

Master	Slave01	Slave02
ping slave01 ping slave02	ping master ping slave02	ping slave01 ping master

在 Master 主机上，上述命令的执行，大致如图 8-38 所示。

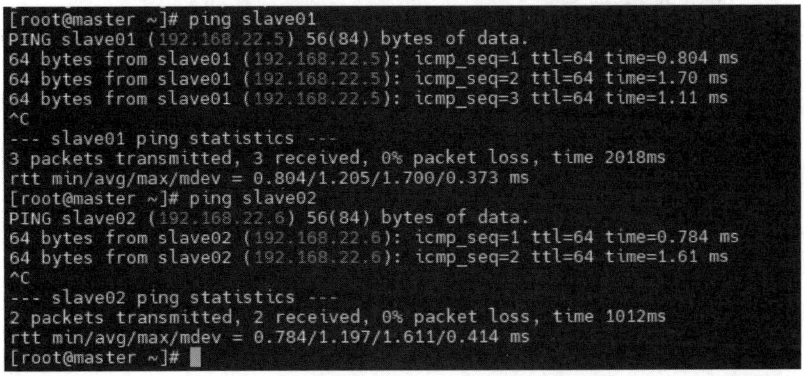

图 8-38 测试网络及主机名成功界面

7. 关闭三台主机的网络防火墙

为了使用 SSH 协议自由地访问各台主机，从而实现远程执行命令和分发文件，需要关闭系统防火墙。这里需要在三台主机上以 root 身份执行下述两条关闭防火墙命令，执行结果如图 8-39 所示。

（1）停止防火墙：systemctl stop firewalld。

（2）禁止防火墙在开机时启动：systemctl disable firewalld。

```
[root@master ~]# systemctl stop firewalld
[root@master ~]# 
```

图 8-39　关闭防火墙

8. 开启时钟同步（NTP）服务

在分布式大数据处理系统中，时间戳是数据分发处理的重要依据。如果各台主机的时间不一致，就会造成诸如系统性错误、数据丢失等各种问题。为了解决该问题，需要将 3 台主机的时间统一，这里利用了 NTP 服务机制。

（1）在 3 台主机上，使用 root 身份执行命令 yum install ntpdate。

（2）安装完该软件之后，执行命令 vi /etc/sysconfig/ntpdate 修改 NTP 配置文件。

（3）在该文件中添加 SYNC_HWCLOCK=yes 命令后保存并退出，执行结果如图 8-40 所示。

```
# Options for ntpdate
OPTIONS="-p 2"

# Set to 'yes' to sync hw clock after successful ntpdate
SYNC_HWCLOCK=yes
~
```

图 8-40　修改 NTP 配置文件

9. 在 3 台主机上使用 hadoop 生成 SSH 公钥并进行分发

在 3 台主机上使用 su hadoop 命令，将身份由 root 转为 hadoop，如果需要退出 hadoop，则输入 exit。这里以 Slave02 主机为例，执行下述命令，结果如图 8-41 所示。

```
[hadoop@slave02 ~]$ ssh-keygen -t rsa -P ''
Generating public/private rsa key pair.
Enter file in which to save the key (/home/hadoop/.ssh/id_rsa):
Created directory '/home/hadoop/.ssh'.
Your identification has been saved in /home/hadoop/.ssh/id_rsa.
Your public key has been saved in /home/hadoop/.ssh/id_rsa.pub.
The key fingerprint is:
SHA256:K/uMZCj1kL6W3tDVM2fXCXwblAZfRF+VtJb+52q2NKI hadoop@slave02
The key's randomart image is:
+---[RSA 2048]----+
|             .o=X|
|            . o+*|
|             o.B.|
|    .   .    =.+|
|   +   S + o .+.|
|  o = . . = .  .|
| . +.* .   . o o|
|  .o* =    . ooo.|
|  oo +.o E  ooo.|
+----[SHA256]-----+
[hadoop@slave02 ~]$ cat ~/.ssh/id_rsa.pub >> ~/.ssh/authorized_keys
[hadoop@slave02 ~]$ chmod 700 ~/.ssh/authorized_keys
[hadoop@slave02 ~]$ 
```

图 8-41　生成 SSH 公钥文件

（1）生成私钥：ssh-keygen -t rsa -P ''，之后按 Enter 键即可。

（2）创建公钥：cat ~/.ssh/id_rsa.pub >> ~/.ssh/authorized_keys。

（3）修改公钥执行权限：chmod 700 ~/.ssh/authorized_keys。

10. 将 Master 主机的 SSH 公钥分发给 Slave01/02 主机

以 hadoop 身份在 Master 主机完成下述操作，以 Slave02 主机为例如图，在标号为①的位置输入 123（Slave02 主机 hadoop 用户密码）即可，结果如图 8-42 所示。

文件分发命令：

（1）scp ~/.ssh/authorized_keys hadoop@slave01:~/.ssh/。

（2）scp ~/.ssh/authorized_keys hadoop@slave02:~/.ssh/。

（3）ssh slave01。

（4）ssh slave02。

图 8-42 测试公钥连接（1）

测试连接，只需从 Master 节点测试连接两台从机即可，不需反向连接，如图 8-43 所示。

图 8-43 测试公钥连接（2）

11. 修改 Master 主机上的 Java 环境配置

因为 Master 节点安装时选择了“GUI 服务器”，因此会在该主机上安装 Openjdk 这一开源且免费的 Java 运行环境，为了避免后续运行 Hadoop 平台时不会出现难以查找原因的意外情况，需要将其删除并安装 Oracle（甲骨文）标准版 JDK1.8。而 Slave 从机因为选择了最小安装则没有该问题，只需修改 Master 主机的环境设置，并将其分发给从机即可。

首先，在 Master 主机上，以 root 的身份执行下列操作，结果如图 8-44 所示。

（1）切换到 root 命令：su，输入密码 123。

（2）查询 Java 版本命令 java -version，如图 8-44 所示横线中标注的即为 Openjdk 版本 Java。

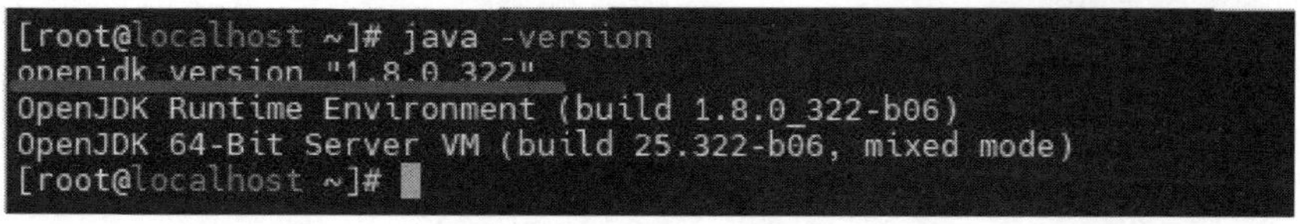

图 8-44 检查 java 版本

（3）查询 Openjdk 名称命令 rpm -qa|grep java，如图 8-45 所示，标注为①、②的命令是需要被删除的版本。

```
[root@localhost ~]# rpm -qa|grep java
java-1.8.0-openjdk-headless-1.8.0.322.b06-1.el7_9.x86_64   ①
javapackages-tools-3.4.1-11.el7.noarch
tzdata-java-2022a-1.el7.noarch
python-javapackages-3.4.1-11.el7.noarch
java-1.8.0-openjdk-1.8.0.322.b06-1.el7_9.x86_64   ②
[root@localhost ~]#
```

图 8-45　查询 Openjdk

（4）删除系统自带 Openjdk。

删除 rpm -e --nodeps java-1.8.0-openjdk-headless 和 rpm -e --nodeps java-1.8.0-openjdk。

之后再次输入 java -version 命令，当没有任何提示时，则说明完全删除了，如图 8-46 所示。有细心的读者会发现，这里只需删除前面的名称就可以了，不用添加后面的全名称。

```
[root@localhost ~]# rpm -qa|grep java
[root@localhost ~]#
```

图 8-46　Openjdk 删除后的查询

12. 在 Master 主机整理 Java 运行环境

目前的 Java 版本只能从 Oracle（甲骨文）的官网进行下载，因为甲骨文公司对 Java 使用协议的相关制约，作者在此无法提供相关下载链接。建议读者阅读网络中的相关文献后，自行前往网站（https://www.oracle.com/java/technologies/javase/javase8u211-later-archive-downloads.html），并在注册成为甲骨文用户后进行下载。下载时，请注意选择 Linux 中的 x86 版本。在本节中使用较旧版本 jdk-8u261-linux-x64.tar.gz 文件，请读者注意。

如果是使用 Windows 系统下的下载工具进行下载的，需要将该文件上传至 Master 主机，可以使用 MobaXterm 中的文件上传功能。选择 Session→SFTP 选项，在打开的界面中填写 Master 主机地址和用户名称，在 MobaXterm 对话框中输入密码 123（如图 8-47 所示），单击 OK 按钮。

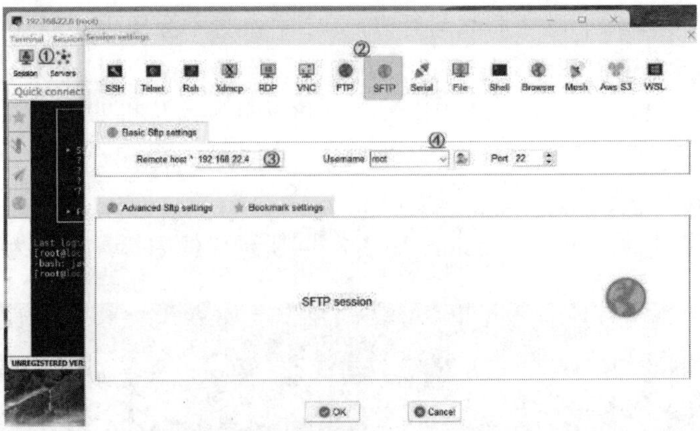

图 8-47　使用 MobaXterm 传输文件

图 8-47　使用 MobaXterm 传输文件（续图）

打开如图 8-48 所示的界面，在右侧标号为①的位置，将地址改为 root 用户主目录:/root/；在标号为②的位置找到已下载的文件，将其拖拽到右侧即可，或者使用如图 8-48 所示的上箭头图标进行上传。还可以使用下箭头图标将 Linux 系统的文件下载到 Windows 环境下。

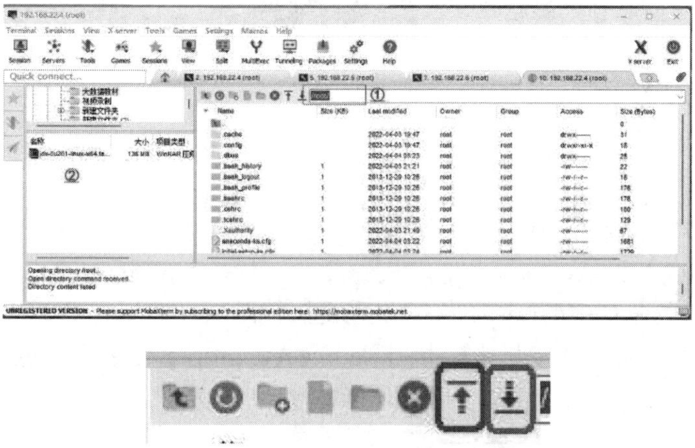

图 8-48　MobaXterm 传输文件界面

13. 在 Master 主机安装标准 Java 环境并修改变量

使用 root 身份进入到/root/路径，输入命令 su && cd /root，按 Enter 键，输入密码，如图 8-49 所示。

图 8-49　多命令集成执行

（1）解压 Java 安装包到文件路径/usr/local/src（常用的系统性软件安装路径），执行下述命令，结果如图 8-50 所示。

```
tar -zvxf jdk-8u261-linux-x64.tar.gz -C /usr/local/src/
```

图 8-50　环境文件修改

（2）进入路径 cd /usr/local/src。

（3）修改文件夹名称为 jdk，方便以后的版本更新，命令为 mv jdk1.8.0_261/ jdk。

（4）修改环境变量命令 vi /etc/profile。

（5）在文件尾部追加以下内容，保存并退出。

```
export JAVA_HOME=/usr/local/jdk
export JRE_HOME=$JAVA_HOME/jre
export CLASSPATH=$JAVA_HOME/lib:$JRE_HOME/lib:$CLASSPATH
export PATH=$JAVA_HOME/bin:$JRE_HOME/bin:$PATH
```

（6）执行环境加载命令 source /etc/profile。

（7）输入测试命令 java -version，结果如图 8-51 所示。

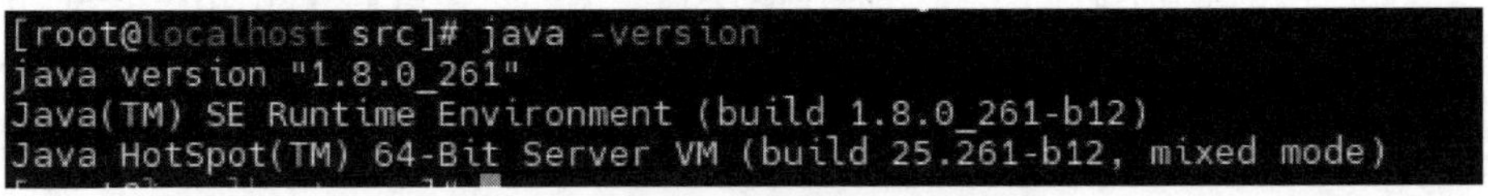

图 8-51　标准 JDK 安装后的界面

14. 从 Master 主机分发 Java 环境，并使之生效

（1）使用命令，向 Slave01 从机分发 Java 文件夹：

```
scp -r /usr/local/src/jdk/ root@slave01:/usr/local/src/
```

（2）使用命令，向 Slave01 从机分发环境变量文件：

```
scp -r /etc/profile root@slave01:/etc/profile
```

（3）将上述两条命令中的 01 改为 02，重复执行两次，实现像 Slave02 主机的内容分发。

（4）在 Slave01/ Slave02 主机上，执行 source /etc/profile 命令后，再执行 java -version 命令，测试是否如图 8-50 所示，如成功则说明 Java 系统分发成功。

【任务小结】

本任务内容主要讲解了配置系统环境和向集群平台分发文件的过程，请将自己在对本任务内容实操中所遇到的各类问题记录在下面。

____

____

____

____

【考核评价】

评价内容	评分项	考核点	自评得分	教师考评得分
学习态度	课堂表现、学习活动态度（40 分）	积极主动（10 分）、沟通合作（10 分）、课堂讨论（10 分）、课后作业（10 分）		
知识技能目标	Linux 网络配置（30 分）	图形化虚拟机网络配置（5 分）、非图形化虚拟机网络配置（10 分）、Vim 的使用（5 分）、主机改名和网络联通测试（10 分）		
	Linux 系统安装（30 分）	MobaXterm 的安装（5 分）、Master 主机系统的 Java 安装（10 分）、工作节点（Slave01/02）的 Java 安装（5 分）、SSH 配置及测试（10 分）		
总得分				

项目拓展

请同学们自行完成虚拟机软件的下载与安装和远程管理软件 MobaXterm 的安装。

思考与练习

理论题

1．使用 SSH 进行文件分发的优势是什么？

2．为什么要提前规划网络部署？

3．为什么要安装 NTP 时间同步服务？

实训题

完成本项目中的全部任务。

项目9　大数据平台搭建

项目导读

在本项目中，通过搭建大数据离线平台和大数据实时分析平台，读者将会了解当前科研及企业背景下的大数据系统基本运行框架的搭建过程，并在这一过程中，掌握Hadoop集群（全分布、HA）和运行在HDFS文件系统上的多种组件的部署，如Hive、Spark、Flume、Kafaka、Flink等，以及在这些平台上实现简单的环境运行测试。

教学目标

- 掌握Hadoop平台的两种安装方式。
- 掌握HDFS平台下Spark技术框架的三种配置方式。
- 掌握Zookeeper框架的基本配置。
- 掌握Hive同MySQL数据库结合使用的配置方式。
- 掌握大数据实施处理框架背景下的Kafaka和Flink集群搭建。

任务1　Hadoop平台的两种搭建方式

【任务描述】

针对科研、企业背景下的大数据系统的不同需求，Hadoop平台系统的基本安装和配置是大数据平台运维管理的重要内容，是后续进行各组件部署的基础。本章会介绍部署Hadoop的两种方式，之后通过案例的方式在Master节点上安装Hadoop程序并对Hadoop相关配置文件等参数进行修改，以实现不同的安装方式。

【任务目标】

掌握Hadoop平台的两种安装方式。

【知识链接】

1. Hadoop完全分布式模式

Hadoop集群采用主从架构（Master/Slave）的方式实现，在完全分布式搭建中，NameNode（以下简称NN）与ResourceManager进程通常被部署并工作在Master节点上，DataNode与NodeManager进程被部署并工作在Slaves节点上。在上述这些进程中，守护进程NN和

DataNode 负责完成 HDFS 的各类工作，守护进程 ResourceManager 和 NodeManager 则负责完成 YARN 的工作。常见的部署完成之后，各节点进程部署通常如图 9-1 所示。这样的搭建过程整体较为简单，适合于对大数据的学习、科研和简单分析背景下的部署。对于一些大数据开发者、学校或科研机构来说，这种方式的搭建足以满足常见需求，并且这种搭建的好处是显而易见的，只需要继续扩充 Slaves 节点的数量，就可实现处理数据算力的提升。这种架构往往在 Hadoop2.0 以前版本中使用。

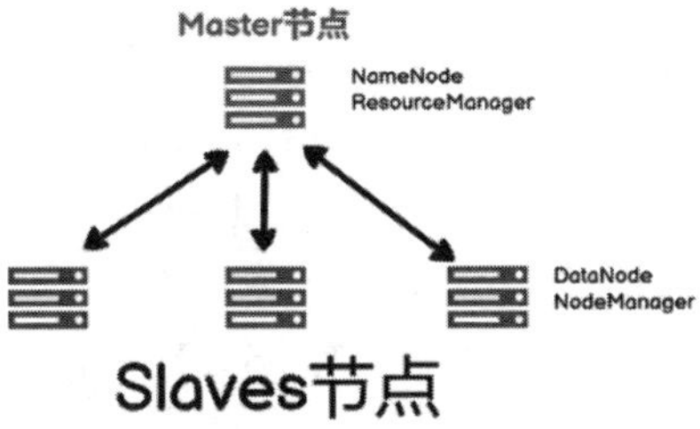

图 9-1　Hadoopd 的完全分布式部署

2. Hadoop 高性能集群（HA）模式

但完全分布式的问题也是显而易见的，即 HDFS 集群中只有一个 NN 进程，如果该进程所在节点一旦出现故障，也就是所谓的单点故障（SPOF）一旦发生，那么整个集群将停止工作。直到 NN 重启或者其他部署了 NN 进程的节点接入之前，集群中的算力都是不可用的。更进一步地说，完全分布式的系统容错性较差，硬件架构冗余度较低，不适合企业环境下的 7×24 小时和无人自动化运维的严苛工作需求。常见的 HA 集群如图 9-2 所示。

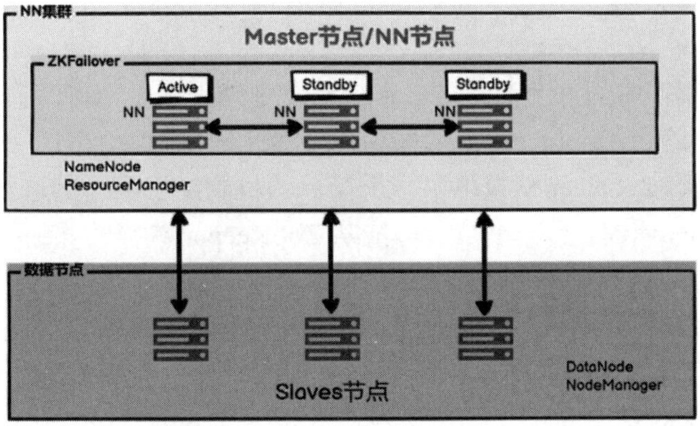

图 9-2　Hadoop HA 集群架构

常见会影响集群的整体可用性的故障如下：

（1）意外的突发事件。比如物理机器宕机（crash），集群将不可用，直到 NN 重启。

（2）系统维护。比如软件升级等，需要关闭 NN，也会导致集群暂时性的失效。

为解决上述常见通病，在 Hadoop2.0 版本后，出现了高性能集群的搭建模式（High Availablity，简称 HA 集群）。它通过在集群中同时运行多个 NN，当 Active NN（活动名称服务节点）失效后，即可快速故障转移到新的 NN 上（即 Standby NN，备用名称服务节点）。本质就是通过配置 Active/Standby 多个 NN，实现在集群中对 NameNode 多机热备来解决单点故障问题，NN 可以很快地切换到另外的备用服务器上。

3. HDFS-HA 工作要点

在 Hadoop HA 模式下主要通过多个 NN 消除单点故障，这主要是通过以下方式实现的：

（1）元数据管理。内存中各自保存一份元数据；Edits 日志只有 Active 状态的 NN 节点可以做写操作；多个 NN 都可以读取 Edits；共享的 Edits 放在一个共享存储中管理（Quorum Journal Manager 和 NFS 两个主流实现，一般使用前者）。

（2）状态管理功能。实现了一个 ZKFailover，常驻在每一个 NN 所在的节点，每一个 ZKFailover 负责监控自己所在节点的 NN 工作情况，利用 zk 进行状态标识，当需要进行状态切换时，由 ZKFailover 来负责切换，切换时需要防止 brain split 现象的发生。

（3）多个 NN 之间必须保证能够通过 SSH 无密码登录。

（4）隔离措施（Fence）。即同一时刻只能有一个 NN 对外提供服务。

4. Zookeeper 组件

Zookeeper，全称为 Apache Zookeeper，是阿帕奇基金会（Apache）的重要开源项目之一。ZooKeeper 主要服务于分布式系统，可以用 ZooKeeper 来进行统一配置管理、统一命名服务、分布式锁、集群管理等。在分布式系统中，ZooKeeper 作为中间件来解决常见的管理的问题，如实时感知节点的状态、对节点进行统一管理等。针对这些问题的传统处理手段相对麻烦，并有可能提高系统的复杂性，Zookeeper 则可以较为简单地解决上述问题。关于 Zookeeper 的具体信息，限于篇幅关系，请读者自行查阅相关资料。

5. Zookeeper 组件在 HA 集群下的功能

在 HA 模式下，自动故障转移主要是通过 ZooKeeper 组件和 ZKFailoverController（ZKFC）进程实现以下功能的：

（1）故障检测。集群中的每个 NN 在 ZooKeeper 中维护了一个持久会话，如果机器崩溃，ZooKeeper 中的会话将终止，ZooKeeper 通知另一个 NN 需要触发故障转移。

（2）现役 NN 选择。ZooKeeper 提供了一个简单的机制用于唯一的选择一个节点为 Active 状态。如果目前现役 NN 崩溃，另一个节点可能从 ZooKeeper 获得特殊的排外锁以表明它应该成为现役 NN。

在这里 ZKFC 是自动故障转移中的另一个新组件，是 ZooKeeper 的客户端，也监视和管理 NN 的状态。每个运行 NN 的主机也运行了一个 ZKFC 进程，ZKFC 负责以下几个方面：

（1）健康监测。ZKFC 使用一个健康检查命令定期地 ping 与之在相同主机的 NN，只要该 NN 及时地回复健康状态，那么 ZKFC 认为该节点是健康的。如果该节点崩溃，冻结或进入不健康状态，健康监测器标识该节点为非健康的。

（2）ZooKeeper 会话管理。当本地 NN 是健康的，ZKFC 保持一个在 ZooKeeper 中打开的会话。如果本地 NN 处于 Active 状态，ZKFC 也保持一个特殊的 Znode 锁，该锁使用了 ZooKeeper 对短暂节点的支持，如果会话终止，锁节点将自动删除。

（3）基于 ZooKeeper 的选择。如果本地 NN 是健康的，且 ZKFC 发现没有其他的节点当前持有 Znode 锁，它将为自己获取该锁。如果成功，则它已经赢得了选择，并负责运行故障转移进程以使它的本地 NN 为 Active。故障转移进程与前面描述的手动故障转移相似，首先要保护之前的现役 NN，然后本地 NN 转换为 Active 状态。

6. 清华大学 TUNA 协会

清华大学 TUNA 协会，全称为清华大学学生网络与开源软件协会，是由清华大学热爱网络技术和开源软件的“极客”组成的学生技术社团。该协会自 2013 年成立，协会主页：https://tuna.moe/。本项目中大量的开源软件均是从 TUNA 网站中获得的，该镜像网站的网址为 https://mirrors.tuna.tsinghua.edu.cn/。因为某些时段的下载网速并不是非常理想，作者选择了北京外国语大学 TUNA 镜像站（https://mirrors.bfsu.edu.cn/）进行下载。当读者有因网络问题无法下载软件的问题时，可以选择相关 TUNA 的镜像网站进行下载。

【任务实施】

Hadoop 平台的部署方式实操演示

1. Hadoop 集群的完全分布式模式部署

集群部署规划及细节内容如表 9-1 所示。

表 9-1 Hadoop 集群完全分布式部署规划

主机名	IP 地址	部署内容
Master	192.168.22.4	主节点同时作为工作节点，运行以下进程：NameNode、SecondaryNameNode、NodeManager、DataNode、ResourceManager
Slave01	192.168.22.5	工作节点，运行以下进程：DataNode、NodeManager
Slave02	192.168.22.6	同 Slave01 安装

注：请读者务必按照项目 8 布置好相应的三台虚拟机，再进行后续操作。

打开 MobaXterm 软件，以 root 身份连接到虚拟机 Master，并切换身份为 hadoop，进入 hadoop 用户的主目录，并显示当前命令绝对路径，具体命令如下：

```
[root@master ~]# su hadoop
[hadoop@master root]$ cd ~
[hadoop@master ~]$ pwd
```

/home/hadoop 执行结果如图 9-3 所示。

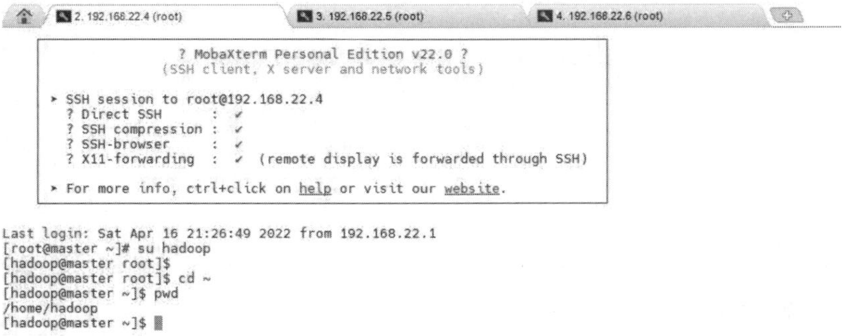

图 9-3 连接到虚拟机

（1）下载安装 Hadoop3.2.2。执行下述命令，从北外开源软件镜像站下载 Hadoop 压缩包。

提示：这里可以通过打开页面的方式，找到相应压缩包的下载地址，请读者自行尝试。

```
[hadoop@master ~]$
```

```
wget https://mirrors.bfsu.edu.cn/apache/hadoop/common/hadoop-3.2.3/hadoop-3.2.3.tar.gz
```

执行结果如图 9-4 所示。

```
[hadoop@master ~]$ wget https://mirrors.bfsu.edu.cn/apache/hadoop/common/hadoop-3.2.3/hadoop-3.2.3.tar.gz
--2022-04-16 22:33:55--  https://mirrors.bfsu.edu.cn/apache/hadoop/common/hadoop-3.2.3/hadoop-3.2.3.tar.gz
正在解析主机 mirrors.bfsu.edu.cn (mirrors.bfsu.edu.cn)... 39.155.141.16, 2001:da8:20f:1003::fe55:2848
正在连接 mirrors.bfsu.edu.cn (mirrors.bfsu.edu.cn)|39.155.141.16|:443... 已连接。
已发出 HTTP 请求，正在等待回应... 200 OK
长度：492241961 (469M) [application/octet-stream]
正在保存至: "hadoop-3.2.3.tar.gz"

100%[======================================================================================>]

2022-04-16 22:34:04 (52.1 MB/s) - 已保存 "hadoop-3.2.3.tar.gz" [492241961/492241961])

[hadoop@master ~]$ ls
hadoop-3.2.3.tar.gz  mysql-connector-java-5.1.48  mysql-connector-java-5.1.48.tar.gz  公共  模板  视频  图片  文档  下载  音乐  桌面
[hadoop@master ~]$ 
```

图 9-4　下载 Hadoop 压缩包

（2）解压至指定文件路径，本任务的路径设置遵循企业部署惯例并结合项目 8 相关章节内容，设置为/usr/local/src，因为该文件为系统文件夹，故此解压需要使用 root 身份。

执行命令如下：

```
[hadoop@master ~]$ ls
hadoop-3.2.3.tar.gz
[hadoop@master ~]$ su
```

密码：

```
[root@master hadoop]# tar -zvxf hadoop-3.2.3.tar.gz -C /usr/local/src/
```

结果如图 9-5 所示。

```
[hadoop@master ~]$ ls
hadoop-3.2.3.tar.gz
[hadoop@master ~]$ su
密码：
[root@master hadoop]# tar -zvxf hadoop-3.2.3.tar.gz -C /usr/local/src/
hadoop-3.2.3/
hadoop-3.2.3/NOTICE.txt
hadoop-3.2.3/sbin/
hadoop-3.2.3/sbin/start-yarn.cmd
hadoop-3.2.3/sbin/start-balancer.sh
```

图 9-5　解压 hadoop 压缩包

（3）给解压后的文件夹改名，执行下述命令，结果如图 9-6 所示。

```
[root@master hadoop]# cd /usr/local/src/
[root@master src]# mv hadoop-3.2.3/ hadoop
```

```
[root@master hadoop]# cd /usr/local/src/
[root@master src]# ls
hadoop-3.2.3  jdk
[root@master src]# mv hadoop-3.2.3/ hadoop
[root@master src]# ls
hadoop  jdk
```

图 9-6　解压并更改 Hadoop 安装文件夹

（4）使用 vi 命令修改环境文件/etc/porfile，在文件中添加以下内容，结果如图 9-7 所示。

```
export HADOOP_HOME=/usr/local/src/hadoop
export PATH=$PATH:$HADOOP_HOME/bin:$HADOOP_HOME/sbin
```

修改后，请执行 hadoop version 命令，查看版本，当出现如图 9-8 所示的内容时，即安装成功。

```
export JAVA_HOME=/usr/local/src/jdk
export JRE_HOME=$JAVA_HOME/jre
export CLASSPATH=$JAVA_HOME/lib:$JRE_HOME/lib:$CLASSPATH
export PATH=$JAVA_HOME/bin:$JRE_HOME/bin:$PATH

export HADOOP_HOME=/usr/local/src/hadoop
export PATH=$PATH:$HADOOP_HOME/bin:$HADOOP_HOME/sbin
[root@master src]#
```

图 9-7 修改 hadoop 在/etc/profile 文件中的环境变量

```
[root@master src]# hadoop version
Hadoop 3.2.3
Source code repository https://github.com/apache/hadoop -r abe5358143720085498613d399be3bbf01e0f131
Compiled by ubuntu on 2022-03-20T01:18Z
Compiled with protoc 2.5.0
From source with checksum 39bb14faec14b3aa25388a6d7c345fe8
This command was run using /usr/local/src/hadoop/share/hadoop/common/hadoop-common-3.2.3.jar
[root@master src]#
```

图 9-8 查看 hadoop 版本

（5）为 hadoop 文件夹添加 hadoop 用户权限，这一步较为重要，多数后期安装过程中出现的各种问题都和系统权限相关，很多教程认为要在文件中修改执行身份，但实际上修改文件夹权限即可解决这一问题。执行下述命令，并在修改后执行 ll 命令查看文件夹，可以看到所有者已修改为 hadoop，如图 9-9 所示划线部分。

```
[root@master src]# chown -R hadoop:hadoop /usr/local/src/hadoop/
[root@master src]# ll
```

```
[root@master src]# chown -R hadoop:hadoop /usr/local/src/hadoop/
[root@master src]# ll
总用量 0
drwxr-xr-x. 9 hadoop hadoop 149 3月  20 09:58 hadoop
drwxr-xr-x. 8  10143  10143 273 6月  18 2020 jdk
[root@master src]#
```

图 9-9 修改 hadoop 文件夹的权限

（6）使用 exit 命令，修改用户身份为 hadoop。使用下面的命令进入 hadoop 配置文件夹：

```
[hadoop@master hadoop]$ cd /usr/local/src/hadoop/etc/hadoop/
```

在/usr/local/src/hadoop/etc/hadoop/文件夹中按表 9-2 所示修改文件。

表 9-2 配置文件及其说明

文件名	文件作用
core-site.xml	Hadoop Core 的配置项，如 HDFS 和 MapReduce 常用的 I/O 设置等
hadoop-env.sh	主要是配置 Hadoop 的环境变量。例如守护进程的 JVM 启动参数：Java 堆大小和垃圾回收策略等
hdfs-site.xml	HDFS 配置信息，如复制数据的值，名称节点的路径，本地文件系统的数据节点的路径等
mapred-site.xml	MapReduce 配置文件，包括 JobHistory Server 和应用程序参数两部分，如 reduce 任务的默认个数、任务所能够使用内存的默认上下限等
yarn-site.xml	YARN 集群资源管理系统参数配置文件，配置 ResourceManager ，NodeManager 的通信端口，Web 监控端口等
workers	工作节点主机名或 IP 地址，在 Hadoop2.X 该文件为名为 Slaves 的文件，在 Hadoop3.X 版本中 Slaves 文件已删除

（7）修改 core-site.xml 文件，在其中添加如下内容，结果如图 9-10 所示：

```
<configuration>
    <property>
        <name>fs.defaultFS</name>
        <value>hdfs://master:9000</value>
    </property>
    <property>
        <name>hadoop.tmp.dir</name>
        <value>file:/usr/local/src/hadoop/tmp</value>
    </property>
</configuration>
```

```
<?xml version="1.0" encoding="UTF-8"?>
<?xml-stylesheet type="text/xsl" href="configuration.xsl"?>
<!--
  Licensed under the Apache License, Version 2.0 (the "License");
  you may not use this file except in compliance with the License.
  You may obtain a copy of the License at

    http://www.apache.org/licenses/LICENSE-2.0

  Unless required by applicable law or agreed to in writing, software
  distributed under the License is distributed on an "AS IS" BASIS,
  WITHOUT WARRANTIES OR CONDITIONS OF ANY KIND, either express or implied.
  See the License for the specific language governing permissions and
  limitations under the License. See accompanying LICENSE file.
-->

<!-- Put site-specific property overrides in this file. -->

<configuration>
    <property>
        <name>fs.defaultFS</name>
        <value>hdfs://master:9000</value>
    </property>
    <property>
         <name>hadoop.tmp.dir</name>
         <value>file:/usr/local/src/hadoop/tmp</value>
    </property>
</configuration>
```

图 9-10　core-site.xml 文件修改后

（8）在 hadoop-env.sh 文件头部标记为#　JAVA_HOME=/usr/java/testing hdfs dfs -ls 的下面添加如下内容，内容如图 9-11 所示。

```
export JAVA_HOME=/usr/local/src/jdk
```

```
# Many of the options here are built from the perspective that users
# may want to provide OVERWRITING values on the command line.
# For example:
#
#  JAVA_HOME=/usr/java/testing hdfs dfs -ls
#
export JAVA_HOME=/usr/local/src/jdk
# Therefore, the vast majority (BUT NOT ALL!) of these defaults
# are configured for substitution and not append.  If append
# is preferable, modify this file accordingly.
```

图 9-11　hadoop-env.sh 文件修改后

（9）修改 hdfs-site.xml 文件，在其中添加如下内容，结果如图 9-12 所示：

```
<configuration>
    <property>
        <name>dfs.namenode.name.dir</name>
        <value>file:/usr/local/src/hadoop/dfs/name</value>
    </property>
    <property>
        <name>dfs.datanode.data.dir</name>
```

```
        <value>file:/usr/local/src/hadoop/dfs/data</value>
    </property>
    <property>
        <name>dfs.replication</name>
        <value>1</value>
    </property>
    <!-- NN Web 端访问地址-->
        <property>
        <name>dfs.namenode.http-address</name>
        <value>master:9870</value>
    </property>
   <!-- SecondaryNN Web 端访问地址-->
    <property>
        <name>dfs.namenode.secondary.http-address</name>
        <value>master:9868</value>
    </property>
</configuration>
```

```
<!-- Put site-specific property overrides in this file. -->

<configuration>
    <property>
        <name>dfs.namenode.name.dir</name>
        <value>file:/usr/local/src/hadoop/dfs/name</value>
    </property>
    <property>
        <name>dfs.datanode.data.dir</name>
        <value>file:/usr/local/src/hadoop/dfs/data</value>
    </property>
    <property>
        <name>dfs.replication</name>
        <value>1</value>
    </property>
    <!-- NN Web端访问地址-->
        <property>
        <name>dfs.namenode.http-address</name>
        <value>master:9870</value>
    </property>
   <!-- SecondaryNN Web端访问地址-->
    <property>
        <name>dfs.namenode.secondary.http-address</name>
        <value>master:9868</value>
    </property>
</configuration>
```

图 9-12 hdfs-site.xml 文件修改后

注意：这里修改了 NameNode（NN）的访问地址为方位端口 9870，并添加了 SecondaryNN 的访问端口为 9868。实际上不修改也没有关系，这里只是方便读者修改成其他端口而做的说明。Hadoop2.X（左列）与 Hadoop3.X（右列）端口的具体区别如表 9-3 所示。

表 9-3 Hadoop3.X 与 Hadoop2.X 端口对比

端口	Hadoop3.X	Hadoop2.X
Namenode 端口	50470	9871（NameNode 默认端口）
	50070	9870（Web 管理端口）
	8020	9820（高可用的 HDFS RPC 端口）

续表

端口	Hadoop3.X	Hadoop2.X
Secondary NN 端口	50091	9869（Secondary NN 默认端口）
	50090	9868（Web 管理端口）
Datanode 通信端口	50020	9867（IPC 端口）
	50010	9866（DN 通信端口）
	50475	9865（默认 HTTP 端口）
	50075	9864（Web 管理端口）

（10）修改 mapred-site.xml 文件，在其中添加如下内容，结果如图 9-13 所示：

```
<configuration>
    <property>
        <name>mapreduce.framework.name</name>
        <value>yarn</value>
    </property>
    <property>
        <name>mapreduce.jobhistory.address</name>
        <value>master:10020</value>
    </property>
    <property>
        <name>mapreduce.jobhistory.webapp.address</name>
        <value>master:19888</value>
    </property>
</configuration>
```

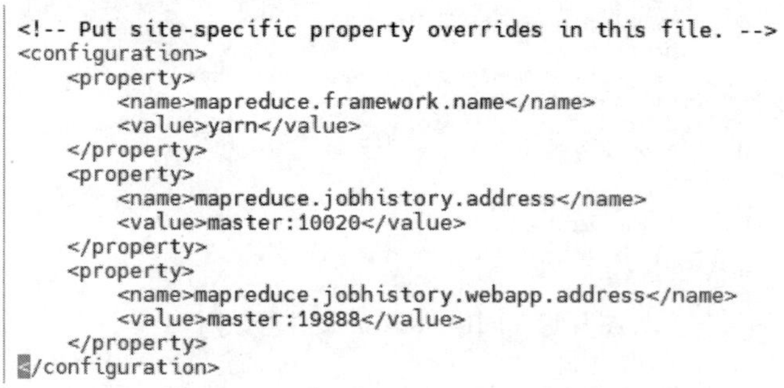

```
<!-- Put site-specific property overrides in this file. -->
<configuration>
    <property>
        <name>mapreduce.framework.name</name>
        <value>yarn</value>
    </property>
    <property>
        <name>mapreduce.jobhistory.address</name>
        <value>master:10020</value>
    </property>
    <property>
        <name>mapreduce.jobhistory.webapp.address</name>
        <value>master:19888</value>
    </property>
</configuration>
```

图 9-13　mapred-site.xml 文件修改后

（11）修改 yarn-site.xml 文件，在其中添加如下内容，结果如图 9-14 所示：

```
<configuration>
    <property>
        <name>yarn.resourcemanager.address</name>
        <value>master:8032</value>
    </property>
    <property>
        <name>yarn.resourcemanager.scheduler.address</name>
        <value>master:8030</value>
```

```
    </property>
    <property>
        <name>yarn.resourcemanager.resource-tracker.address</name>
        <value>master:8031</value>
    </property>
    <property>
        <name>yarn.resourcemanager.admin.address</name>
        <value>master:8033</value>
    </property>
    <property>
        <name>yarn.resourcemanager.webapp.address</name>
        <value>master:8088</value>
    </property>
<!-- 指定 MR 走 shuffle -->
    <property>
        <name>yarn.nodemanager.aux-services</name>
        <value>mapreduce_shuffle</value>
    </property>
    <property>
        <name>yarn.nodemanager.aux-services.mapreduce.shuffle.class</name>
        <value>org.apache.hadoop.mapred.ShuffleHandler</value>
    </property>
</configuration>
```

```
<configuration>
    <property>
        <name>yarn.resourcemanager.address</name>
        <value>master:8032</value>
    </property>
    <property>
        <name>yarn.resourcemanager.scheduler.address</name>
        <value>master:8030</value>
    </property>
    <property>
        <name>yarn.resourcemanager.resource-tracker.address</name>
        <value>master:8031</value>
    </property>
    <property>
        <name>yarn.resourcemanager.admin.address</name>
        <value>master:8033</value>
    </property>
    <property>
        <name>yarn.resourcemanager.webapp.address</name>
        <value>master:8088</value>
    </property>
<!-- 指定MR走shuffle -->
    <property>
        <name>yarn.nodemanager.aux-services</name>
        <value>mapreduce_shuffle</value>
    </property>
    <property>
        <name>yarn.nodemanager.aux-services.mapreduce.shuffle.class</name>
        <value>org.apache.hadoop.mapred.ShuffleHandler</value>
    </property>
</configuration>
```

图 9-14 yarn-site.xml 文件修改后

（12）在 workers 文件中添加如下内容：

```
master
slave01
slave02
```

（13）生成配置文件中涉及工作文件夹，执行结果如图 9-15 所示。

```
[hadoop@master ~]$ mkdir -p /usr/local/src/hadoop/dfs/name
[hadoop@master ~]$ mkdir -p /usr/local/src/hadoop/dfs/data
[hadoop@master ~]$ mkdir -p /usr/local/src/hadoop/tmp
```

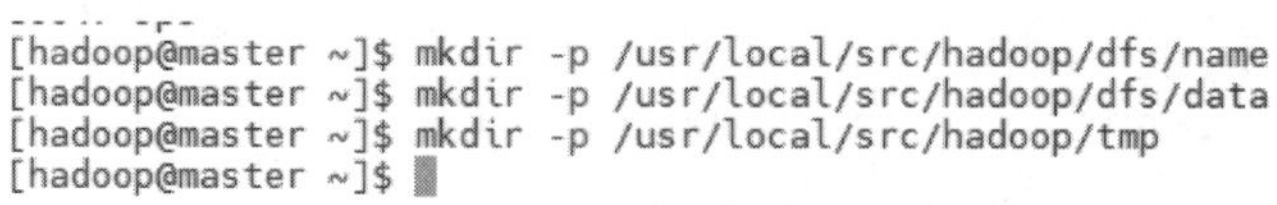

图 9-15　工作文件夹的创建

（14）分发 hadoop 文件夹和 hadoop 运行环境到工作节点 Slave01/Slave02。

```
[hadoop@master ~]$scp -r /usr/local/src/hadoop/ root@slave01:/usr/local/src/
[hadoop@master ~]$scp -r /usr/local/src/hadoop/ root@slave02:/usr/local/src/
[hadoop@master ~]$scp -r /etc/profile root@slave01:/etc/profile
[hadoop@master ~]$scp -r /etc/profile root@slave02:/etc/profile
```

（15）在工作节点 Slave01/Slave02 上，使用 root 身份执行下述命令，修改文件属性。

```
[root@slave01 ~]chown -R hadoop:hadoop /usr/local/src/hadoop
[root@slave02 ~]chown -R hadoop:hadoop /usr/local/src/hadoop
```

（16）在工作节点 Slave01/Slave02 上，切换至 hadoop 用户，执行环境加载命令。

```
[hadoop@slave01 ~]source /etc/profile
[hadoop@slave01 ~]source /etc/profile
```

（17）在工作节点 Slave01/Slave02 上，使用 hadoop 用户，执行 hadoop version 命令，检查执行是否正确，根据是否正常输出，判断环境加载情况是否正常。否则检查并修改环境文件。

（20）HDFS 的格式化。

注意：第一次启动 HDFS 时要进行格式化，以后启动无须再格式化，否则会缺失 DataNode 进程。另外，只要运行过 HDFSHadoop 的工作目录（本书设置为/usr/local/src/hadoop/tmp）就会有数据，如果需要重新格式化，则在格式化之前一定要先删除工作目录下的数据，否则格式化时会出问题。如果格式化错误，也必须删除该目录下的数据。

在 Master 节点，以 hadoop 身份执行下述命令：

```
[hadoop@master ~]$hdfs namenode -format
```

当出现 successfully formatting 的字段时，即代表格式化成功，如图 9-16 所示。

图 9-16　HDFS 集群格式化成功界面

（21）在 Master 主机上执行下述命令，jps 为查询 Java 进程命令，结果如图 9-17 所示。

```
[hadoop@master hadoop]$ start-dfs.sh
[hadoop@master hadoop]$ jps
```

```
[hadoop@master hadoop]$ start-dfs.sh
Starting namenodes on [master]
Starting datanodes
Starting secondary namenodes [master]
[hadoop@master hadoop]$ jps
24674 SecondaryNameNode
24270 NameNode
24446 DataNode
25054 Jps
[hadoop@master hadoop]$
```

图 9-17　启动 HDFS 文件系统

（22）在工作节点 Slave01/Slave02 上执行 jps 命令，结果如图 9-18 所示。

```
[root@slave01 ~]# jps
6168 Jps
6060 DataNode
[root@slave01 ~]#
```

图 9-18　jps 命令执行结果

（23）在 Master 主机上执行下述命令，结果如图 9-19 所示。

```
[hadoop@master hadoop]$ start-yarn.sh
[hadoop@master hadoop]$ jps
```

```
[hadoop@master hadoop]$ start-yarn.sh
Starting resourcemanager
Starting nodemanagers
[hadoop@master hadoop]$ jps
24674 SecondaryNameNode
25703 NodeManager
25546 ResourceManager
26076 Jps
24270 NameNode
24446 DataNode
[hadoop@master hadoop]$
```

图 9-19　启动 YARN 服务并使用 jps 查询进程

（24）在工作节点 Slave01/Slave02 上执行 jps 命令，结果如图 9-20 所示。

```
[root@slave01 ~]# jps
6060 DataNode
6622 Jps
6495 NodeManager
[root@slave01 ~]#
```

图 9-20　工作节点使用 jps 查询进程

（25）Web 管理端口测试，在 Master 主机上或物理机上使用浏览器打开表 9-4 中的地址，测试系统是否正常工作。注意，如果网页打不开，则说明配置文件中有错误。

表 9-4　部署测试网址

网址	说明
http://192.168.22.4:9870/	主节点 NN 网页管理页面
http://192.168.22.4:8088/	主节点 YARN 网页管理页面
http://192.168.22.4:9868/	主节点 Secondary NN 网页管理页面
http://192.168.22.5:9864/ http://192.168.22.6:9864/	工作节点（Slave01/Slave02），节点状态页面

访问 http://192.168.22.4:9870/，结果如图 9-21 所示。

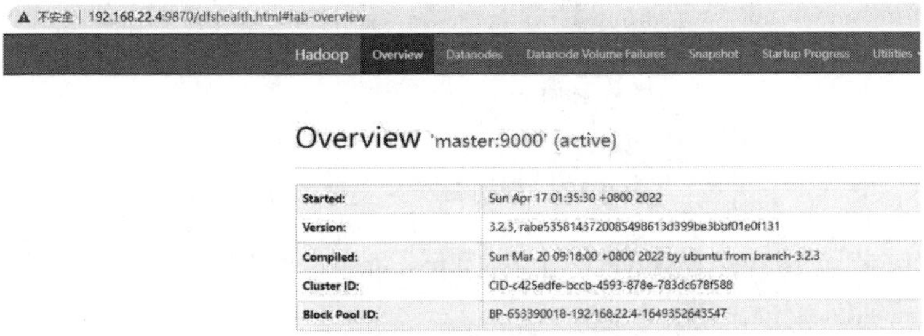

图 9-21　Master 节点 HDFS Web UI 界面打开后

访问 http://192.168.22.4:8088/，结果如图 9-22 所示。

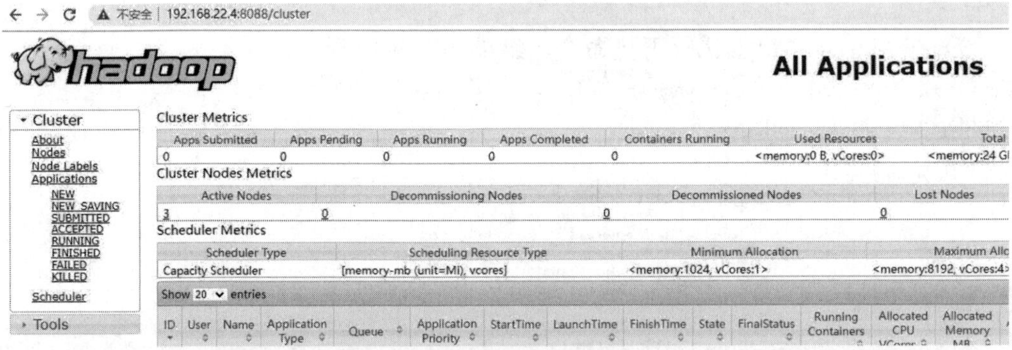

图 9-22　Master 节点 YARN 服务 Web UI 界面打开后

访问 http://192.168.22.4:9868/，结果如图 9-23 所示。

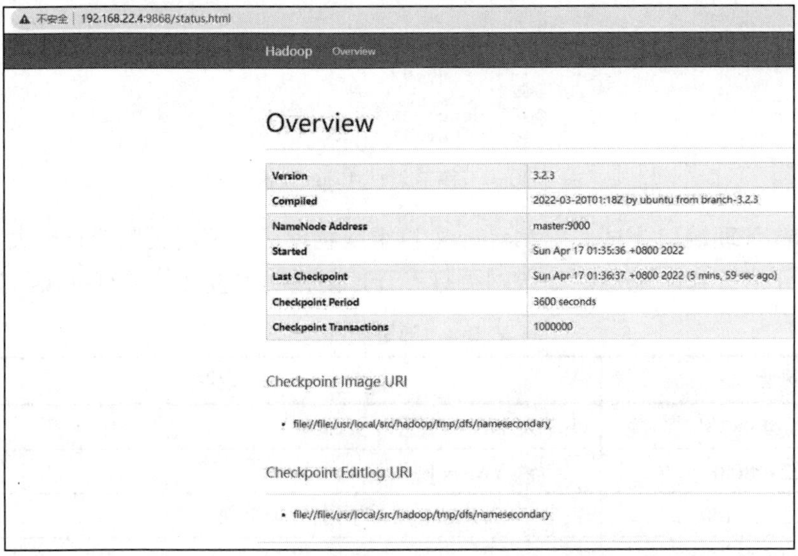

图 9-23　Master 节点 SecondNameNode Web UI 界面打开后

http://192.168.22.5:9864/和 http://192.168.22.6:9864/，结果如图 9-24 所示。

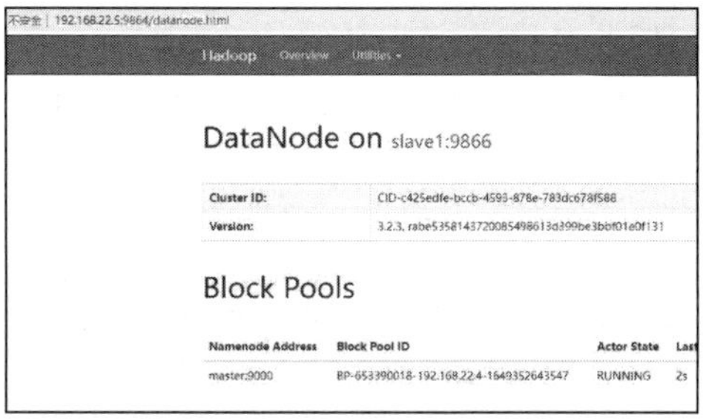

图 9-24　工作节点 DataNode Web UI 界面打开后

测试后，如果上述网页全部打开，说明 Hadoop 集群的完全分布式模式部署成功。对 Hadoop 常用启动、关闭命令做一个总结，如表 9-5 所示。

表 9-5　Hadoop 常用启动、关闭命令

命令	说明
start-all.sh	一键启动集群
stop-all.sh	一键关闭集群
start-dfs.sh	启动 HDFS 文件系统
start-yarn.sh	启动 YARN 调度程序
stop-yarn.sh	关闭 YARN，手动关闭集群，先执行此命令
stop-dfs.sh	关闭 HDFS，手动关闭集群，后执行此命令
hadoop daemon.sh stop datanode	关闭工作节点命令
hadoop daemon.sh stop namenode	关闭 NN 服务
hadoop daemon.sh stop secondarynamenode	关闭 Secondary NN 服务

2. Hadoop 高性能集群（HA）部署规划

HA 集群的部署往往按照服务内容进行规划，具体细节如表 9-6 所示。不同于完全分布模式中的 1 个 NN 节点、1 个 YARN 节点、3 个工作节点。在这里我们将完成 3 个 NN 服务节点、2 个 YARN 节点和 3 个工作节点的部署，以实现 NN、YARN 服务的冗余部署，以实现企业环境下的低维护、高性能需求。

注意：因整体过程较为复杂，故以下内容的实操请务必按照本节顺序进行。

表 9-6　HA 集群服务部署规划

主机名	NN 服务	YARN 服务	ZKFailover 服务	工作节点	Zookeeper 监测服务	共享数据服务（JournalNode）
Master 192.168.22.4	√	√	√	√	√	√
Slave01 192.168.22.5	√	√	√	√	√	√
Slave02 192.168.22.6	√	×	√	√	√	√

3. HA 集群部署——安装 Zookeeper

（1）以 hadoop 身份下载 Zookeeper3.63 版本，结果如图 9-25 所示。

```
[hadoop@master root]$ cd ~
[hadoop@master ~]$
wget https://mirrors.bfsu.edu.cn/apache/zookeeper/zookeeper-3.6.3/apache-zookeeper-3.6.3-bin.tar.gz
```

（2）以 root 身份解压 Zookeeper 安装包至部署文件夹，结果如图 9-26 所示。

```
[hadoop@master ~]$ su
[root@master hadoop]# tar -zvxf apache-zookeeper-3.6.3-bin.tar.gz -C /usr/local/src/
```

```
[root@master ~]# su hadoop
[hadoop@master root]$ pwd
/root
[hadoop@master root]$ cd ~
[hadoop@master ~]$ wget https://mirrors.bfsu.edu.cn/apache/zookeeper/zookeeper-3.6.3/apache-zookeeper-3.6.3-
--2022-04-17 02:22:58--  https://mirrors.bfsu.edu.cn/apache/zookeeper/zookeeper-3.6.3/apache-zookeeper-3.6.3
正在解析主机 mirrors.bfsu.edu.cn (mirrors.bfsu.edu.cn)... 39.155.141.16, 2001:da8:20f:1003::fe55:2840
正在连接 mirrors.bfsu.edu.cn (mirrors.bfsu.edu.cn)|39.155.141.16|:443... 已连接。
已发出 HTTP 请求，正在等待回应... 200 OK
长度：12516362 (12M) [application/octet-stream]
正在保存至: “apache-zookeeper-3.6.3-bin.tar.gz”

100%[==========================================================================================

2022-04-17 02:22:59 (13.7 MB/s) - 已保存 “apache-zookeeper-3.6.3-bin.tar.gz” [12516362/12516362])

[hadoop@master ~]$ 
```

图 9-25　Zookeeper3.63 版本的下载

```
[hadoop@master ~]$ su
密码：
[root@master hadoop]# tar -zvxf apache-zookeeper-3.6.3-bin.tar.gz -C /usr/local/src/
apache-zookeeper-3.6.3-bin/docs/
apache-zookeeper-3.6.3-bin/docs/skin/
```

图 9-26　Zookeeper3.63 版本的解压

（3）为方便维护，将文件夹改名。

```
[root@master hadoop]# cd /usr/local/src/
[root@master hadoop]# mv apache-zookeeper-3.6.3-bin/ zookeeper
```

（4）修改运行环境，在/etc/profile 中添加 Zookeeper 环境变量。

```
export ZOOKEEPER_HOME=/usr/local/src/zookeeper
export PATH=$PATH:$ZOOKEEPER_HOME/bin
```

代码完成如图 9-27 所示。

```
export ZOOKEEPER_HOME=/usr/local/src/zookeeper
export PATH=$PATH:$ZOOKEEPER_HOME/bin
"/etc/profile" 87L, 2172C written
```

图 9-27　Zookeeper 在/etc/profile 的配置

（5）为了方便 hadoop 用户使用，修改 Zookeeper 部署目录的权限。

```
[root@master src]# chown -R hadoop:hadoop /usr/local/src/zookeeper/
```

（6）退出 root 用户并进入 Zookeeper 部署目录修改配置文件 zoo.cfg。

```
[root@master src]# exit
[hadoop@master ~]$ cd /usr/local/src/zookeeper/conf/
[hadoop@master ~]$cp zoo_sample.cfg zoo.cfg
[hadoop@master ~]$vi zoo.cfg
```

（7）在 zoo.cfg 中进行以下操作：

```
#修改 dataDir 内容为
dataDir=/usr/local/src/zookeeper/data
#增加以下内容
dataLogDir=/usr/local/src/zookeeper/logs
server.1=192.168.22.4:2888:3888
server.2=192.168.22.5:2888:3888
server.3=192.168.22.6:2888:3888
```

修改后的内容如图 9-28 所示。

```
# The number of milliseconds of each tick
tickTime=2000
# The number of ticks that the initial
# synchronization phase can take
initLimit=10
# The number of ticks that can pass between
# sending a request and getting an acknowledgement
syncLimit=5
# the directory where the snapshot is stored.
# do not use /tmp for storage, /tmp here is just
# example sakes.
dataDir=/usr/local/src/zookeeper/data
# the port at which the clients will connect
clientPort=2181
# the maximum number of client connections.
# increase this if you need to handle more clients
#maxClientCnxns=60
#
# Be sure to read the maintenance section of the
# administrator guide before turning on autopurge.
#
# http://zookeeper.apache.org/doc/current/zookeeperAdmin.html#sc_maintenance
#
# The number of snapshots to retain in dataDir
#autopurge.snapRetainCount=3
# Purge task interval in hours
# Set to "0" to disable auto purge feature
#autopurge.purgeInterval=1

## Metrics Providers
#
# https://prometheus.io Metrics Exporter
#metricsProvider.className=org.apache.zookeeper.metrics.prometheus.PrometheusMetricsProvider
#metricsProvider.httpPort=7000
#metricsProvider.exportJvmInfo=true
dataLogDir=/usr/local/src/zookeeper/logs
server.1=192.168.22.4:2888:3888
server.2=192.168.22.5:2888:3888
server.3=192.168.22.6:2888:3888
```

图 9-28 zoo.cfg 文件的配置

（8）创建工作目录 data（用来传输数据）和 log（用来记录日志）。

```
[hadoop@master conf]$ mkdir /usr/local/src/zookeeper/data
[hadoop@master conf]$ mkdir /usr/local/src/zookeeper/logs
```

（9）创建工作 id 配置文件。

```
[hadoop@master zookeeper]$ cd /usr/local/src/zookeeper/data/
[hadoop@master data]$ echo "1"> myid
```

（10）分发 Zookeeper 部署目录和环境配置文件到 Slave01/Slave02 主机。

```
[hadoop@master ~]$scp -r /usr/local/src/zookeeper/ root@slave01:/usr/local/src/
[hadoop@master ~]$scp -r /usr/local/src/zookeeper/ root@slave02:/usr/local/src/
[hadoop@master ~]$scp -r /etc/profile root@slave01:/etc/profile
[hadoop@master ~]$scp -r /etc/profile root@slave02:/etc/profile
```

（11）以 root 身份在 Slave01/Slave02 主机上修改文件夹权限。

```
[root@slave01 ~]#chown -R hadoop:hadoop /usr/local/src/zookeeper/
[root@slave02 ~]#chown -R hadoop:hadoop /usr/local/src/zookeeper/
```

（12）在 Slave01/Slave02 主机上，切换回 hadoop 用户，装载环境文件。

```
[hadoop@slave01 ~]$source /etc/profile
[hadoop@slave02 ~]$source /etc/profile
```

（13）以 hadoop 身份在 Slave01/Slave02 主机上进入/usr/local/src/zookeeper/data/文件夹，修改对应的 id 值。

```
[hadoop@slave01 data] $echo "2">myid
[hadoop@slave02 data] $echo "3">myid
```

（14）在 Master/Slave01/Slave02 上执行 Zookeeper 启动命令。

```
[hadoop@master ~]$ zkServer.sh start
[hadoop@slave01 ~]$ zkServer.sh start
[hadoop@slave02 ~]$ zkServer.sh start
```

（15）在 Master/Slave01/Slave02 上执行 Zookeeper 状态检查命令 zkServer.sh status，如图 9-29 所示，当出现标志位 leader 和 follower 的时候状态是正常的，说明安装成功。如果出现其他状态，说明安装有误，需要检查文件。

```
[hadoop@master ~]$ zkServer.sh start
ZooKeeper JMX enabled by default
Using config: /usr/local/src/zookeeper/bin/../conf/zoo.cfg
Starting zookeeper ... STARTED
[hadoop@master ~]$ zkServer.sh status
ZooKeeper JMX enabled by default
Using config: /usr/local/src/zookeeper/bin/../conf/zoo.cfg
Client port found: 2181. Client address: localhost. Client SSL: false.
Mode: follower
[hadoop@master ~]$

[hadoop@slave01 ~]$ zkServer.sh start
ZooKeeper JMX enabled by default
Using config: /usr/local/src/zookeeper/bin/../conf/zoo.cfg
Starting zookeeper ... STARTED
[hadoop@slave01 ~]$ zkServer.sh status
ZooKeeper JMX enabled by default
Using config: /usr/local/src/zookeeper/bin/../conf/zoo.cfg
Client port found: 2181. Client address: localhost. Client SSL: false.
Mode: leader
[hadoop@slave01 ~]$

[hadoop@slave02 ~]$ zkServer.sh start
ZooKeeper JMX enabled by default
Using config: /usr/local/src/zookeeper/bin/../conf/zoo.cfg
Starting zookeeper ... STARTED
[hadoop@slave02 ~]$ zkServer.sh status
ZooKeeper JMX enabled by default
Using config: /usr/local/src/zookeeper/bin/../conf/zoo.cfg
Client port found: 2181. Client address: localhost. Client SSL: false.
Mode: follower
[hadoop@slave02 ~]$
```

图 9-29　三台主机使用 zkServer.sh status 查询的正常工作状态

注意：

（1）这里 leader 和 follower 的所在节点不固定，是可变的。

（2）关闭 Zookeeper 的命令为 zkServer.sh stop，请读者自行尝试关闭 leader 节点后，检查其他节点的选举状态。

4. HA 集群部署——重新安装 Hadoop 平台

（1）在 Master/Slave01/Slave02 上以 root 身份删除 hadoop 完全分布式平台，重新解压缩，修改文件夹名称，删除命令如下，其他命令请读者自行翻阅前篇。

```
[root@master hadoop]#rm -rf /usr/local/src/hadoop/
[root@slave01 hadoop]#rm -rf /usr/local/src/hadoop/
[root@slave02 hadoop]#rm -rf /usr/local/src/hadoop/
```

（2）在 Master 主机上，以 root 身份修改/etc/profile 环境配置文件、jdk 及 hadoop 相关配置，修改成以下内容：

```
export JAVA_HOME=/usr/local/src/jdk
```

```
export JRE_HOME=$JAVA_HOME/jre
export CLASSPATH=$JAVA_HOME/lib:$JRE_HOME/lib:$CLASSPATH
export PATH=$JAVA_HOME/bin:$JRE_HOME/bin:$PATH

export HADOOP_HOME=/usr/local/src/hadoop
export PATH=$PATH:$HADOOP_HOME/bin:$HADOOP_HOME/sbin
export HADOOP_MAPRED_HOME=$HADOOP_HOME
export HADOOP_COMMON_HOME=$HADOOP_HOME
export HADOOP_HDFS_HOME=$HADOOP_HOME
export YARN_HOME=$HADOOP_HOME
export HADOOP_COMMON_LIB_NATIVE_DIR=$HADOOP_HOME/lib/native
export HADOOP_INSTALL=$HADOOP_HOME
export HADOOP_OPTS="-Djava.library.path=$HADOOP_HOME/lib:$HADOOP_HOME/lib/native"
```

修改后的内容如图 9-30 所示。

```
export JAVA_HOME=/usr/local/src/jdk
export JRE_HOME=$JAVA_HOME/jre
export CLASSPATH=$JAVA_HOME/lib:$JRE_HOME/lib:$CLASSPATH
export PATH=$JAVA_HOME/bin:$JRE_HOME/bin:$PATH

export HADOOP_HOME=/usr/local/src/hadoop
export PATH=$PATH:$HADOOP_HOME/bin:$HADOOP_HOME/sbin
export HADOOP_MAPRED_HOME=$HADOOP_HOME
export HADOOP_COMMON_HOME=$HADOOP_HOME
export HADOOP_HDFS_HOME=$HADOOP_HOME
export YARN_HOME=$HADOOP_HOME
export HADOOP_COMMON_LIB_NATIVE_DIR=$HADOOP_HOME/lib/native
export HADOOP_INSTALL=$HADOOP_HOME
export HADOOP_OPTS="-Djava.library.path=$HADOOP_HOME/lib:$HADOOP_HOME/lib/native"
```

图 9-30 HA 集群安装时的/etc/profile 文件配置

（3）在 Master 主机上，建立以下工作文件夹：

```
[hadoop@master ~]$ mkdir -p /usr/local/src/hadoop/dfs/name
[hadoop@master ~]$ mkdir -p /usr/local/src/hadoop/dfs/data
[hadoop@master ~]$ mkdir -p /usr/local/src/hadoop/tmp
```

（4）在 Master 主机上，进入 hadoop 配置目录（/usr/local/src/hadoop/etc/hadoop）修改 hadoop-env.sh 文件，增加以下字段，如图 9-31 所示：

```
export JAVA_HOME=/usr/local/src/jdk
export HADOOP_HOME=/usr/local/src/hadoop
```

```
###
# Generic settings for HADOOP
###

# Technically, the only required environment variable is JAVA_HOME.
# All others are optional.  However, the defaults are probably not
# preferred.  Many sites configure these options outside of Hadoop,
# such as in /etc/profile.d

# The java implementation to use. By default, this environment
# variable is REQUIRED on ALL platforms except OS X!
export JAVA_HOME=/usr/local/src/jdk

# Location of Hadoop.  By default, Hadoop will attempt to determine
# this location based upon its execution path.
export HADOOP_HOME=/usr/local/src/hadoop
```

图 9-31 hadoop-env.sh 文件修改后

（5）在 Master 主机上，进入 hadoop 配置目录（/usr/local/src/hadoop/etc/hadoop）修改 core-site.xml 文件，增加以下内容，如图 9-32 所示：

```
<configuration>
<!-- 把多个 NameNode 的地址组装成一个集群 mycluster -->
```

```
    <property>
        <name>fs.defaultFS</name>
        <value>hdfs://mycluster</value>
    </property>
<!-- 指定 hadoop 运行时产生文件的存储目录 -->
    <property>
        <name>hadoop.tmp.dir</name>
        <value>file:/usr/local/src/hadoop/tmp</value>
    </property>
<!--指定 zookeeper 地址-->
    <property>
        <name>ha.zookeeper.quorum</name>
        <value>master:2181,slave01:2181,slave02:2181</value>
    </property>
<!--hadoop 链接 zookeeper 的超时时长设置-->
    <property>
        <name>ha.zookeeper.sessiontimeout.ms</name>
        <value>30000</value>
        <description>ms</description>
    </property>
    <property>
        <name>fs.trash.interval</name>
        <value>1440</value>
    </property>
</configuration>
```

```
<configuration>
<!-- 把多个NameNode的地址组装成一个集群mycluster -->
    <property>
        <name>fs.defaultFS</name>
        <value>hdfs://mycluster</value>
    </property>
<!-- 指定hadoop运行时产生文件的存储目录 -->
    <property>
        <name>hadoop.tmp.dir</name>
        <value>file:/usr/local/src/hadoop/tmp</value>
    </property>
<!--指定zookeeper地址-->
    <property>
        <name>ha.zookeeper.quorum</name>
        <value>master:2181,slave01:2181,slave02:2181</value>
    </property>
<!--hadoop链接zookeeper的超时时长设置-->
    <property>
        <name>ha.zookeeper.sessiontimeout.ms</name>
        <value>30000</value>
        <description>ms</description>
    </property>
    <property>
        <name>fs.trash.interval</name>
        <value>1440</value>
    </property>
</configuration>
```

图 9-32　core-site.xml 文件修改后

（6）在 Master 主机上，进入 hadoop 配置目录（/usr/local/src/hadoop/etc/hadoop）修改 hdfs-site.xml 文件，增加以下内容，如图 9-33 所示：

```
<configuration>
<!-- NameNode 数据存储目录 -->
    <property>
        <name>dfs.namenode.name.dir</name>
        <value>/usr/local/src/hadoop/tmp/hdfs/nn</value>
    </property>
<!-- DataNode 数据存储目录 -->
    <property>
```

```
            <name>dfs.datanode.data.dir</name>
            <value>/usr/local/src/hadoop/tmp/hdfs/dn</value>
        </property>
    <!-- JournalNode 数据存储目录 -->
        <property>
            <name>dfs.journalnode.edits.dir</name>
            <value>/usr/local/src/hadoop/tmp/hdfs/jn</value>
        </property>
    <!-- 完全分布式集群名称 -->
        <property>
            <name>dfs.nameservices</name>
            <value>mycluster</value>
        </property>
    <!-- 集群中 NameNode 节点都有哪些 -->
        <property>
            <name>dfs.ha.namenodes.mycluster</name>
            <value>nn1,nn2,nn3</value>
      </property>
    <!-- NameNode 的 RPC 通信地址 -->
        <property>
            <name>dfs.namenode.rpc-address.mycluster.nn1</name>
            <value>master:8020</value>
        </property>
        <property>
            <name>dfs.namenode.rpc-address.mycluster.nn2</name>
            <value>slave01:8020</value>
        </property>
        <property>
            <name>dfs.namenode.rpc-address.mycluster.nn3</name>
            <value>slave02:8020</value>
        </property>
    <!-- NameNode 的 http 通信地址 -->
        <property>
            <name>dfs.namenode.http-address.mycluster.nn1</name>
            <value>master:9870</value>
        </property>
        <property>
            <name>dfs.namenode.http-address.mycluster.nn2</name>
            <value>slave01:9870</value>
        </property>
        <property>
            <name>dfs.namenode.http-address.mycluster.nn3</name>
            <value>slave02:9870</value>
        </property>
    <!-- 指定 NameNode 元数据在 JournalNode 上的存放位置 -->
        <property>
            <name>dfs.namenode.shared.edits.dir</name>
            <value>qjournal://master:8485;slave01:8485;slave02:8485/mycluster</value>
        </property>
    <!-- 访问代理类：client 用于确定哪个 NameNode 为 Active -->
        <property>
            <name>dfs.client.failover.proxy.provider.mycluster</name>
            <value>org.apache.hadoop.hdfs.server.namenode.ha.ConfiguredFailoverProxyProvider</value>
        </property>
```

```
<!-- 配置隔离机制，即同一时刻只能有一台服务器对外响应 -->
    <property>
        <name>dfs.ha.fencing.methods</name>
        <value>sshfence
            shell(/bin/true) </value>
    </property>
<!-- 使用隔离机制时需要 SSH 秘钥登录-->
    <property>
        <name>dfs.ha.fencing.ssh.private-key-files</name>
        <value>/root/.ssh/id_rsa</value>
    </property>
<!--开启 NameNode 失败自动切换-->
    <property>
            <name>dfs.ha.automatic-failover.enabled</name>
            <value>true</value>
    </property>
    <!--启用 webhdfs-->
    <property>
        <name>dfs.webhdfs.enabled</name>
        <value>true</value>
    </property>
<!--配置 sshfence 隔离机制超时时间-->
    <property>
        <name>dfs.ha.fencing.ssh.connect-timeout</name>
        <value>30000</value>
    </property>
    <property>
        <name>ha.failover-controller.cli-check.rpc-timeout.ms</name>
        <value>40000</value>
    </property>
</configuration>
```

```
<configuration>
<!-- NameNode数据存储目录 -->
    <property>
        <name>dfs.namenode.name.dir</name>
        <value>/usr/local/src/hadoop/tmp/hdfs/nn</value>
    </property>
<!-- DataNode数据存储目录 -->
    <property>
        <name>dfs.datanode.data.dir</name>
        <value>/usr/local/src/hadoop/tmp/hdfs/dn</value>
    </property>
<!-- JournalNode数据存储目录 -->
    <property>
        <name>dfs.journalnode.edits.dir</name>
        <value>/usr/local/src/hadoop/tmp/hdfs/jn</value>
    </property>
<!-- 完全分布式集群名称 -->
    <property>
        <name>dfs.nameservices</name>
        <value>mycluster</value>
    </property>
<!-- 集群中NameNode节点都有哪些 -->
    <property>
        <name>dfs.ha.namenodes.mycluster</name>
        <value>nn1,nn2,nn3</value>
  </property>
<!-- NameNode的RPC通信地址 -->
    <property>
        <name>dfs.namenode.rpc-address.mycluster.nn1</name>
        <value>master:8020</value>
    </property>
    <property>
        <name>dfs.namenode.rpc-address.mycluster.nn2</name>
        <value>slave01:8020</value>
    </property>
    <property>
        <name>dfs.namenode.rpc-address.mycluster.nn3</name>
        <value>slave02:8020</value>
    </property>
<!-- NameNode的http通信地址 -->
    <property>
        <name>dfs.namenode.http-address.mycluster.nn1</name>
        <value>master:9870</value>
    </property>
    <property>
        <name>dfs.namenode.http-address.mycluster.nn2</name>
        <value>slave01:9870</value>
    </property>
    <property>
        <name>dfs.namenode.http-address.mycluster.nn3</name>
        <value>slave02:9870</value>
    </property>
<!-- 指定NameNode元数据在JournalNode上的存放位置 -->
    <property>
        <name>dfs.namenode.shared.edits.dir</name>
        <value>qjournal://master:8485;slave01:8485;slave02:8485/mycluster</valu
    </property>
<!-- 访问代理类：client用于确定哪个NameNode为Active -->
    <property>
        <name>dfs.client.failover.proxy.provider.mycluster</name>
        <value>org.apache.hadoop.hdfs.server.namenode.ha.ConfiguredFailoverProx
    </property>
<!-- 配置隔离机制，即同一时刻只能有一台服务器对外响应 -->
    <property>
        <name>dfs.ha.fencing.methods</name>
        <value>sshfence
            shell(/bin/true) </value>
    </property>
<!-- 使用隔离机制时需要ssh秘钥登录-->
    <property>
        <name>dfs.ha.fencing.ssh.private-key-files</name>
        <value>/root/.ssh/id_rsa</value>
    </property>
<!--开启NameNode失败自动切换-->
    <property>
            <name>dfs.ha.automatic-failover.enabled</name>
            <value>true</value>
    </property>
    <!--启用webhdfs-->
    <property>
        <name>dfs.webhdfs.enabled</name>
        <value>true</value>
    </property>
<!--配置sshfence隔离机制超时时间-->
    <property>
        <name>dfs.ha.fencing.ssh.connect-timeout</name>
        <value>30000</value>
    </property>
    <property>
        <name>ha.failover-controller.cli-check.rpc-timeout.ms</name>
        <value>40000</value>
    </property>
</configuration>
```

图 9-33　hdfs-site.xml 文件修改后

（7）在 Master 主机上，进入 hadoop 配置目录（/usr/local/src/hadoop/etc/hadoop）修改 mapred-site.xml 文件，增加以下内容，如图 9-34 所示：

```
<configuration>
<!--指定 mr 框架为 YARN 方式-->
    <property>
        <name>mapreduce.framework.name</name>
        <value>yarn</value>
    </property>
<!--指定 mapreducejobhistory 地址-->
    <property>
        <name>mapreduce.jobhistory.address</name>
        <value>master:10020</value>
    </property>
<!--任务历史服务器的 Web 地址-->
    <property>
        <name>mapreduce.jobhistory.webapp.address</name>
        <value>master:19888</value>
    </property>
</configuration>
```

```
<configuration>
<!--指定mr框架为YARN 方式-->
    <property>
        <name>mapreduce.framework.name</name>
        <value>yarn</value>
    </property>
<!--指定mapreducejobhistory地址-->
    <property>
        <name>mapreduce.jobhistory.address</name>
        <value>master:10020</value>
    </property>
<!--任务历史服务器的 Web 地址-->
    <property>
        <name>mapreduce.jobhistory.webapp.address</name>
        <value>master:19888</value>
    </property>
</configuration>
```

图 9-34　mapred-site.xml 文件修改后

（8）在 Master 主机上，进入 hadoop 配置目录（/usr/local/src/hadoop/etc/hadoop）修改 yarn-site.xml 文件，增加以下内容，如图 9-35 所示：

```
<configuration>
    <property>
        <name>yarn.nodemanager.aux-services</name>
        <value>mapreduce_shuffle</value>
    </property>
<!-- 启用 resourcemanager ha -->
    <property>
        <name>yarn.resourcemanager.ha.enabled</name>
        <value>true</value>
    </property>
<!-- 声明两台 resourcemanager 的地址 -->
    <property>
        <name>yarn.resourcemanager.cluster-id</name>
```

```
            <value>yrc</value>
        </property>
    <!--指定 ResourceManager 的逻辑列表-->
        <property>
            <name>yarn.resourcemanager.ha.rm-ids</name>
            <value>rm1,rm2</value>
        </property>
    <!-- ========== rm1 的配置 ========== -->
        <!-- 指定 rm1 的主机名 -->
        <property>
            <name>yarn.resourcemanager.hostname.rm1</name>
            <value>master</value>
        </property>
        <!-- 指定 rm1 的 Web 端地址 -->
        <property>
            <name>yarn.resourcemanager.webapp.address.rm1</name>
            <value>master:8088</value>
        </property>
        <!-- 指定 rm1 的内部通信地址 -->
        <property>
            <name>yarn.resourcemanager.address.rm1</name>
            <value>master:8032</value>
        </property>
        <!-- 指定 AM 向 rm1 申请资源的地址 -->
        <property>
            <name>yarn.resourcemanager.scheduler.address.rm1</name>
            <value>master:8030</value>
        </property>
        <!-- 指定供 NM 连接的地址 -->
        <property>
            <name>yarn.resourcemanager.resource-tracker.address.rm1</name>
            <value>master:8031</value>
        </property>
        <!-- ========== rm2 的配置 ========== -->
        <!-- 指定 rm2 的主机名 -->
        <property>
            <name>yarn.resourcemanager.hostname.rm2</name>
            <value>slave01</value>
        </property>
        <property>
            <name>yarn.resourcemanager.webapp.address.rm2</name>
            <value>slave01:8088</value>
        </property>
        <property>
            <name>yarn.resourcemanager.address.rm2</name>
            <value>slave01:8032</value>
```

```
        </property>
        <property>
            <name>yarn.resourcemanager.scheduler.address.rm2</name>
            <value>slave01:8030</value>
        </property>
        <property>
            <name>yarn.resourcemanager.resource-tracker.address.rm2</name>
            <value>slave01:8031</value>
        </property>
    <!-- 指定 Zookeeper 集群的地址 -->
        <property>
            <name>yarn.resourcemanager.zk-address</name>
            <value>master:2181,slave01:2181,slave02:2181</value>
        </property>
    <!-- 启用自动恢复 -->
        <property>
            <name>yarn.resourcemanager.recovery.enabled</name>
            <value>true</value>
        </property>
    <!-- 指定 ResourceManager 的状态信息存储在 zookeeper 集群 -->
        <property>
            <name>yarn.resourcemanager.store.class</name>
            <value>org.apache.hadoop.yarn.server.resourcemanager.recovery.ZKRMStateStore</value>
        </property>
    <!-- 环境变量的继承 -->
        <property>
            <name>yarn.nodemanager.env-whitelist</name>
            <value>JAVA_HOME,HADOOP_COMMON_HOME,HADOOP_HDFS_HOME,HADOOP_
            CONF_DIR,CLASSPATH_PREPEND_DISTCACHE,HADOOP_YARN_HOME,HADOOP_
            MAPRED_HOME</value>
        </property>
    <!--是否启动一个线程检查每个任务正使用的物理内存量，如果任务超出分配值，则直接将其杀掉，默
认是 true -->
        <property>
            <name>yarn.nodemanager.pmem-check-enabled</name>
            <value>false</value>
        </property>
    <!--是否启动一个线程检查每个任务正使用的虚拟内存量，如果任务超出分配值，则直接将其杀掉，默
认是 true -->
        <property>
            <name>yarn.nodemanager.vmem-check-enabled</name>
            <value>false</value>
        </property>
    </configuration>
```

```
<!-- Site specific YARN configuration properties -->
<configuration>
    <property>
        <name>yarn.nodemanager.aux-services</name>
        <value>mapreduce_shuffle</value>
    </property>
<!-- 启用resourcemanager ha -->
    <property>
        <name>yarn.resourcemanager.ha.enabled</name>
        <value>true</value>
    </property>
<!-- 声明两台resourcemanager的地址 -->
    <property>
        <name>yarn.resourcemanager.cluster-id</name>
        <value>yrc</value>
    </property>
<!--指定resourcemanager的逻辑列表-->
    <property>
        <name>yarn.resourcemanager.ha.rm-ids</name>
        <value>rm1,rm2</value>
    </property>
<!-- ========== rm1的配置 =========== -->
  <!-- 指定rm1的主机名 -->
    <property>
        <name>yarn.resourcemanager.hostname.rm1</name>

    <value>master</value>
    </property>
  <!-- 指定rm1的web端地址 -->
    <property>
        <name>yarn.resourcemanager.webapp.address.rm1</name>
        <value>master:8088</value>
    </property>
  <!-- 指定rm1的内部通信地址 -->
    <property>
        <name>yarn.resourcemanager.address.rm1</name>
        <value>master:8032</value>
    </property>
  <!-- 指定AM向rm1申请资源的地址 -->
    <property>
        <name>yarn.resourcemanager.scheduler.address.rm1</name>
        <value>master:8030</value>
    </property>
  <!-- 指定供NM连接的地址 -->
    <property>
        <name>yarn.resourcemanager.resource-tracker.address.rm1</name>
        <value>master:8031</value>
    </property>
    <!-- ========== rm2的配置 =========== -->
  <!-- 指定rm2的主机名 -->
    <property>
        <name>yarn.resourcemanager.hostname.rm2</name>
        <value>slave01</value>
    </property>
    <property>
        <name>yarn.resourcemanager.webapp.address.rm2</name>
        <value>slave01:8088</value>
    </property>
    <property>
        <name>yarn.resourcemanager.address.rm2</name>
        <value>slave01:8032</value>
 </property>
    <property>
        <name>yarn.resourcemanager.scheduler.address.rm2</name>
        <value>slave01:8030</value>
    </property>
    <property>
        <name>yarn.resourcemanager.resource-tracker.address.rm2</name>
        <value>slave01:8031</value>
    </property>
<!-- 指定zookeeper集群的地址 -->
    <property>
        <name>yarn.resourcemanager.zk-address</name>
        <value>master:2181,slave01:2181,slave02:2181</value>
    </property>
<!-- 启用自动恢复 -->
    <property>
        <name>yarn.resourcemanager.recovery.enabled</name>
        <value>true</value>
    </property>
<!-- 指定resourcemanager的状态信息存储在zookeeper集群 -->
    <property>
        <name>yarn.resourcemanager.store.class</name>
        <value>org.apache.hadoop.yarn.server.resourcemanager.recovery.ZKRMStateStore</value>
    </property>
  <!-- 环境变量的继承 -->
    <property>
        <name>yarn.nodemanager.env-whitelist</name>
        <value>JAVA_HOME,HADOOP_COMMON_HOME,HADOOP_HDFS_HOME,HADOOP_CONF_DIR,CLASSPATH_PREPEND_DISTCACHE,HADOOP_YARN_HOME,HADOOP_MAPRED_HOME</value>
    </property>
  <!--是否启动一个线程检查每个任务正使用的物理内存量，如果任务超出分配值，则直接将其杀掉，默认是true -->
  <property>
        <name>yarn.nodemanager.pmem-check-enabled</name>
        <value>false</value>
    </property>
  <!--是否启动一个线程检查每个任务正使用的虚拟内存量，如果任务超出分配值，则直接将其杀掉，默认是true -->
    <property>
        <name>yarn.nodemanager.vmem-check-enabled</name>
        <value>false</value>
    </property>
  </configuration>
```

图 9-35　yarn-site.xml 文件修改后

（9）在 Master 主机上，进入 hadoop 配置目录（/usr/local/src/hadoop/etc/hadoop）配置 workers 文件，增加以下内容：

```
master
slave01
slave02
```

（10）向 Slave01/Slave02 主机分发 hadoop 目录和环境配置文件。

```
[root@master hadoop]# scp -r /usr/local/src/hadoop/ root@slave01:/usr/local/src/
[root@master hadoop]#scp -r /usr/local/src/hadoop/ root@slave02:/usr/local/src/
[root@master hadoop]#scp -r /etc/profile root@slave01:/etc/profile
[root@master hadoop]#scp -r /etc/profile root@slave02:/etc/profile
```

（11）以 root 身份在 Master/Slave01/Slave02 主机修改 Hadoop 目录的权限。

```
chown -R hadoop:hadoop /usr/local/src/hadoop/
```

（12）在 Master/Slave01/Slave02 主机，切换回 hadoop 用户，装载环境运行以下命令：

```
source /etc/profile
```

5. HA 集群的初次运行

（1）确保在三台主机上 Zookeeper 已经在内存运行了，使用 jps、zkServer.sh status 命令查询，结果如图 9-36 所示。

```
[hadoop@master hadoop]$ jps
20850 Jps
9718 QuorumPeerMain
[hadoop@master hadoop]$ zkServer.sh status
ZooKeeper JMX enabled by default
Using config: /usr/local/src/zookeeper/bin/../conf/zoo.cfg
Client port found: 2181. Client address: localhost. Client SSL: false.
Mode: follower
[hadoop@master hadoop]$ █
```

图 9-36　Zookeeper 启动后查询工作状态

其中 QuorumPeerMain 即为 Zookeeper 运行名称。

（2）在 Master 主机上执行下述命令，结果如图 9-37 所示。

```
hdfs --workers --daemon start journalnode（Hadoop3.0 版本命令）
或 hadoop-daemons.sh start journalnode（Hadoop 2.0 版本命令）
```

（3）在 Master/Slave01/Slave02 主机上执行 jps 命令，结果如图 9-37 所示。

```
[hadoop@master hadoop]$ hdfs --workers --daemon start journalnode
master: Warning: Permanently added the ECDSA host key for IP address '192.168.22.10' to the list of known hosts.
slave02: WARNING: /usr/local/src/hadoop/logs does not exist. Creating.
slave01: WARNING: /usr/local/src/hadoop/logs does not exist. Creating.
master: WARNING: /usr/local/src/hadoop/logs does not exist. Creating.
[hadoop@master hadoop]$ jps
21450 JournalNode
21517 Jps
17695 QuorumPeerMain
[hadoop@master hadoop]$
```

图 9-37 Zookeeper 启动后查询工作节点中的内存进程

（4）在 Master 主机上执行 NameNode（NN）初始化命令，结果如图 9-38 所示。

```
[hadoop@master ~]$hdfs namenode -format
```

```
2022-04-17 14:57:31,128 INFO namenode.FSImage: Allocated new BlockPoolId: BP-982750775-192.168.22.10-1650178651128
2022-04-17 14:57:31,139 INFO common.Storage: Storage directory /usr/local/src/hadoop/tmp/hdfs/nn has been successfully formatted.
2022-04-17 14:57:31,538 INFO namenode.FSImageFormatProtobuf: Saving image file /usr/local/src/hadoop/tmp/hdfs/nn/current/fsimage.ckpt_0000000000000000000 using no compression
2022-04-17 14:57:31,604 INFO namenode.FSImageFormatProtobuf: Image file /usr/local/src/hadoop/tmp/hdfs/nn/current/fsimage.ckpt_0000000000000000000 of size 401 bytes saved in 0 seconds .
2022-04-17 14:57:31,610 INFO namenode.NNStorageRetentionManager: Going to retain 1 images with txid >= 0
2022-04-17 14:57:31,648 INFO namenode.FSNamesystem: Stopping services started for active state
2022-04-17 14:57:31,649 INFO namenode.FSNamesystem: Stopping services started for standby state
2022-04-17 14:57:31,651 INFO namenode.FSImage: FSImageSaver clean checkpoint: txid=0 when meet shutdown.
2022-04-17 14:57:31,651 INFO namenode.NameNode: SHUTDOWN_MSG:
/************************************************************
SHUTDOWN_MSG: Shutting down NameNode at master/192.168.22.10
************************************************************/
[hadoop@master hadoop]$
```

图 9-38 HA 集群格式化 HDFS 文件系统

（5）在 Master 主机上执行注册 Znode 命令，结果如图 9-39 所示。

```
[hadoop@master ~]$hdfs zkfc -formatZK
```

```
2022-04-17 14:58:06,873 INFO zookeeper.ZooKeeper: Client environment:java.library.path=/usr/local/src/hadoop/lib/native
2022-04-17 14:58:06,873 INFO zookeeper.ZooKeeper: Client environment:java.io.tmpdir=/tmp
2022-04-17 14:58:06,873 INFO zookeeper.ZooKeeper: Client environment:java.compiler=<NA>
2022-04-17 14:58:06,876 INFO zookeeper.ZooKeeper: Client environment:os.name=Linux
2022-04-17 14:58:06,876 INFO zookeeper.ZooKeeper: Client environment:os.arch=amd64
2022-04-17 14:58:06,876 INFO zookeeper.ZooKeeper: Client environment:os.version=3.10.0-1160.62.1.el7.x86_64
2022-04-17 14:58:06,876 INFO zookeeper.ZooKeeper: Client environment:user.name=hadoop
2022-04-17 14:58:06,876 INFO zookeeper.ZooKeeper: Client environment:user.home=/home/hadoop
2022-04-17 14:58:06,876 INFO zookeeper.ZooKeeper: Client environment:user.dir=/usr/local/src/hadoop/etc/hadoop
2022-04-17 14:58:06,876 INFO zookeeper.ZooKeeper: Initiating client connection, connectString=master:2181,slave01:2181,slave02:2181 sessionTimeout=10000 watcher=org.apache.hadoop.ha.ActiveStandbyElector$Wat
cherWithClientRef@408d971b
2022-04-17 14:58:06,886 INFO zookeeper.ClientCnxn: Opening socket connection to server master/192.168.22.10:2181. Will not attempt to authenticate using SASL (unknown error)
2022-04-17 14:58:06,889 INFO zookeeper.ClientCnxn: Socket connection established to master/192.168.22.10:2181, initiating session
2022-04-17 14:58:06,905 INFO zookeeper.ClientCnxn: Session establishment complete on server master/192.168.22.10:2181, sessionid = 0x1000020f7640000, negotiated timeout = 10000
2022-04-17 14:58:06,927 INFO ha.ActiveStandbyElector: Successfully created /hadoop-ha/mycluster in ZK.
2022-04-17 14:58:06,932 INFO zookeeper.ZooKeeper: Session: 0x1000020f[illegible] closed
2022-04-17 14:58:06,933 WARN ha.ActiveStandbyElector: Ignoring stale result from old client with sessionId 0x1000020f7640000
2022-04-17 14:58:06,933 INFO zookeeper.ClientCnxn: EventThread shut down for session: 0x1000020f7640000
2022-04-17 14:58:06,935 INFO tools.DFSZKFailoverController: SHUTDOWN_MSG:
/************************************************************
SHUTDOWN_MSG: Shutting down DFSZKFailoverController at master/192.168.22.10
************************************************************/
[hadoop@master hadoop]$
```

图 9-39 HA 集群格式化 ZKFC 服务

（6）在 Master 主机上启动 NN 服务，执行命令 hdfs --daemon start namenode，结果如图 9-40 所示。

```
[hadoop@master hadoop]$ hdfs --daemon start namenode
[hadoop@master hadoop]$ jps
22534 NameNode
21450 JournalNode
22618 Jps
17695 QuorumPeerMain
[hadoop@master hadoop]$
```

图 9-40 HA 集群启动 NN 服务

（7）在 Slave01/Slave02 主机上复制 Master 主机中的 NameNode 相关数据，执行 hdfs namenode -bootstrapStandby 命令，结果如图 9-41 所示。

（8）在 Master 主机上启动所有 DataNode：hdfs --workers --daemon start datanode。

（9）在 Master/Slave01/Slave02 主机上执行 jps 命令，结果如图 9-42 和图 9-43 所示。

```
=====================================================
About to bootstrap Standby ID nn2 from:
           Nameservice ID: mycluster
        Other Namenode ID: nn1
  Other NN's HTTP address: http://master:9870
  Other NN's IPC  address: master/192.168.22.4:8020
             Namespace ID: 1037460703
            Block pool ID: BP-1156029366-192.168.22.4-1658557035583
               Cluster ID: CID-aeefae4a-9eb9-4764-860e-38f2a6b626e1
           Layout version: -65
       isUpgradeFinalized: true
=====================================================
```

图 9-41　HA 集群中复制已启动 NN 服务中的数据

```
[hadoop@master hadoop]$ hdfs --workers --daemon start datanode
[hadoop@master hadoop]$ jps
22534 NameNode
23736 Jps
21450 JournalNode
23675 DataNode
17695 QuorumPeerMain
[hadoop@master hadoop]$
```

图 9-42　HA 集群中启动工作节点后在 Master 主机内存中查询进程

```
[hadoop@slave01 src]$ jps
12800 DataNode
10148 QuorumPeerMain
10580 JournalNode
12876 Jps
[hadoop@slave01 src]$
```

图 9-43　HA 集群中启动工作节点后在工作节点内存中查询进程

（10）打开浏览器，测试 Master 主机 Web 管理界面（http://192.168.22.4:9870），结果如图 9-44 所示。

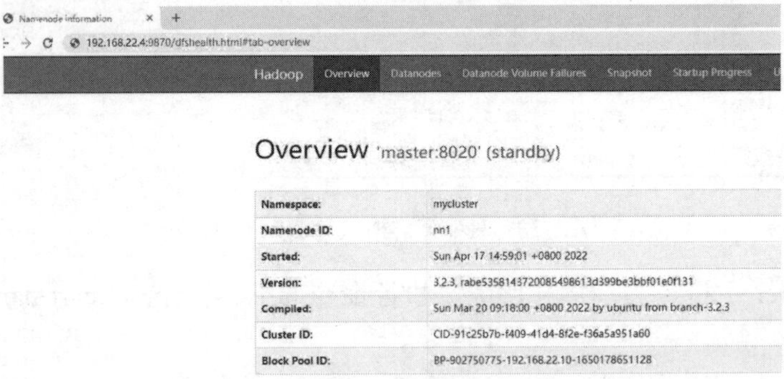

图 9-44　HA 集群中启动 HDFS 后打开 Master 主机 HDFS Web UI 界面

（11）在 Slave01/Slave02 主机上启动所有 NN，执行命令 hdfs --daemon start namenode。

（12）在 Master/Slave01/Slave02 主机上执行 jps 命令，结果如图 9-45 所示。

```
[hadoop@slave01 src]$ jps
12800 DataNode
10148 QuorumPeerMain
10580 JournalNode
42148 Jps
42054 NameNode
[hadoop@slave01 src]$
```

```
[hadoop@slave02 conf]$ hdfs --daemon start namenode
WARNING: HADOOP_PREFIX has been replaced by HADOOP_HOME. Using value of HADOOP_PREFIX
[hadoop@slave02 conf]$ jps
11344 JournalNode
19652 NameNode
10933 QuorumPeerMain
19750 Jps
11608 DataNode
[hadoop@slave02 conf]$
```

图 9-45　HA 集群中启动 HDFS 后在工作节点启动备用 NN 服务

（13）打开浏览器，测试 Web 管理界面（http://192.168.22.5:9870 和 http://192.168.22.6:9870），结果如图 9-46 所示。

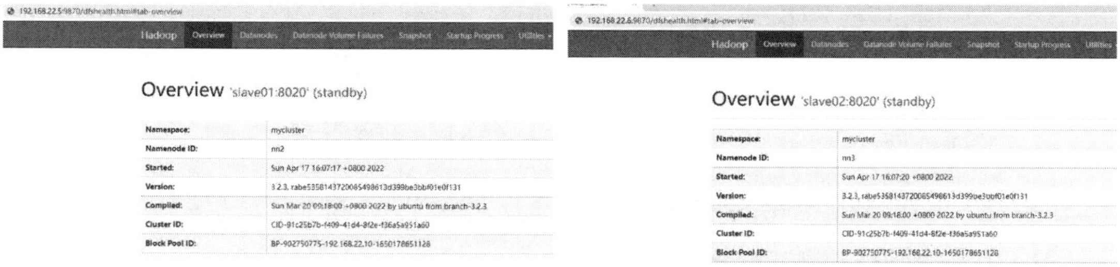

图 9-46　HA 集群中启动 HDFS 后打开工作节点 HDFS Web UI 界面

（14）因当前是第一次启动，故所有节点都是处于“待命”（Standby）状态，可以在任意主机上执行下述命令，将该节点切换为工作（Active）节点：

```
hdfs haadmin -transitionToActive --forcemanual nn1
```

说明：这里的 nn1 是指 Master 节点，其他两个节点如图 9-46 所示，应为 nn2 和 nn3，请读者在使用命令时注意区分。

（15）打开浏览器，再次测试 Master 主机 Web 管理界面（http://192.168.22.4:9870），结果如图 9-47 所示，当前主机已切换成工作节点。再次访问其他两个节点，工作状态不变。

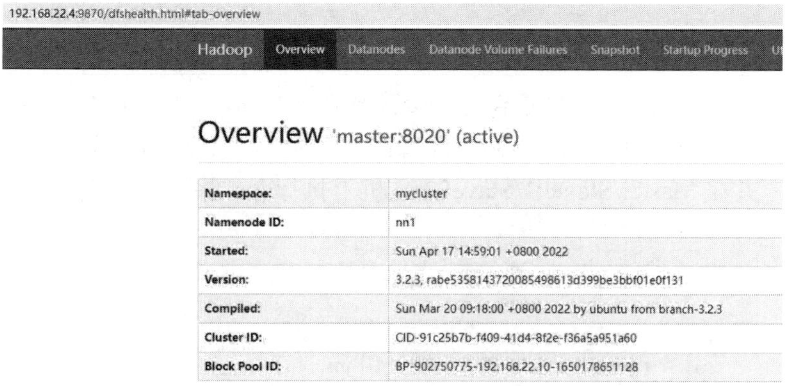

图 9-47　更改 Master 节点 NN 服务状态后 HDFS Web UI 界面

（16）在 Master 主机上启动 YARN 服务，执行命令 start-yarn.sh，并使用 jps 查询结果，如图 9-48 所示。

```
[hadoop@master hadoop]$ start-yarn.sh
Starting resourcemanagers on [ master slave01]
Starting nodemanagers
[hadoop@master hadoop]$ jps
22534 NameNode
27319 Jps
21450 JournalNode
23675 DataNode
26972 NodeManager
17695 QuorumPeerMain
26815 ResourceManager
[hadoop@master hadoop]$ █
```

图 9-48　启动 YARN 服务后的内存进程查询

（17）在 Slave01 主机上执行 jps 命令，结果如图 9-49 所示。

（18）在 Slave02 主机上执行 jps 命令，结果如图 9-50 所示。

```
[hadoop@slave01 src]$ jps
12800 DataNode
42547 NodeManager
10148 QuorumPeerMain
10580 JournalNode
42054 NameNode
42678 Jps
42461 ResourceManager
[hadoop@slave01 src]$
```

图 9-49　在 Slave01 节点进行进程查询

```
[hadoop@slave02 conf]$ jps
11344 JournalNode
19652 NameNode
10933 QuorumPeerMain
11608 DataNode
21912 Jps
21801 NodeManager
```

图 9-50　在 Slave02 节点进行进程查询

（19）打开浏览器，测试 Web 管理界面（http://192.168.22.4:8088 和 http://192. 168. 22.5: 8088），结果如图 9-51 所示。

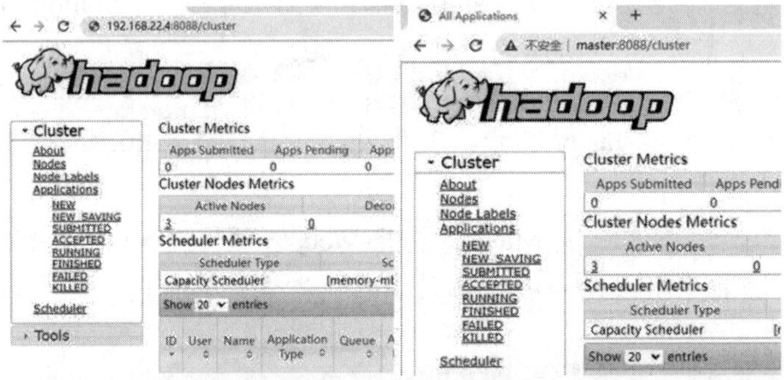

图 9-51　打开 Master/Slave01 节点的 YARN Web UI 界面

说明：右图为 Slave01 主机打开后的界面，会自动跳转回 Master:8088 的管理页面。

（20）至此，Hadoop HA 集群的初次部署已成功完成，在 Master 主机使用命令 stop-all.sh 关闭所有服务，并在 Master/Slave01/Slave02 主机上执行 jps 命令，结果如图 9-52 所示。

```
[hadoop@master hadoop]$ jps
3539 Jps
3468 QuorumPeerMain
[hadoop@master hadoop]$
```

```
[hadoop@slave01 root]$ jps
1574 QuorumPeerMain
1628 Jps
[hadoop@slave01 root]$
```

```
[hadoop@slave02 root]$ jps
1612 Jps
1565 QuorumPeerMain
[hadoop@slave02 root]$
```

图 9-52　在三个节点中使用 jps 进行内存进程查询

（21）在 Master 主机上使用一键启动命令，启动 Hadoop 服务框架，并执行 jps 命令查询，结果如图 9-53 所示。

```
[hadoop@master hadoop]$ start-all.sh
WARNING: Attempting to start all Apache Hadoop daemons as hadoop in 10 seconds.
WARNING: This is not a recommended production deployment configuration.
WARNING: Use CTRL-C to abort.
Starting namenodes on [master slave01 slave02]
Starting datanodes
Starting journal nodes [slave01 master slave02]
Starting ZK Failover Controllers on NN hosts [master slave01 slave02]
Starting resourcemanagers on [ master slave01]
Starting nodemanagers
[hadoop@master hadoop]$ jps
30321 DFSZKFailoverController
29811 DataNode
29670 NameNode
30070 JournalNode
30680 ResourceManager
30840 NodeManager
17695 QuorumPeerMain
31039 Jps
[hadoop@master hadoop]$
```

图 9-53　使用一键启动命令，并进行内存进程查询

（22）在 Slave01/Slave02 主机上执行 jps 命令，结果如图 9-54 所示。

```
[hadoop@slave01 src]$ jps
43873 ResourceManager
44290 Jps
10148 QuorumPeerMain
43444 NameNode
43527 DataNode
43768 DFSZKFailoverController
43629 JournalNode
43967 NodeManager
[hadoop@slave01 src]$ 
```

```
[hadoop@slave02 conf]$ jps
10933 QuorumPeerMain
24277 NameNode
24599 DFSZKFailoverController
24360 DataNode
24824 Jps
24682 NodeManager
24462 JournalNode
[hadoop@slave02 conf]$ 
```

图 9-54　在工作节点进行内存进程查询

（23）再次使用浏览器测试 3 个节点的 9870 端口，如果 3 个网页都能正常打开，则说明整体安装成功。需要注意的是，在三机状态下，有很大可能是 Slave01 主机处于工作（Active）状态下，而其他主机处于待命（Standby）状态。

【任务小结】

本任务内容主要讲解了部署 Hadoop 平台的两种方式，请将自己在对本任务内容实操中所遇到的各类问题记录在下面。

【考核评价】

评价内容	评分项	考核点	自评得分	教师考评得分
学习态度	课堂表现、学习活动态度（40 分）	积极主动（10 分）、沟通合作（10 分）、课堂讨论（10 分）、课后作业（10 分）		
知识技能目标	Hadoop 完全分布式集群搭建（30 分）	配置文件和环境变量（10 分）、分发文件（10 分）、成功启动并进行内存查询（10 分）		
	Hadoop 完全高性能集群搭建（30 分）	安装 Zookeeper（5 分）、配置文件和环境变量（5 分）、分发文件（5 分）、成功启动并进行内存查询（15 分）		
总得分				

任务 2　Hadoop 平台下离线大数据分析平台的搭建方式

【任务描述】

现在大数据进行离线计算，平台上主要使用 Hive 数据仓库和 Spark 计算框架。所谓离线大数据可以理解为从其他系统或数据库中分一次或多次获得数据，并将这些数据整合后得到的大规模数据集。跟实时大数据不同，离线大数据不强调时效性，而注重分析的结果。故此，离线大数据处理时往往需要几天或几个小时。在本任务中，我们将实际描述如何搭建 Hive 数据仓储系统和部署 Spark 计算框架。

需要注意的是，Hive 和 Spark 部署在 Hadoop 完全分布式平台或 HA 高性能集群平台上的过程区别不是很大，读者可以自行选择搭建方式。只有在 Hive 数据仓库初始化操作的时候，两种部署模式会有很大的不同。

【任务目标】

掌握 Hadoop 平台下的离线大数据分析平台（Hive+Spark）的搭建。

【知识链接】

1. Hive 框架

Hive 是基于 Hadoop 的一个数据仓库工具，用来进行数据提取、转化和加载，这是一种可以存储、查询和分析存储在 Hadoop 中的大规模数据的机制。Hive 数据仓库工具能将结构化的数据文件映射为一张数据库表，并提供 SQL 查询功能，能将 SQL 语句转变成 MapReduce 任务来执行。Hive 的优点是学习成本低，可以通过类似 SQL 语句实现快速 MapReduce 统计，使 MapReduce 变得更加简单，而不必开发专门的 MapReduce 应用程序。Hive 十分适合对数据仓库进行统计分析。

注意，Hive 本身并不是数据库，Hive 实际上是通过管理 HDFS 上文件/文件夹的方式来实现类似于 MySQL 数据库的管理的。Hive 本身自带了一个 Derby 数据库（元数据存储），来实现使用 HSQL 语句对于这些文件的查询。也正是由于 Hive 的数据存储在 HDFS 中，大部分的查询最终是由 MapReduce 完成（但不包含 * 的查询，比如 select * from tbl 不会生成 MapReduce 任务）。但是 Derby 数据库对于初学者来说操作过于陌生，故本任务中将使用 MySQL 数据库替代元数据存储库。

2. Spark 框架

Spark（也称 Apache Spark）是一个围绕速度、易用性和复杂分析构建的大数据处理框架，它提供了一个全面、统一的框架用于管理各种有着不同性质（文本、图表）的数据集和数据源（批量或实时流数据）的大数据处理需求。Spark 可以将 Hadoop 集群中应用在内存中的运行速度提升 100 倍，甚至能够将应用在磁盘上的运行速度提升 10 倍。

Spark 的部署模式多种多样、灵活多变，部署在单机上时既可以用本地模式运行，也可以用伪分布模式运行。而当以分布式集群的方式部署时，也有众多的运行模式可供选择，这取决于集群的实际情况，具体如表 9-7 所示。

表 9-7　Spark 部署模式类型解析

模式名称	应用环境
Local（本地模式）	常用于应用程序的开发测试，本地还分为 local 单线程和 local-cluster 多线程
Stand-Alone（集群模式，独立）	Mater/Slave 模式，存在单点故障，科研学习使用；本项目通过 ZooKeeper 集群来实现 HA 集群
On-Yarn（集群模式）	运行在 YARN 资源管理器框架之上，由 YARN 负责资源调度管理，Spark 负责任务调度和计算，企业环境下使用较为合适
On-Mesos（集群模式）	运行在 Mesos 资源管理器框架之上，由 Mesos 负责资源管理，Spark 负责任务调度和计算，企业环境下使用较为合适
On-Cloud（集群模式）	云计算模式部署，比如 AWS 的 EC2，使用这个模式能很方便的访问 Amazon 的 S3；Spark3.0 支持多种分布式存储系统，如 HDFS 和 S3

说明：在 Spark2.7 ~ 3.0+版本中，除了上述常见的几种模式外，还提供基于 Docker 的弹性部署模式。本书限于篇幅限制，只对 Stand-Alone 和 On-YARN 两种较为常见的模式进行讲解。请读者自行查阅网络中关于其他模式的相关文档。

【任务实施】

离线大数据分析平台部署实操演示

1. 安装 MySQL 数据库

因本任务中要使用 MySQL 数据库替代 Hive 的元数据存储(MetaStore)，故需要提前安装该数据库。使用 root 身份在 Master 节点执行下述过程。

（1）删除 Master 主节点上 Centos7 自带的 mariadb 数据库，结果如图 9-55 所示。

```
[root@master hadoop]# rpm -qa | grep mariadb
[root@master hadoop]# rpm -e --nodeps mariadb-libs
```

```
[hadoop@master hadoop]$ su
密码:
[root@master hadoop]# rpm -qa | grep mariadb
mariadb-libs-5.5.68-1.el7.x86_64
[root@master hadoop]# rpm -e --nodeps mariadb-libs
[root@master hadoop]# rpm -qa | grep mariadb
[root@master hadoop]#
```

图 9-55　在 Master 主节点卸载 mariadb 数据库

（2）进入 root 用户目录，使用北外镜像站，下载 MySQL-5.7.35 版本，结果如图 9-56 所示。

```
[root@master hadoop]# cd ~
[root@master ~]# wget https://mirrors.bfsu.edu.cn/mysql/downloads/MySQL-5.7/mysql-5.7.35-1.el7.x86_64.rpm-bundle.tar
```

```
[root@master hadoop]# cd ~
[root@master ~]# wget https://mirrors.bfsu.edu.cn/mysql/downloads/MySQL-5.7/mysql-5.7.35-1.el7.x86_64.rpm-bundle.tar
--2022-04-17 17:21:46--  https://mirrors.bfsu.edu.cn/mysql/downloads/MySQL-5.7/mysql-5.7.35-1.el7.x86_64.rpm-bundle.tar
正在解析主机 mirrors.bfsu.edu.cn (mirrors.bfsu.edu.cn)... 39.155.141.16, 2001:da8:20f:1003::fe55:2840
正在连接 mirrors.bfsu.edu.cn (mirrors.bfsu.edu.cn)|39.155.141.16|:443... 已连接。
已发出 HTTP 请求，正在等待回应... 200 OK
长度：545617920 (520M) [application/octet-stream]
正在保存至: “mysql-5.7.35-1.el7.x86_64.rpm-bundle.tar”

100%[==========================================================================================]

2022-04-17 17:22:00 (38.4 MB/s) - 已保存 “mysql-5.7.35-1.el7.x86_64.rpm-bundle.tar” [545617920/545617920])

[root@master ~]#
```

图 9-56　下载 MySQL-5.7.35 数据库压缩包

（3）使用下述命令将该文件解压至 mysql 文件夹：

```
[root@master ~]# mkdir mysql
[root@master ~]# tar -xf mysql-5.7.35-1.el7.x86_64.rpm-bundle.tar -C mysql
```

（4）进入 mysql 文件夹后，使用 ls 查询，如图 9-57 所示，应有 10 个文件。

```
[root@master mysql]# ls
mysql-community-client-5.7.35-1.el7.x86_64.rpm  mysql-community-embedded-5.7.35-1.el7.x86_64.rpm         mysql-community-libs-5.7.35-1.el7.x86_64.rpm         mysql-community-test-5.7.35-1.el7.x86_64.rpm
mysql-community-common-5.7.35-1.el7.x86_64.rpm  mysql-community-embedded-compat-5.7.35-1.el7.x86_64.rpm  mysql-community-libs-compat-5.7.35-1.el7.x86_64.rpm
mysql-community-devel-5.7.35-1.el7.x86_64.rpm   mysql-community-embedded-devel-5.7.35-1.el7.x86_64.rpm   mysql-community-server-5.7.35-1.el7.x86_64.rpm
[root@master mysql]# 
```

图 9-57 解压 MySQL-5.7.35 压缩包

（5）严格按照顺序执行下述安装语句，结果如图 9-58 所示。

```
[root@master ~]# rpm -ivh mysql-community-common-5.7.35-1.el7.x86_64.rpm
[root@master ~]# rpm -ivh mysql-community-libs-5.7.35-1.el7.x86_64.rpm
[root@master ~]# rpm -ivh mysql-community-client-5.7.35-1.el7.x86_64.rpm
[root@master ~]# rpm -ivh mysql-community-server-5.7.35-1.el7.x86_64.rpm
```

```
[root@master mysql]# rpm -ivh mysql-community-common-5.7.35-1.el7.x86_64.rpm
警告：mysql-community-common-5.7.35-1.el7.x86_64.rpm: 头V3 DSA/SHA256 Signature, 密钥 ID 5072e1f5: NOKEY
准备中...                          ################################# [100%]
正在升级/安装...
   1:mysql-community-common-5.7.35-1.e################################# [100%]
[root@master mysql]# rpm -ivh mysql-community-libs-5.7.35-1.el7.x86_64.rpm
警告：mysql-community-libs-5.7.35-1.el7.x86_64.rpm: 头V3 DSA/SHA256 Signature, 密钥 ID 5072e1f5: NOKEY
准备中...                          ################################# [100%]
正在升级/安装...
   1:mysql-community-libs-5.7.35-1.el7################################# [100%]
[root@master mysql]# rpm -ivh mysql-community-client-5.7.35-1.el7.x86_64.rpm
警告：mysql-community-client-5.7.35-1.el7.x86_64.rpm: 头V3 DSA/SHA256 Signature, 密钥 ID 5072e1f5: NOKEY
准备中...                          ################################# [100%]
正在升级/安装...
   1:mysql-community-client-5.7.35-1.e################################# [100%]
[root@master mysql]# rpm -ivh mysql-community-server-5.7.35-1.el7.x86_64.rpm
警告：mysql-community-server-5.7.35-1.el7.x86_64.rpm: 头V3 DSA/SHA256 Signature, 密钥 ID 5072e1f5: NOKEY
准备中...                          ################################# [100%]
正在升级/安装...
   1:mysql-community-server-5.7.35-1.e################################# [100%]
[root@master mysql]# 
```

图 9-58 安装 MySQL 服务

（6）启动 MySQL 数据库，并将 MySQL 设置为开机自动启动。

```
[root@master mysql]# systemctl start mysqld.service
[root@master mysql]# systemctl enable mysqld.service
```

（7）查询 MySQL 数据库的初始化登录密码，结果如图 9-59 所示。

```
[root@master mysql]# grep 'temporary password' /var/log/mysqld.log
```

```
[root@master mysql]# grep 'temporary password' /var/log/mysqld.log
2022-04-17T09:30:48.744696Z 1 [Note] A temporary password is generated for root@localhost: v,m+qBX+o8%L
```

图 9-59 查询 MySQL 数据库 root 用户初始登录密码

注意：这里在 root@localhost:后面的内容都是密码，并且包括符号！在本任务中，初始密码为 v,m+qBX+o8%L，请初学者务必注意。

（8）使用下述命令登录 MySQL 数据库，在提示位置输入初始密码，如图 9-60 所示，出现 mysql 提示符则表示登录成功。

```
[root@master mysql]# mysql -u root -p
```

```
[root@master mysql]# mysql -u root -p
Enter password:
Welcome to the MySQL monitor.  Commands end with ; or \g.
Your MySQL connection id is 2
Server version: 5.7.35

Copyright (c) 2000, 2021, Oracle and/or its affiliates.

Oracle is a registered trademark of Oracle Corporation and/or its
affiliates. Other names may be trademarks of their respective
owners.

Type 'help;' or '\h' for help. Type '\c' to clear the current input statement.

mysql> 
```

图 9-60　成功登录 MySQL 数据库的界面

（9）使用下述命令，修改 MySQL 数据库设置，并修改 root 用户的登录密码为 123456：

```
1.set global validate_password_policy=0; 设置密码强度检查等级
2.set global validate_password_length=3; 设置密码最低强度
3.set global validate_password_mixed_case_count=0;
4.set global validate_password_number_count=3;
```

输入修改密码命令 set password = password('123456')，执行结果如图 9-61 所示。

```
mysql> set global validate_password_policy=0;
Query OK, 0 rows affected (0.00 sec)

mysql> set global validate_password_length=3;
Query OK, 0 rows affected (0.00 sec)

mysql> set global validate_password_mixed_case_count=0;
Query OK, 0 rows affected (0.00 sec)

mysql> set password = password('123456');
Query OK, 0 rows affected, 1 warning (0.00 sec)

mysql> 
```

图 9-61　对 MySQL 数据库进行基本设置调整

（10）使用下述命令修改 MySQL 数据库的访问设置。

```
1.update mysql.user set host='%' where user='root';
2.grant all privileges on *.* to 'root' @'%' identified by '123456' with grant option;
3.flush privileges;
4.quit;
```

执行结果如图 9-62 所示。

```
mysql> update mysql.user set host='%' where user='root';
Query OK, 1 row affected (0.00 sec)
Rows matched: 1  Changed: 1  Warnings: 0

mysql> grant all privileges on *.* to 'root' @'%' identified by '123456' with grant option;
Query OK, 0 rows affected, 1 warning (0.00 sec)

mysql> flush privileges;
Query OK, 0 rows affected (0.00 sec)

mysql> quit;
Bye
[root@master mysql]# ^C
```

图 9-62　对 MySQL 数据库的进行远程访问设置调整

至此，MySQL 数据库的安装即完成了，用户密码也设置为 123456。

2. 下载并安装 Hive

（1）进入 root 用户目录，使用北外镜像站，下载 Hive3.1.2 版本，结果如图 9-63 所示。

```
[root@master mysql]# cd ~
[root@master ~]# wget https://mirrors.bfsu.edu.cn/apache/hive/hive-3.1.2/apache-hive-3.1.2-bin.tar.gz
```

```
[root@master mysql]# cd ~
[root@master ~]# wget https://mirrors.bfsu.edu.cn/apache/hive/hive-3.1.2/apache-hive-3.1.2-bin.tar.gz
--2022-04-17 18:06:30--  https://mirrors.bfsu.edu.cn/apache/hive/hive-3.1.2/apache-hive-3.1.2-bin.tar.gz
正在解析主机 mirrors.bfsu.edu.cn (mirrors.bfsu.edu.cn)... 39.155.141.16, 2001:da8:20f:1003::fe55:2840
正在连接 mirrors.bfsu.edu.cn (mirrors.bfsu.edu.cn)|39.155.141.16|:443... 已连接。
已发出 HTTP 请求，正在等待回应... 200 OK
长度：278813748 (266M) [application/octet-stream]
正在保存至: “apache-hive-3.1.2-bin.tar.gz”

100%[==========================================================================================]

2022-04-17 18:06:39 (29.3 MB/s) - 已保存 “apache-hive-3.1.2-bin.tar.gz” [278813748/278813748])

[root@master ~]#
```

图 9-63　下载 Hive3.1.2 压缩包

（2）将 Hive 解压至部署目录（/usr/local/src），在解压后将文件夹改名为 hive，结果如图 9-64 所示。

```
[root@master ~]# tar -zvxf apache-hive-3.1.2-bin.tar.gz -C /usr/local/src
[root@master ~]# cd /usr/local/src/
[root@master src]# mv apache-hive-3.1.2-bin/ hive
```

```
[root@master ~]# cd /usr/local/src/
[root@master src]# mv apache-hive-3.1.2-bin/ hive
[root@master src]# ls
hadoop  hive  jdk  zookeeper
```

图 9-64　解压 Hive3.1.2 压缩包

（3）给 hadoop 用户添加权限。

```
[root@master src]# chown -R hadoop:hadoop /usr/local/src/hive
```

（4）在/etc/profile 环境文件中，添加以下变量，结果如图 9-65 所示：

```
export HIVE_HOME=/usr/local/src/hive/
export PATH=$PATH:$HIVE_HOME/bin
```

```
export JAVA_HOME=/usr/local/src/jdk
export JRE_HOME=$JAVA_HOME/jre
export CLASSPATH=$JAVA_HOME/lib:$JRE_HOME/lib:$CLASSPATH
export PATH=$JAVA_HOME/bin:$JRE_HOME/bin:$PATH
export HADOOP_PREFIX=$HADOOP_HOME
export HADOOP_MAPRED_HOME=$HADOOP_HOME
export HADOOP_COMMON_HOME=$HADOOP_HOME
export HADOOP_HDFS_HOME=$HADOOP_HOME
export YARN_HOME=$HADOOP_HOME
export HADOOP_COMMON_LIB_NATIVE_DIR=$HADOOP_HOME/lib/native
export HADOOP_INSTALL=$HADOOP_HOME


export HADOOP_HOME=/usr/local/src/hadoop
export PATH=$PATH:$HADOOP_HOME/bin:$HADOOP_HOME/sbin

export ZOOKEEPER_HOME=/usr/local/src/zookeeper
export PATH=$PATH:$ZOOKEEPER_HOME/bin

export HIVE_HOME=/usr/local/src/hive/
export PATH=$PATH:$HIVE_HOME/bin
```

图 9-65　添加 Hive 的环境变量

（5）转换成 hadoop 用户并配置 hive 文件。

```
[root@master src]# exit
exit
[hadoop@master hadoop]$ cd /usr/local/src/hive/
[hadoop@master hive]$ cd conf/
[hadoop@master conf]$ cp hive-env.sh.template hive-env.sh
[hadoop@master conf]$ vi hive-env.sh
```

在该文件中添加以下内容，保存并退出，结果如图 9-66 所示。

```
export HADOOP_HOME=/usr/local/src/hadoop
export JAVA_HOME=/usr/local/src/jdk
export HIVE_HOME=/usr/local/src/hive
export HIVE_CONF_DIR=/usr/local/src/hive/conf
```

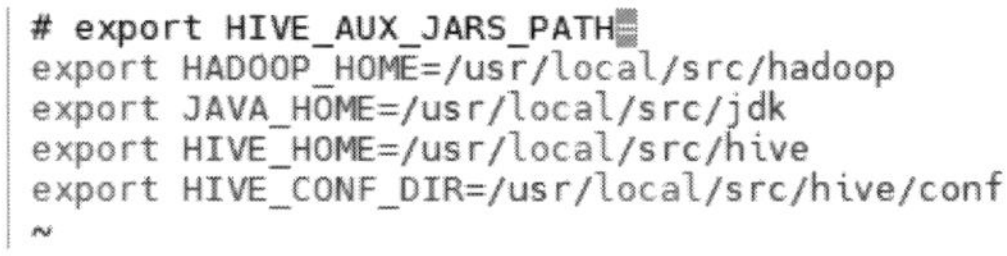

图 9-66　修改 hive-env.sh 文件

（6）新建 hive-site.xml 文件。

```
[hadoop@master conf]$ vi hive-site.xml
```

增加以下内容：

```
<?xml version="1.0"?>
<?xml-stylesheet type="text/xsl" href="configuration.xsl"?>
<configuration>
    <!-- jdbc 连接的 URL -->
    <property>
        <name>javax.jdo.option.ConnectionURL</name>
        <value>jdbc:mysql://master:3306/metastore?useSSL=false</value>
    </property>
    <!-- jdbc 连接的 Driver-->
    <property>
        <name>javax.jdo.option.ConnectionDriverName</name>
        <value>com.mysql.jdbc.Driver</value>
    </property>
    <!-- jdbc 连接的 username-->
    <property>
        <name>javax.jdo.option.ConnectionUserName</name>
        <value>root</value>
    </property>
    <!-- jdbc 连接的 password -->
    <property>
        <name>javax.jdo.option.ConnectionPassword</name>
        <value>123456</value>
    </property>
    <!-- Hive 默认在 HDFS 的工作目录 -->
    <property>
        <name>hive.metastore.warehouse.dir</name>
        <value>/user/hive/warehouse</value>
    </property>
    <!-- Hive 元数据存储的验证 -->
    <property>
        <name>hive.metastore.schema.verification</name>
        <value>false</value>
    </property>
```

```
    <!-- 元数据存储授权   -->
    <property>
        <name>hive.metastore.event.db.notification.api.auth</name>
        <value>false</value>
    </property>
</configuration>
```

结果如图 9-67 所示。

```
<?xml version="1.0"?>
<?xml-stylesheet type="text/xsl" href="configuration.xsl"?>
<configuration>
    <!-- jdbc连接的URL -->
    <property>
        <name>javax.jdo.option.ConnectionURL</name>
        <value>jdbc:mysql://master:3306/metastore?useSSL=false</value
    </property>
    <!-- jdbc连接的Driver-->
    <property>
        <name>javax.jdo.option.ConnectionDriverName</name>
        <value>com.mysql.jdbc.Driver</value>
    </property>
    <!-- jdbc连接的username-->
    <property>
        <name>javax.jdo.option.ConnectionUserName</name>
        <value>root</value>
    </property>
    <!-- jdbc连接的password -->
    <property>
        <name>javax.jdo.option.ConnectionPassword</name>
        <value>123456</value>
    </property>
    <!-- Hive默认在HDFS的工作目录 -->
    <property>
        <name>hive.metastore.warehouse.dir</name>
        <value>/user/hive/warehouse</value>
    </property>
    <!-- Hive元数据存储的验证 -->
    <property>
        <name>hive.metastore.schema.verification</name>
        <value>false</value>
    </property>
    <!-- 元数据存储授权  -->
    <property>
        <name>hive.metastore.event.db.notification.api.auth</name>
        <value>false</value>
    </property>
</configuration
```

图 9-67 修改 hive-site.xml 文件

（7）为防止运行文件冲突，需要重命名 jar 包。

```
[hadoop@master conf]$ source /etc/profile
[hadoop@master conf]$ mv $HIVE_HOME/lib/log4j-slf4j-impl-2.10.0.jar $HIVE_HOME/lib/log4j-slf4j-impl-2.10.0.bak
```

（8）下载 MySQL 的 jar 连接文件，并将它复制到 hive 库文件夹（lib）下。

```
[hadoop@master conf]$ cd ~
[hadoop@master ~]$ wget https://mirrors.bfsu.edu.cn/mysql/downloads/Connector-J/mysql-connector-java-5.1.48.tar.gz
[hadoop@master ~]$ tar -zvxf mysql-connector-java-5.1.48.tar.gz
[hadoop@master ~]$ cd mysql-connector-java-5.1.48/
[hadoop@master mysql-connector-java-5.1.48]$ mv mysql-connector-java-5.1.48.jar $HIVE_HOME/lib
```

（9）进入 MySQL 数据库。

```
[hadoop@master mysql-connector-java-5.1.48]$ cd ~
[hadoop@master ~]$ mysql -uroot -p123456
```

（10）创建 Hive 的元数据库并退出。

```
mysql> create database metastore;
Query OK, 1 row affected (0.00 sec)
```

```
mysql> quit;
Bye
```

（11）现版本下，Hive 库文件夹下有一个文件运行版本低于 Hadoop3.0 版本，故需要将该文件替换为 Hadoop 下的文件，执行以下操作：

```
[hadoop@master ~]$ cd $HIVE_HOME/lib
[hadoop@master lib]$ rm -rf guava-19.0.jar
[hadoop@master lib]$ cp $HADOOP_HOME/share/hadoop/common/lib/guava-27.0-jre.jar ./
```

（12）设置 Hive 临时工作目录。

```
[hadoop@master lib]$ mkdir -p $HIVE_HOME/hive-downloaded-addDir
[hadoop@master lib]$ mkdir -p $HIVE_HOME/querylog-location-addDir
[hadoop@master lib]$ mkdir -p $HIVE_HOME/hive-logging-operation-log-addDir
```

（13）使用 start-all.sh 一键启动 Hadoop 平台。

注意：这里以 HA 集群为例作为说明，因为该模式下需要注意的项较多。完全分布式模式不用考虑以下内容。如果启动出现如图 9-68 所示的情况，这是一个警告，不影响运行，在 3 台主机的/etc/profile 文件中注释相应内容即可消除。

```
WARNING: HADOOP_PREFIX has been replaced by HADOOP_HOME. Using value of HADOOP_PREFIX.
```

图 9-68　运行警告

（14）使用下述命令，初始化 Hive。

```
[hadoop@master hive]$ schematool -initSchema -dbType mysql
```

注意：这里使用上述命令在小部分 HA 集群下可能会有不成功的情况，这主要是 Hive 无法同 HA 集群当前节点的 NN 服务进行通信造成的，建议读者在 Master 节点使用下述命令查询 nn1 的工作状态。

```
hdfs haadmin -getServiceState nn1
```

如果显示为待命状态（Standby），则可继续查询其他 nn2\nn3 节点的状态，并在相应节点上使用 jps 命令查询出进程号，再使用 kill -9 进程号的方式将其杀死，再次查询 nn1 的状态。重复这个过程，直到 nn1 为工作节点，再启动其他节点的 NN 服务。最后在 Master 节点重复执行上述命令即可成功。

一个正常的初始化应如图 9-69 所示。

```
[hadoop@master hive]$ schematool -initSchema -dbType mysql
WARNING: HADOOP_PREFIX has been replaced by HADOOP_HOME. Using value of HADOOP_PREFIX.
Metastore connection URL:        jdbc:mysql://master:3306/metastore?useSSL=false
Metastore Connection Driver :    com.mysql.jdbc.Driver
Metastore connection User:       root
Starting metastore schema initialization to 3.1.0
Initialization script hive-schema-3.1.0.mysql.sql


Initialization script completed
schemaTool completed
```

图 9-69　初始化 Hive 同 HDFS 的链接

（15）进入 Hive，执行以下测试操作：

```
show databases;
create table users(user_id int,username varchar(20),pwd varchar(20),email varchar(30),grade int);
insert into users(user_id,username,pwd,email,grade)values(1,'admin','1234','admin@qq.com',2);
```

结果如图 9-70 所示。

```
[hadoop@master hive]$ hive
WARNING: HADOOP_PREFIX has been replaced by HADOOP_HOME. Using value of HADOOP_PREFIX.
which: no hbase in (/usr/local/src/jdk/bin:/usr/local/src/jdk/jre/bin:/usr/local/src/jdk/bin:/usr/local/src/jdk/jre/bin:/usr/local/sbin:/usr/local/bin:/usr/sbin:/usr/bi
/src/hadoop/sbin:/usr/local/src/zookeeper/bin:/root/bin:/usr/local/src/hadoop/bin:/usr/local/src/hadoop/sbin:/usr/local/src/zookeeper/bin:/usr/local/src/hive//bin)
WARNING: HADOOP_PREFIX has been replaced by HADOOP_HOME. Using value of HADOOP_PREFIX.
Hive Session ID = 39abe08f-e358-43b4-8a57-ed4a977996cf

Logging initialized using configuration in jar:file:/usr/local/src/hive/lib/hive-common-3.1.2.jar!/hive-log4j2.properties Async: true
Hive-on-MR is deprecated in Hive 2 and may not be available in the future versions. Consider using a different execution engine (i.e. spark, tez) or using Hive 1.X rele
Hive Session ID = 2aff521f-7f06-42e0-8b66-f5df7d41f897
hive> show databases;
OK
default
Time taken: 0.491 seconds, Fetched: 1 row(s)
hive> create table users(user_id int,username varchar(20),pwd varchar(20),email varchar(30),grade int);
OK
Time taken: 0.403 seconds
hive> insert into users(user_id,username,pwd,email,grade)values(1,'admin','1234','admin@qq.com',2);
Query ID = hadoop_20220417183608_1df8676b-871c-4052-9cde-788711976d20
Total jobs = 3
Launching Job 1 out of 3
Number of reduce tasks determined at compile time: 1
In order to change the average load for a reducer (in bytes):
  set hive.exec.reducers.bytes.per.reducer=<number>
In order to limit the maximum number of reducers:
  set hive.exec.reducers.max=<number>
In order to set a constant number of reducers:
  set mapreduce.job.reduces=<number>
Starting Job = job_1650191436824_0001, Tracking URL = http://slave01:8088/proxy/application_1650191436824_0001/
Kill Command = /usr/local/src/hadoop/bin/mapred job  -kill job_1650191436824_0001
Hadoop job information for Stage-1: number of mappers: 1; number of reducers: 1
2022-04-17 18:36:20,865 Stage-1 map = 0%,  reduce = 0%
2022-04-17 18:36:27,183 Stage-1 map = 100%,  reduce = 0%, Cumulative CPU 1.91 sec
2022-04-17 18:36:36,421 Stage-1 map = 100%,  reduce = 100%, Cumulative CPU 4.66 sec
MapReduce Total cumulative CPU time: 4 seconds 660 msec
Ended Job = job_1650191436824_0001
Stage-4 is selected by condition resolver.
Stage-3 is filtered out by condition resolver.
Stage-5 is filtered out by condition resolver.
Moving data to directory hdfs://mycluster/user/hive/warehouse/users/.hive-staging_hive_2022-04-17_18-36-08_821_4399310426193421763-1/-ext-10000
Loading data to table default.users
MapReduce Jobs Launched:
Stage-Stage-1: Map: 1  Reduce: 1   Cumulative CPU: 4.66 sec   HDFS Read: 19515 HDFS Write: 361 SUCCESS
Total MapReduce CPU Time Spent: 4 seconds 660 msec
OK
Time taken: 30.287 seconds
hive>
```

图 9-70　初始化 Hive 同 HDFS 的链接

（16）进入 http://192.168.22.4:9870/explorer.html#/user 网页可以看到 Hive 在 HDFS 上生成的数据文件夹，如图 9-71 所示。

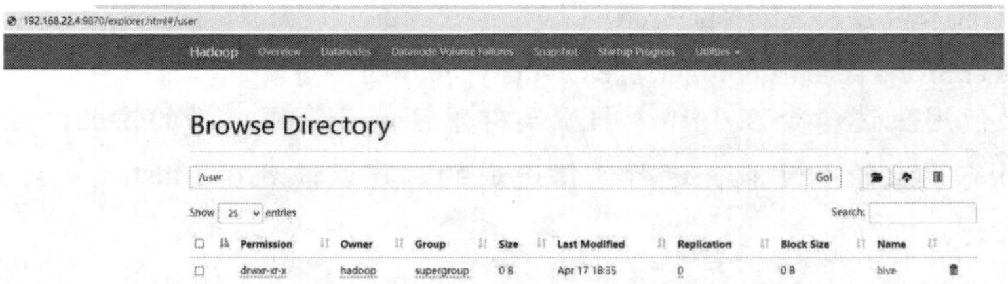

图 9-71　使用 Web 界面浏览 HDFS 上的文件夹

（17）进入 http://192.168.22.5:8088/cluster 或 http://192.168.22.4:8088/cluster/ （实际 Yarn Active 节点）网页可以看到 Hive 在 MapReduce 上插入数据的操作记录，如图 9-72 所示。

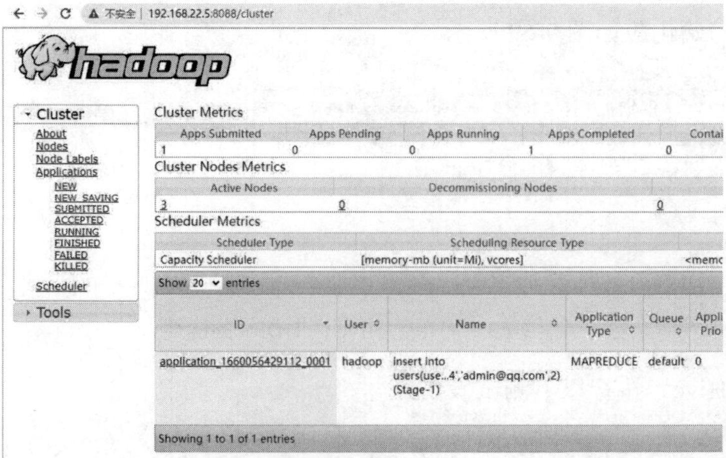

图 9-72　使用 Web 界面浏览 HDFS 上的文件夹

至此，Hive 的安装已成功完成。

3. 部署 Spark-StandAlone 模式

（1）为方便后续的操作，使用 root 给 hadoop 用户添加对于部署目录的权限。

```
[hadoop@master ~]$ su
[root@master hadoop]# chown -R hadoop:hadoop /usr/local/src/
```

（2）进入 root 用户目录，使用北外镜像站，下载 spark-3.0.3 版本。

```
[root@master hadoop]#exit
[hadoop@master ~]$ cd ~
[hadoop@master ~]$ wget https://mirrors.bfsu.edu.cn/apache/spark/spark-3.0.3/spark-3.0.3-bin-hadoop3.2.tgz
```

（3）解压 spark 压缩包并改名。

```
[hadoop@master ~]$ tar -zvxf spark-3.0.3-bin-hadoop3.2.tgz -C /usr/local/src/
[hadoop@master ~]$ cd /usr/local/src/
[hadoop@master src]$ mv spark-3.0.3-bin-hadoop3.2/ spark
```

（4）使用 root 修改环境配置文件/etc/profile，在其中添加以下内容：

```
export SPARK_HOME=/usr/local/src/spark
export PATH=$PATH:$SPARK_HOME/bin:$PATH
export HADOOP_CONF_DIR=${HADOOP_HOME}/etc/hadoop
```

（5）进入 spark 下的配置文件夹 conf。

```
[hadoop@master src]$ cd spark/conf
[hadoop@master conf]$ ls
```

（6）复制 slaves.template 文件为 slaves。

```
[hadoop@master conf]$ cp slaves.template slaves
```

（7）在 slaves 文件中删除原内容，添加以下内容，结果如图 9-73 所示：

```
master
slave01
slave02
```

```
#
# Licensed to the Apache Software Foundation (ASF) under one or more
# contributor license agreements.  See the NOTICE file distributed with
# this work for additional information regarding copyright ownership.
# The ASF licenses this file to You under the Apache License, Version 2.0
# (the "License"); you may not use this file except in compliance with
# the License.  You may obtain a copy of the License at
#
#    http://www.apache.org/licenses/LICENSE-2.0
#
# Unless required by applicable law or agreed to in writing, software
# distributed under the License is distributed on an "AS IS" BASIS,
# WITHOUT WARRANTIES OR CONDITIONS OF ANY KIND, either express or implied.
# See the License for the specific language governing permissions and
# limitations under the License.
#

# A Spark Worker will be started on each of the machines listed below.
master
slave01
slave02
```

图 9-73 修改 spark 下 slaves 文件

（8）复制 spark-env.sh.template 文件为 spark-env.sh。

```
[hadoop@master conf]$ cp spark-env.sh.template spark-env.sh
```

（9）在 spark-env.sh 文件中添加以下内容，结果如图 9-74 所示：

```
export JAVA_HOME=/usr/local/src/jdk
export HADOOP_CONF_DIR=${HADOOP_HOME}/etc/hadoop
export YARN_CONF_DIR=${HADOOP_HOME}/etc/hadoop
```

```
SPARK_MASTER_WEBUI_PORT=8989
```

图 9-74　修改 spark-env.sh 文件

（10）向 Slave01/Slave02 分发 spark 部署目录和环境配置文件，结果如图 9-75 所示。

```
[hadoop@master src]$ scp -r /usr/local/src/spark root@slave01:/usr/local/src/
[hadoop@master src]$ scp -r /usr/local/src/spark root@slave02:/usr/local/src/
[hadoop@master src]$ scp -r /etc/profile root@slave01:/etc/profile
[hadoop@master src]$ scp -r /etc/profile root@slave02:/etc/profile
```

（11）在 Master/Slave01/Slave02 加载环境文件，并在 Slave01/Slave02 修改文件夹属性：

```
source /etc/profile
chown -R hadoop:hadoop /usr/local/src/spark/
```

（12）启动 spark 集群：

```
[hadoop@master conf]$ cd $SPARK_HOME
[hadoop@master spark]$ sbin/start-all.sh
```

图 9-75　启动 Spark 集群

（13）使用 jps 查询内存，如图 9-76 所示。

图 9-76　在工作节点上查询启动 Spark 集群后的内存进程

（14）使用网页打开 http://192.168.22.4:8989/，进入 Spark 管理界面，如图 9-77 所示。

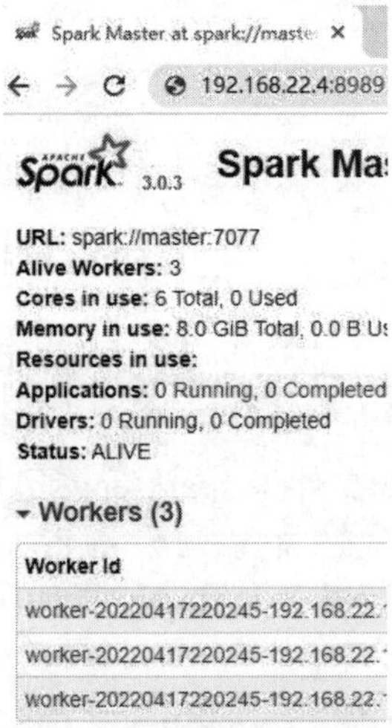

图 9-77　在 Master 节点上访问 Spark 的 Web 管理界面

（15）使用如下命令，执行测试程序，检查集群工作情况：

```
[hadoop@master spark]$ bin/spark-submit --class org.apache.spark.examples.SparkPi --master spark://master:7077./examples/jars/spark-examples_2.12-3.0.3.jar
```

这个程序会进行 Pi 的计算，计算结果中出现如图 9-78 所示的情况，则为计算成功。

```
2022-04-17 22:05:00,107 INFO scheduler.TaskSchedulerImpl: Killing all running tasks in stage 0: Stage finished
2022-04-17 22:05:00,109 INFO scheduler.DAGScheduler: Job 0 finished: reduce at SparkPi.scala:38, took 1.975134 s
Pi is roughly 3.1430157150785756
2022-04-17 22:05:00,117 INFO server.AbstractConnector: Stopped Spark@e3cee7b{HTTP/1.1, (http/1.1)}{0.0.0.0:4040}
2022-04-17 22:05:00,121 INFO ui.SparkUI: Stopped Spark web UI at http://master:4040
```

图 9-78 使用 Spark 进行 Pi 值计算测试工作情况

（16）刷新 http://192.168.22.4:8989/网页，则会出现计算工作记录，如图 9-79 所示。

▾ Completed Applications (1)

Application ID	Name	Cores	Memory per Executc
app-20220417220456-0000	Spark Pi	6	1024.0 MiB

图 9-79 Web 界面上的工作记录

（17）至此 Spark-StandAlone 模式部署已完成，关闭 Spark 集群使用 sbin/stop-all.sh 命令，如图 9-80 所示。

```
[hadoop@master spark]$ sbin/stop-all.sh
slave01: stopping org.apache.spark.deploy.worker.Worker
slave02: stopping org.apache.spark.deploy.worker.Worker
master: stopping org.apache.spark.deploy.worker.Worker
stopping org.apache.spark.deploy.master.Master
[hadoop@master spark]$
```

图 9-80 关闭 Spark 集群

4. 使用 Spark-OnYARN 模式

（1）按照上述内容，实际上 OnYARN 模式已经部署完成了，只不过 StandAlone（独立）模式需要启动 Spark 集群而不需要启动 HDFS 集群。但是 OnYARN 模式正好相反，不需要启动 Spark 集群，而需要启动 HDFS 集群，这里我们以 Hadoop HA 作为 HDFS 平台，并以启动后的操作为例进行讲解，首先在三台主机上启动 Zookeeper 集群。

```
[hadoop@master spark]$ zkServer.sh start
[hadoop@slave01 src]$ zkServer.sh start
[hadoop@slave02 src]$ zkServer.sh start
```

（2）在 Master 主机启动 Hadoop HA 集群。

```
[hadoop@master spark]$ start-all.sh
```

（3）进入 Spark 目录，并执行以下程序，启动 Spark 框架：

```
[hadoop@master spark]$bin/spark-submit --class org.apache.spark.examples.SparkPi --master yarn --deploy-mode cluster ./examples/jars/spark-examples_2.12-3.0.3.jar 10
```

说明：上述测试程序执行时，可能会报如图 9-81 所示的错误。主要原因是 Master 节点的 NN 服务当前处于待命（Standby）状态下，但是程序依然会执行。

```
2022-04-17 22:19:44,525 INFO retry.RetryInvocationHandler: org.apache.hadoop.ipc.RemoteException(org.apache.hadoop.ipc.StandbyException): Operation category WRITE is not supported in state standby. Vis
sbnn-error
        at org.apache.hadoop.hdfs.server.namenode.ha.StandbyState.checkOperation(StandbyState.java:108)
        at org.apache.hadoop.hdfs.server.namenode.NameNode$NameNodeHAContext.checkOperation(NameNode.java:2052)
        at org.apache.hadoop.hdfs.server.namenode.FSNamesystem.checkOperation(FSNamesystem.java:1481)
        at org.apache.hadoop.hdfs.server.namenode.FSNamesystem.mkdirs(FSNamesystem.java:3251)
        at org.apache.hadoop.hdfs.server.namenode.NameNodeRpcServer.mkdirs(NameNodeRpcServer.java:1163)
        at org.apache.hadoop.hdfs.protocolPB.ClientNamenodeProtocolServerSideTranslatorPB.mkdirs(ClientNamenodeProtocolServerSideTranslatorPB.java:723)
        at org.apache.hadoop.hdfs.protocol.proto.ClientNamenodeProtocolProtos$ClientNamenodeProtocol$2.callBlockingMethod(ClientNamenodeProtocolProtos.java)
        at org.apache.hadoop.ipc.ProtobufRpcEngine$Server$ProtoBufRpcInvoker.call(ProtobufRpcEngine.java:549)
        at org.apache.hadoop.ipc.ProtobufRpcEngine$Server$ProtoBufRpcInvoker.call(ProtobufRpcEngine.java:518)
        at org.apache.hadoop.ipc.RPC$Server.call(RPC.java:1086)
        at org.apache.hadoop.ipc.Server$RpcCall.run(Server.java:1029)
        at org.apache.hadoop.ipc.Server$RpcCall.run(Server.java:957)
        at java.security.AccessController.doPrivileged(Native Method)
        at javax.security.auth.Subject.doAs(Subject.java:422)
        at org.apache.hadoop.security.UserGroupInformation.doAs(UserGroupInformation.java:1762)
        at org.apache.hadoop.ipc.Server$Handler.run(Server.java:2957)
, while invoking ClientNamenodeProtocolTranslatorPB.mkdirs over slave01/192.168.22.11:8020 after 1 failover attempts. Trying to failover after sleeping for 1092ms.
2022-04-17 22:19:45,645 WARN yarn.Client: Neither spark.yarn.jars nor spark.yarn.archive is set, falling back to uploading libraries under SPARK_HOME.
2022-04-17 22:19:46,660 INFO yarn.Client: Uploading resource file:/tmp/spark-f212ab86-86b9-4c54-b004-3971e5788d0f/__spark_libs__3864323146388360880.zip -> hdfs://mycluster/user/hadoop/.sparkStaging/app
002/__spark_libs__3864323146388360880.zip
2022-04-17 22:19:48,706 INFO retry.RetryInvocationHandler: org.apache.hadoop.ipc.RemoteException(org.apache.hadoop.ipc.StandbyException): Operation category READ is not supported in state standby. Vis
bnn-error
        at org.apache.hadoop.hdfs.server.namenode.ha.StandbyState.checkOperation(StandbyState.java:108)
        at org.apache.hadoop.hdfs.server.namenode.NameNode$NameNodeHAContext.checkOperation(NameNode.java:2052)
        at org.apache.hadoop.hdfs.server.namenode.FSNamesystem.checkOperation(FSNamesystem.java:1481)
        at org.apache.hadoop.hdfs.server.namenode.FSNamesystem.getFileInfo(FSNamesystem.java:3207)
        at org.apache.hadoop.hdfs.server.namenode.NameNodeRpcServer.getFileInfo(NameNodeRpcServer.java:1191)
        at org.apache.hadoop.hdfs.protocolPB.ClientNamenodeProtocolServerSideTranslatorPB.getFileInfo(ClientNamenodeProtocolServerSideTranslatorPB.java:982)
        at org.apache.hadoop.hdfs.protocol.proto.ClientNamenodeProtocolProtos$ClientNamenodeProtocol$2.callBlockingMethod(ClientNamenodeProtocolProtos.java)
        at org.apache.hadoop.ipc.ProtobufRpcEngine$Server$ProtoBufRpcInvoker.call(ProtobufRpcEngine.java:549)
        at org.apache.hadoop.ipc.ProtobufRpcEngine$Server$ProtoBufRpcInvoker.call(ProtobufRpcEngine.java:518)
        at org.apache.hadoop.ipc.RPC$Server.call(RPC.java:1086)
        at org.apache.hadoop.ipc.Server$RpcCall.run(Server.java:1029)
        at org.apache.hadoop.ipc.Server$RpcCall.run(Server.java:957)
        at java.security.AccessController.doPrivileged(Native Method)
        at javax.security.auth.Subject.doAs(Subject.java:422)
        at org.apache.hadoop.security.UserGroupInformation.doAs(UserGroupInformation.java:1762)
        at org.apache.hadoop.ipc.Server$Handler.run(Server.java:2957)
, while invoking ClientNamenodeProtocolTranslatorPB.getFileInfo over slave01/192.168.22.11:8020 after 1 failover attempts. Trying to failover after sleeping for 989ms.
2022-04-17 22:19:49,739 INFO yarn.Client: Uploading resource file:/usr/local/src/spark/examples/jars/spark-examples_2.12-3.0.3.jar -> hdfs://mycluster/user/hadoop/.sparkStaging/application_165
```

图 9-81　启动 YARN 模式的测试的 Pi 计算程序

当出现下述界面时，表示程序运行完成，并可通过指定的 URL 地址追踪该任务，如图 9-82 所示。

```
ApplicationMaster RPC port: 35939
queue: default
start time: 1650205190121
final status: SUCCEEDED
tracking URL: http://master:8088/proxy/application_1650205016624_0002/
user: hadoop
```

图 9-82　任务追溯 URI 地址

（4）当然也可以通过手动调节的方式，将 Master 节点调整为工作节点（Active），则全部执行结果如图 9-83 所示。

```
[hadoop@master spark]$ bin/spark-submit --class org.apache.spark.examples.SparkPi --master yarn --deploy-mode cluster ./examples/jars/spark-examples_2.12-3.0.3.jar 10
2022-04-17 22:24:43,833 WARN util.NativeCodeLoader: Unable to load native-hadoop library for your platform... using builtin-java classes where applicable
2022-04-17 22:24:44,073 INFO yarn.Client: Requesting a new application from cluster with 3 NodeManagers
2022-04-17 22:24:44,466 INFO conf.Configuration: resource-types.xml not found
2022-04-17 22:24:44,467 INFO resource.ResourceUtils: Unable to find 'resource-types.xml'.
2022-04-17 22:24:44,482 INFO yarn.Client: Verifying our application has not requested more than the maximum memory capability of the cluster (8192 MB per container)
2022-04-17 22:24:44,483 INFO yarn.Client: Will allocate AM container, with 1408 MB memory including 384 MB overhead
2022-04-17 22:24:44,483 INFO yarn.Client: Setting up container launch context for our AM
2022-04-17 22:24:44,483 INFO yarn.Client: Setting up the launch environment for our AM container
2022-04-17 22:24:44,491 INFO yarn.Client: Preparing resources for our AM container
2022-04-17 22:24:44,558 WARN yarn.Client: Neither spark.yarn.jars nor spark.yarn.archive is set, falling back to uploading libraries under SPARK_HOME.
2022-04-17 22:24:48,583 INFO yarn.Client: Uploading resource file:/tmp/spark-bf93cfcf-47b8-4489-860c-e01b956ba384/__spark_libs__3975620483480079435.zip -> hdfs://mycluster/user/hadoop/.sparkStaging/application_1650205016624_0
003/__spark_libs__3975620483480079435.zip
2022-04-17 22:24:50,955 INFO yarn.Client: Uploading resource file:/usr/local/src/spark/examples/jars/spark-examples_2.12-3.0.3.jar -> hdfs://mycluster/user/hadoop/.sparkStaging/application_1650205016624_0003/spark-examples_2.
12-3.0.3.jar
2022-04-17 22:24:51,163 INFO yarn.Client: Uploading resource file:/tmp/spark-bf93cfcf-47b8-4489-860c-e01b956ba384/__spark_conf__4553472454645080213.zip -> hdfs://mycluster/user/hadoop/.sparkStaging/application_1650205016624_0
003/__spark_conf__.zip
2022-04-17 22:24:51,241 INFO spark.SecurityManager: Changing view acls to: hadoop
2022-04-17 22:24:51,242 INFO spark.SecurityManager: Changing modify acls to: hadoop
2022-04-17 22:24:51,242 INFO spark.SecurityManager: Changing view acls groups to:
2022-04-17 22:24:51,242 INFO spark.SecurityManager: Changing modify acls groups to:
2022-04-17 22:24:51,243 INFO spark.SecurityManager: SecurityManager: authentication disabled; ui acls disabled; users  with view permissions: Set(hadoop); groups with view permissions: Set(); users  with modify permissions: S
et(hadoop); groups with modify permissions: Set()
2022-04-17 22:24:51,290 INFO yarn.Client: Submitting application application_1650205016624_0003 to ResourceManager
2022-04-17 22:24:51,521 INFO impl.YarnClientImpl: Submitted application application_1650205016624_0003
2022-04-17 22:24:52,525 INFO yarn.Client: Application report for application_1650205016624_0003 (state: ACCEPTED)
2022-04-17 22:24:52,527 INFO yarn.Client:
         client token: N/A
         diagnostics: AM container is launched, waiting for AM container to Register with RM
         ApplicationMaster host: N/A
         ApplicationMaster RPC port: -1
         queue: default
         start time: 1650205491300
         final status: UNDEFINED
         tracking URL: http://master:8088/proxy/application_1650205016624_0003/
         user: hadoop
2022-04-17 22:24:53,529 INFO yarn.Client: Application report for application_1650205016624_0003 (state: ACCEPTED)
2022-04-17 22:24:54,531 INFO yarn.Client: Application report for application_1650205016624_0003 (state: ACCEPTED)
2022-04-17 22:24:55,534 INFO yarn.Client: Application report for application_1650205016624_0003 (state: RUNNING)
2022-04-17 22:24:55,534 INFO yarn.Client:
         client token: N/A
         diagnostics: N/A
         ApplicationMaster host: slave01
         ApplicationMaster RPC port: 41651
         queue: default
         start time: 1650205491300
         final status: UNDEFINED
         tracking URL: http://master:8088/proxy/application_1650205016624_0003/
         user: hadoop
2022-04-17 22:24:56,537 INFO yarn.Client: Application report for application_1650205016624_0003 (state: RUNNING)
2022-04-17 22:24:57,601 INFO yarn.Client: Application report for application_1650205016624_0003 (state: RUNNING)
2022-04-17 22:24:58,608 INFO yarn.Client: Application report for application_1650205016624_0003 (state: RUNNING)
2022-04-17 22:24:59,614 INFO yarn.Client: Application report for application_1650205016624_0003 (state: RUNNING)
2022-04-17 22:25:00,619 INFO yarn.Client: Application report for application_1650205016624_0003 (state: RUNNING)
2022-04-17 22:25:01,621 INFO yarn.Client: Application report for application_1650205016624_0003 (state: RUNNING)
2022-04-17 22:25:02,625 INFO yarn.Client: Application report for application_1650205016624_0003 (state: RUNNING)
2022-04-17 22:25:03,627 INFO yarn.Client: Application report for application_1650205016624_0003 (state: FINISHED)
2022-04-17 22:25:03,628 INFO yarn.Client:
         client token: N/A
         diagnostics: N/A
         ApplicationMaster host: slave01
         ApplicationMaster RPC port: 41651
         queue: default
         start time: 1650205491300
         final status: SUCCEEDED
         tracking URL: http://master:8088/proxy/application_1650205016624_0003/
         user: hadoop
2022-04-17 22:25:03,644 INFO util.ShutdownHookManager: Shutdown hook called
2022-04-17 22:25:03,647 INFO util.ShutdownHookManager: Deleting directory /tmp/spark-bf93cfcf-47b8-4489-860c-e01b956ba384
2022-04-17 22:25:03,651 INFO util.ShutdownHookManager: Deleting directory /tmp/spark-b336ff78-dfef-4846-aa6e-2c3a5a7491b2
[hadoop@master spark]$ 
```

图 9-83　在工作 NN 节点上实现测试程序的界面

至此，Spark-OnYARN 的部署和调用已完成。

【任务小结】

本任务内容主要讲解了部署大数据离线分析平台的过程，请将自己在对本任务内容实操中所遇到的各类问题记录在下面。

____

____

____

____

____

【考核评价】

评价内容	评分项	考核点	自评得分	教师考评得分
学习态度	课堂表现、学习活动态度（40分）	积极主动（10分）、沟通合作（10分）、课堂讨论（10分）、课后作业（10分）		
知识技能目标	部署 Hive（20分）	安装配置 Hive（5分）、安装配置 MySQL 数据库（10分）、Hive 同 HDFS 的集成（5分）		
	部署 Spark 集群（40分）	下载配置 Spark 文件（10分）、启动 StandAlone 并测试（10分）、启动 OnYARN 模式并进行测试（20分）		
总得分				

任务3　Hadoop 平台下实时大数据分析平台的搭建方式

【任务描述】

现在 Hadoop 平台上主要使用 Kafaka 和 Flink 对大数据进行实时计算和分析。所谓实时大数据可以理解为定时从其他系统或数据库中，按照日志的增加或时间的推进获得数据，并将这些数据整合后得到的大规模数据集，以实现对这些大数据的实时处理分析。跟离线大数据不同，实时大数据非常强调时效性，注重分析的速度。故此，实时大数据处理时往往需要几分钟或几个小时。在本任务中，我们将实际描述如何搭建 Flume+Kafka+Flink，实现大数据实时计算框架。

本任务中依然会使用 Hadoop HA 集群来搭建背景环境。

【任务目标】

掌握 Hadoop 平台下的实时大数据分析平台（Flume+Kafka+Flink）的搭建。

【知识链接】

Flume是Cloudera提供的一个高可用的、高可靠的、分布式的海量日志采集、聚合和传输的系统，Flume支持在日志系统中定制各类数据发送方，用于收集数据；同时，Flume提供对数据进行简单处理，并写到各种数据接收方（可定制）的能力。使用 Flume 可以收集诸如日志、时间等数据，并将这些数据资源集中存储起来，供下游使用（尤其是流数据处理框架，例如Spark Streaming框架等）。

Kafka是由LinkedIn开发的一个分布式消息系统，以其可以水平扩展和高吞吐率而被广泛使用，目前主流的开源分布式处理系统（如Storm、Spark等）都支持与Kafka集成。通常来说 Flume 采集数据的速度和下游处理的速度通常不同步，因此实时平台架构都会用一个消息中间件来缓冲，而这方面最为流行和应用最为广泛的是Kafka。

在数据处理领域，批处理任务与实时流计算任务一般被认为是两种不同的任务，一个数据项目一般会被设计为只能处理其中一种任务，例如Storm只支持流处理任务，而MapReduce、Hive只支持批处理任务。

Apache Flink是一个同时面向分布式实时流处理和批量数据处理的开源计算平台，它能够基于同一个Flink运行时(FlinkRuntime)，提供支持流处理和批处理两种类型应用的功能，Flink完全支持流处理，批处理被作为一种特殊的流处理，只是它的输入数据流被定义为有界的而已。

Flink常见的部署模式有local、Standalone、YARN，除此之外还有Mesos、Docker容器化、Kubernetes（k8s）等部署方式，因篇幅有限，这里仅介绍On-YARN模式的部署。

【任务实施】

实时大数据分析平台部署实操演示

1. 部署Flume集群

（1）从北外镜像站下载并解压 Flume 至部署目录，并更改名称为Flume。

```
[hadoop@master ~]$ cd ~
[hadoop@master ~]$ wget https://mirrors.bfsu.edu.cn/apache/flume/stable/apache-flume-1.9.0-bin.tar.gz
[hadoop@master ~]$ tar -zvxf apache-flume-1.9.0-bin.tar.gz -C /usr/local/src/
[hadoop@master ~]$ cd /usr/local/src/
[hadoop@master src]$ mv apache-flume-1.9.0-bin/ flume
```

（2）使用root修改环境变量/etc/profile，并添加如下内容：

```
export FLUME_HOME=/usr/local/src/flume
export PATH=$PATH:$FLUME_HOME/bin
```

（3）使用hadoop用户重新装载环境变量。

```
[hadoop@master src]$ source /etc/profile
```

（4）进入Flume配置文件夹。

```
[hadoop@master src]$ cd $FLUME_HOME/conf
```

（5）复制flume-env.sh.template文件为flume-env.sh。

```
[hadoop@master conf]$ cp flume-env.sh.template flume-env.sh
```

（6）编辑flume-env.sh文件，并添加以下内容：

```
export JAVA_HOME=/usr/local/src/jdk
```

（7）运行以下命令，出现如图 9-84 所示则表示部署完成：

```
[hadoop@master conf]$ flume-ng version
```

```
[hadoop@master conf]$ flume-ng version
Flume 1.9.0
Source code repository: https://git-wip-us.apache.org/repos/asf/flume.git
Revision: d4fcab4f501d41597bc616921329a4339f73585e
Compiled by fszabo on Mon Dec 17 20:45:25 CET 2018
From source with checksum 35db629a3bda49d23e9b3690c80737f9
[hadoop@master conf]$ 
```

图 9-84　对 Flume 进行运行环境测试

（8）测试运行，首先进入 flume 部署目录，编辑配置文件 simple-hdfs-flume.conf。

```
[hadoop@master conf]$ cd /usr/local/src/flume/
[hadoop@master flume]$ vi simple-hdfs-flume.conf
```

（9）在文件 simple-hdfs-flume.conf 中添加以下内容：

```
# a1 是 agent 名称，列出 agent 的 source、sink 和 channel
a1.sources=r1
a1.sinks=k1
a1.channels=c1
# r1 是 source 的名称，设置 source 的 channel
a1.sources.r1.type=spooldir
a1.sources.r1.channels=c1
## 读取文件的目录
a1.sources.r1.spoolDir=/home/hadoop/
## 是否添加存储绝对路径文件名的标头
a1.sources.r1.fileHeader=true
a1.sinks.k1.type=hdfs
## 这里应该同 hadoop 目录下的 core-site.xml 中配置一致
a1.sinks.k1.hdfs.path=hdfs://mycluster/tmp/flume
a1.sinks.k1.hdfs.rollsize=1048760
a1.sinks.k1.hdfs.rollCount=0
a1.sinks.k1.hdfs.rollInterval=900
a1.sinks.k1.hdfs.useLocalTimeStamp=true
a1.channels.c1.type=file
a1.channels.c1.capacity=1000
a1.channels.c1.transactionCapacity=100
a1.sinks.k1.channel=c1
```

（10）为了防止运行文件冲突，需将 Flume/lib 中的 guava 包删除，并替换成 Hadoop 下的：

```
[hadoop@master conf]$cd $FLUME_HOME/lib
[hadoop@master lib]$rm guava-11.0.2.jar
[hadoop@master lib] $cp $HADOOP_HOME/share/hadoop/common/lib/guava-27.0-jre.jar ./
```

（12）给 Flume/lib 目录添加 HDFS 运行包。

```
[hadoop@master hdfs]$ cd $FLUME_HOME/lib
[hadoop@master lib]$ cp $HADOOP_HOME/share/hadoop/hdfs/hadoop-hdfs-3.2.3.jar ./
```

（13）一键启动 Hadoop HA 集群，输入命令 start-all.sh。

（14）当前 HDFS 下的 tmp 文件夹在网页中是无法访问的，故需要给 tmp 目录增加权限。

```
[hadoop@master flume]$ hdfs dfs -chmod -R 755 /tmp
```

（15）执行测试命令，执行结果如图 9-85 所示。

```
[hadoop@master flume]$ flume-ng agent --conf-file simple-hdfs-flume.conf --name a1
```

注意：因文件过多，请读者结合实际情况按 Ctrl+C 组合键终止任务。

```
    at java.util.concurrent.ThreadPoolExecutor$Worker.run(ThreadPoolExecutor.java:624)
    at java.lang.Thread.run(Thread.java:748)
2022-04-18 00:39:21,737 INFO hdfs.BucketWriter: Closing hdfs://mycluster/tmp/flume/FlumeData.1650213560016.tmp
2022-04-18 00:39:22,203 INFO hdfs.BucketWriter: Renaming hdfs://mycluster/tmp/flume/FlumeData.1650213560016.tmp to hdfs://mycluster/tmp/flume/FlumeData.1650213560016
2022-04-18 00:39:22,223 INFO hdfs.BucketWriter: Creating hdfs://mycluster/tmp/flume/FlumeData.1650213560017.tmp
2022-04-18 00:39:22,280 INFO hdfs.BucketWriter: Closing hdfs://mycluster/tmp/flume/FlumeData.1650213560017.tmp
2022-04-18 00:39:22,300 INFO hdfs.BucketWriter: Renaming hdfs://mycluster/tmp/flume/FlumeData.1650213560017.tmp to hdfs://mycluster/tmp/flume/FlumeData.1650213560017
2022-04-18 00:39:22,312 INFO hdfs.BucketWriter: Creating hdfs://mycluster/tmp/flume/FlumeData.1650213560018.tmp
2022-04-18 00:39:22,372 INFO hdfs.BucketWriter: Closing hdfs://mycluster/tmp/flume/FlumeData.1650213560018.tmp
2022-04-18 00:39:22,394 INFO hdfs.BucketWriter: Renaming hdfs://mycluster/tmp/flume/FlumeData.1650213560018.tmp to hdfs://mycluster/tmp/flume/FlumeData.1650213560018
2022-04-18 00:39:22,406 INFO hdfs.BucketWriter: Creating hdfs://mycluster/tmp/flume/FlumeData.1650213560019.tmp
2022-04-18 00:39:22,455 INFO hdfs.BucketWriter: Closing hdfs://mycluster/tmp/flume/FlumeData.1650213560019.tmp
2022-04-18 00:39:22,475 INFO hdfs.BucketWriter: Renaming hdfs://mycluster/tmp/flume/FlumeData.1650213560019.tmp to hdfs://mycluster/tmp/flume/FlumeData.1650213560019
2022-04-18 00:39:22,487 INFO hdfs.BucketWriter: Creating hdfs://mycluster/tmp/flume/FlumeData.1650213560020.tmp
2022-04-18 00:39:22,529 INFO hdfs.BucketWriter: Closing hdfs://mycluster/tmp/flume/FlumeData.1650213560020.tmp
2022-04-18 00:39:22,545 INFO hdfs.BucketWriter: Renaming hdfs://mycluster/tmp/flume/FlumeData.1650213560020.tmp to hdfs://mycluster/tmp/flume/FlumeData.1650213560020
```

图 9-85　利用 Flume 向 HDFS 上传文件测试

（16）访问 http://192.168.22.5:9870/explorer.html#/tmp/flume 网页，注意这里的 IP 地址实际上是工作节点（Active）的地址，本任务此时为 Slave02，故使用该 IP。读者应根据实际情况设置访问地址，待命节点（Standby）状态下是不能访问的，如图 9-86 所示。

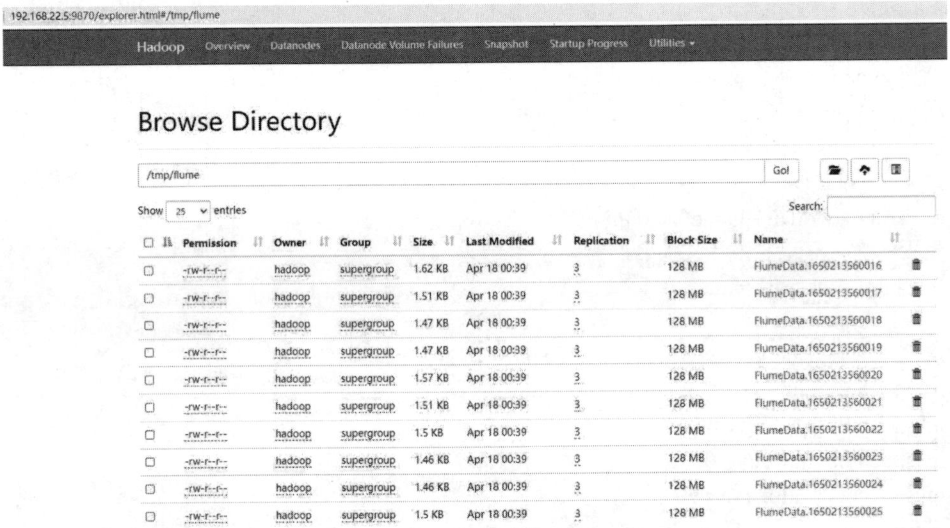

图 9-86　查询 Flume 文件上传结果

至此，Flume 的安装完成。

2. 部署 Kafaka 集群

（1）从北外镜像站下载并解压 Kafaka 至部署目录，并更改名称为 Kafaka。

```
[hadoop@master flume]$ cd ~
[hadoop@master ~]$ wget https://mirrors.bfsu.edu.cn/apache/kafka/2.8.1/kafka_2.13-2.8.1.tgz
[hadoop@master ~]$ tar -zvxf kafka_2.13-2.8.1.tgz -C /usr/local/src/
[hadoop@master ~]$ cd  /usr/local/src/
[hadoop@master src]$ mv kafka_2.13-2.8.1/ kafka
```

（2）进入 kafka/config/目录，修改 server.properties 文件。

```
[hadoop@master src]$ cd kafka/config/
```

注释或删除掉#zookeeper.connect=localhost:2181。

增加：listeners=PLAINTEXT://master:9092。

增加：zookeeper.connect=master:2181,slave01:2181,slave02:2181。

（3）修改/etc/profile 文件，增加以下内容：

```
export KAFKA_HOME=/usr/local/src/kafka
export PATH=$PATH:$KAFKA_HOME/bin
```

（4）向 Slave01/Slave02 主机分发 kafak 部署目录。

```
[hadoop@master config]$ scp -r /usr/local/src/kafka/ root@slave01:/usr/local/src/
[hadoop@master config]$ scp -r /usr/local/src/kafka/ root@slave02:/usr/local/src/
[hadoop@master config]$ scp -r /etc/profile root@slave02:/etc/profile
[hadoop@master config]$ scp -r /etc/profile root@slave01:/etc/profile
```

（5）在 Slave01/Slave02 主机上加载运行环境/etc/profile，并修改 Kafaka 部署目录的权限。

```
chown -R hadoop:hadoop /usr/local/src/kafka/
```

（6）在 Slave01 进入$KAFKA_HOME/config/目录，修改 server.properties 文件，修改以下内容：

```
broker.id=1
listeners=PLAINTEXT://slave01:9092
```

（7）在 Slave01 进入$KAFKA_HOME/config/目录，修改 server.properties 文件，修改以下内容：

```
broker.id=3
listeners=PLAINTEXT://slave02:9092
```

（8）至此，Kafka 的基本部署已经完成。接下来进行 Kafka 的测试环节，首先在 3 个节点上启动 Kafka 集群。

```
[hadoop@slave01 kafka]$
$KAFKA_HOME/bin/kafka-server-start.sh -daemon $KAFKA_HOME/config/server.properties
[hadoop@slave01 kafka]$
$KAFKA_HOME/bin/kafka-server-start.sh -daemon $KAFKA_HOME/config/server.properties
[hadoop@slave02 kafka]$
$KAFKA_HOME/bin/kafka-server-start.sh -daemon $KAFKA_HOME/config/server.properties
```

（9）在 Master/Slave01/Slave02 主机上进行 jps 查询，应发现名为 kafka 的进程，如图 9-87 所示。

```
[hadoop@master kafka]$ jps
84945 DFSZKFailoverController
85537 NodeManager
84308 NameNode
84455 DataNode
85373 ResourceManager
54797 QuorumPeerMain
84732 JournalNode
130716 Jps
130686 Kafka
```

图 9-87　查询 Kafka 运行进程

（10）在 Master 主机创建名为 test1 的 topic。

```
[hadoop@master kafka]$ $KAFKA_HOME/bin/kafka-topics.sh --create --zookeeper master:2181,slave01:2181, slave02:2181 --replication-factor 3 --partitions 3 --topic test1
```

（11）在 Master 主机列出已创建的 topic，如图 9-88 所示。

```
[hadoop@master kafka]$ $KAFKA_HOME/bin/kafka-topics.sh --list --zookeeper master:2181,slave01:2181,slave02:2181
```

图 9-88　查询 Kafka 消息集群中的 topic

（12）在 Master 主机模拟生产者发送信息并模拟输入一些信息，如图 9-89 所示。

```
[hadoop@master kafka]$ $KAFKA_HOME/bin/kafka-console-producer.sh --broker-list master:9092,slave01:9092,slave02:9092 --topic test1
```

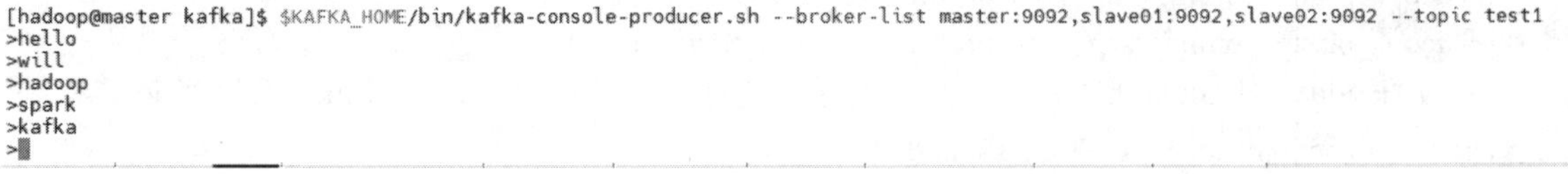

图 9-89　向 Kafka 消息集群中的特定 topic 持续输入消息或数据

（13）在 MobaXterm 上另开一个 Master 主机的终端，如图 9-90 所示。

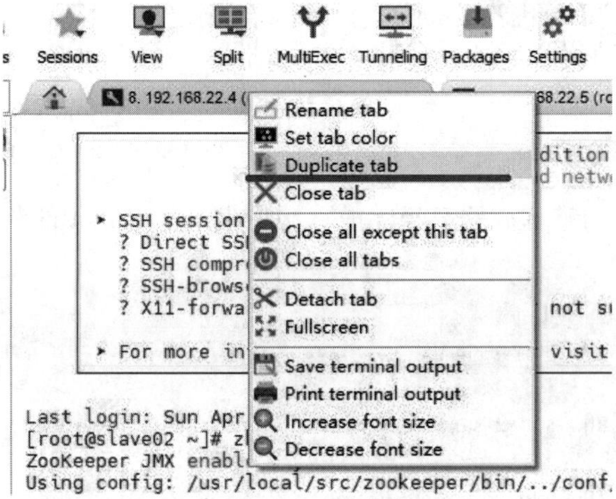

图 9-90　在 MobaXterm 中对单主机进行终端双开

在新开终端中，登录并修改身份为 hadoop，如图 9-91 所示。

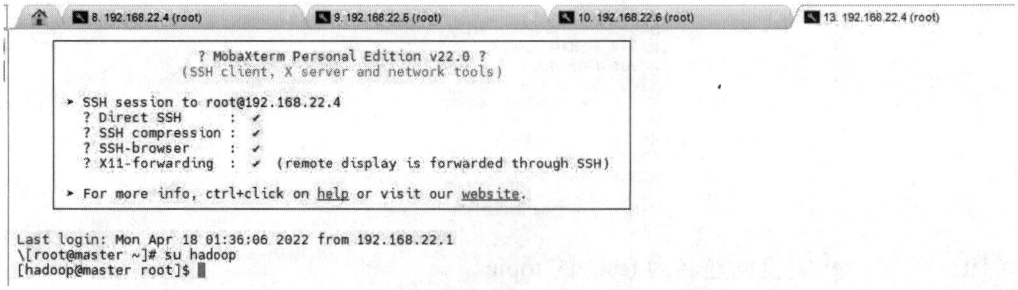

图 9-91　在 MobaXterm 中双开终端后的界面

（14）在新开终端中模拟消费者，接收生产者发送的消息，如图 9-92 所示。

```
[hadoop@master root]$ $KAFKA_HOME/bin/kafka-console-consumer.sh --bootstrap-server master:9092,slave01:9092,slave02:9092 --from-beginning --topic test1
```

```
[hadoop@master root]$ $KAFKA_HOME/bin/kafka-console-consumer.sh --bootstrap-server master:9092,slave01:9092,slave02:9092 --from-beginning --topic test1
will
kafka
spark
hello
hadoop
```

图 9-92　接入 Kafka 消息集群，浏览特定 topic 中的数据（消息）

（15）继续在生产者终端输入内容，并观察消费者终端的信息显示。

（16）再次新开一个终端，切换为 hadoop 用户，并查看指定主题的情况，如图 9-93 所示。

```
6. 192.168.22.4 (root)    9. 192.168.22.5 (root)    10. 192.168.22.6 (root)    13. 192.168.22.4 (root)    14. 192.168.22.4 (root)

            ? MobaXterm Personal Edition v22.0 ?
            (SSH client, X server and network tools)

  ▸ SSH session to root@192.168.22.4
    ? Direct SSH      :  ✔
    ? SSH compression :  ✔
    ? SSH-browser     :  ✔
    ? X11-forwarding  :  ✔  (remote display is forwarded through SSH)

  ▸ For more info, ctrl+click on help or visit our website.

.ast login: Mon Apr 18 01:49:26 2022 from 192.168.22.1
root@master ~]# su hadoop
hadoop@master root]$ $KAFKA_HOME/bin/kafka-topics.sh --describe --zookeeper master:2181,slave01:2181,slave02:2181 --topic test1
opic: test1     TopicId: edRvFX1CRvKWvG4D22Bpdw PartitionCount: 3       ReplicationFactor: 3    Configs:
        Topic: test1    Partition: 0    Leader: 0       Replicas: 0,1,3 Isr: 0,1,3
        Topic: test1    Partition: 1    Leader: 1       Replicas: 1,3,0 Isr: 1,3,0
        Topic: test1    Partition: 2    Leader: 3       Replicas: 3,0,1 Isr: 3,0,1
hadoop@master root]$
```

图 9-93　再次接入 Kafka 消息集群，查看特定 topic 所覆盖的主机节点

（17）至此，Kafaka 的部署已结束，生产者与消费者通过按 Ctrl+C 组合键退出，最后一个终端直接关闭即可。关闭 Kafka 集群需要在 3 个主机上依次使用命令$KAFKA_HOME/bin/kafka- server-stop.sh。

3. Flink-OnYARN 模式的两种部署

（1）从北外镜像站下载并解压 Flink 至部署目录，并更改名称为 flink。

```
[hadoop@master ~]$ cd ~
[hadoop@master ~]$ wget https://mirrors.bfsu.edu.cn/apache/flink/flink-1.12.7/flink-1.12.7-bin-scala_2.12.tgz
[hadoop@master ~]$ tar -zvxf flink-1.12.7-bin-scala_2.12.tgz -C /usr/local/src
[hadoop@master ~]$ cd   /usr/local/src/
[hadoop@master src]$ mv flink-1.12.7/ flink
```

（2）使用 root 身份编辑环境文件/etc/profile，并添加如下内容：

```
export FLINK_HOME=/usr/local/src/flink
export PATH=$PATH:$FLINK_HOME/bin
```

（3）回到 hadoop 身份并装载环境文件。

```
[hadoop@master src]$ source /etc/profile
```

（4）配置 ${FLINK_HOME}/conf/flink-conf.yaml 文件，增加以下内容：

```
high-availability: zookeeper
high-availability.storageDir: hdfs://mycluster/flink/ha/
high-availability.zookeeper.quorum: master:2181,slave01:2181,slave02:2181
high-availability.zookeeper.path.root: /flink
#设置 ck 的状态后端
state.backend: filesystem
state.checkpoints.dir: hdfs://mycluster/flink/checkpoints
#设置默认的 savepoint 的保存位置
state.savepoints.dir: hdfs://mycluster/flink/savepoints
#集群名称不能写错
jobmanager.archive.fs.dir: hdfs://mycluster/flink/completed-jobs/
```

```
historyserver.archive.fs.dir: hdfs://myclusterr/flink/completed-jobs/
#避免同 Hadoop3.0 冲突
classloader.check-leaked-classloader: false
```

（5）编辑${FLINK_HOME}/conf/zoo.cfg 文件，注释掉：

```
#server.1=localhost:2888:3888
```

增加以下内容：

```
server.1=192.168.22.4:2888:3888
server.2=192.168.22.5:2888:3888
server.3=192.168.22.6:2888:3888
```

（6）分发目录与环境配置到 Slave01/Slave02：

```
[hadoop@master config]$ scp -r /usr/local/src/flink/ root@slave01:/usr/local/src/
[hadoop@master config]$ scp -r /usr/local/src/flink/ root@slave02:/usr/local/src/
[hadoop@master config]$ scp -r /etc/profile root@slave02:/etc/profile
[hadoop@master config]$ scp -r /etc/profile root@slave01:/etc/profile
```

（7）在 Slave01/Slave02 上以 root 身份修改目录权限。

```
chown -R hadoop:hadoop /usr/local/src/flink/
```

（8）在 Slave01/Slave02 上以 hadoop 用户装载/etc/profile。

（9）Cluster 部署模式启动测试，在 Master 主机上，按以下顺序启动测试程序，注意路径：

```
[hadoop@master flink]$ export HADOOP_CLASSPATH=`hadoop classpath`
[hadoop@master flink]$ flink run -m yarn-cluster   ./examples/batch/WordCount.jar
```

（10）这是一个单词统计程序，运行结果如图 9-94 所示。

图 9-94　在 Flink Cluster 模式下运行单词统计程序进行测试

（11）Session 部署模式的启动，输入以下命令启动服务，服务运行结果如图 9-95 所示：

```
[hadoop@master flink]$
yarn-session.sh -tm 1024 -jm 1024 -s 3 -d ./examples/batch/WordCount.jar
```

（12）在图 9-95 中，按 http://slave01:46242 转化成相应地址 http://192.168.22.5:46242/访问该网页，就进入了 Flink 的 Web 管理界面，如图 9-96 所示，在这里选择 Submit New Job 命令就可以提交新任务进行计算了。Session 模式实际就是通过 Web 管理界面提交任务（代码包）的过程，具体任务提交及测试过程就作为本章的扩展内容，请读者自行开发。

图 9-95　Flink On-Yarn 模式下 Session 部署的启动

至此，Flink 的部署内容就完全结束了。

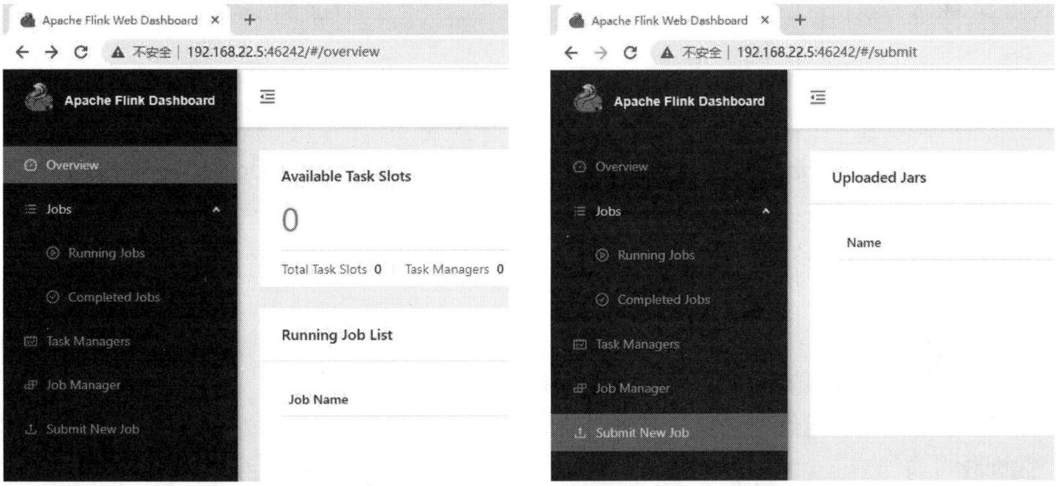

图 9-96　在 Flink 的 Web 管理界面下进行任务提交

【任务小结】

本任务内容主要讲解了部署大数据实时分析平台的过程，请将自己在对本任务内容实操中所遇到的各类问题记录在下面。

【考核评价】

评价内容	评分项	考核点	自评得分	教师考评得分
学习态度	课堂表现、学习活动态度（40 分）	积极主动（10 分）、沟通合作（10 分）、课堂讨论（10 分）、课后作业（10 分）		
知识技能目标	部署 Kafka 集群（30 分）	安装配置 Kafka（10 分）、进行文件分发（10 分）、测试消息集群的通信（10 分）		
	部署 Flink 集群（30 分）	下载配置 Flink 并分发文件（10 分）、使用 On-YARN 模式下的 Cluster 部署方式进行程序测试（10 分）、使用 Session 部署模式进行启动并测试（10 分）		
总得分				

项目拓展

请同学们查阅网络资料，自行完成 Spark（local 模式）、Flink（local 模式）的安装。

思考与练习

理论题

1．简述离线大数据处理平台的技术特点。

2．简述实时大数据处理平台的技术特点。

实训题

完成本项目中的全部任务。

项目 10　大数据分析案例技术实战

项目导读

本项目将通过对用户访问法律服务网站过程中产生的数据进行分析与处理，来讲解大数据分析与处理的基本流程。为了专注于大数据处理和分析，首先将用户访问法律服务网站过程中产生的数据以文件形式保存。对这些原始数据文件，一般情况下需要事先进行一些简单的统计分析，以期能得到数据的一个初步概况，获得其内在的规律，针对出现的统计结果，解释其对应的原因。

在项目 9 中完成数据分析环境搭建后，本项目将基于已搭建好的 Spark Standalone 环境完成离线数据的基础探索与分析，在此过程中，将使用 Spark SQL 技术进行数据处理。同时，本项目还将基于已搭建好的 Flume 和 Kafka 环境进行实时数据模拟、采集和传输，在此过程中，将使用 Flink 技术进行数据接收和处理。

教学目标

- 培养学生一丝不苟的态度和大国工匠精神。
- 掌握数据分析与探索的基本方法。
- 掌握基于 Maven 的项目开发环境搭建、项目打包与项目提交方法。
- 掌握离线数据分析、过滤、统计和处理技术的流程和方法。
- 了解实时数据分析、统计和处理的流程和方法。

任务 1　法律服务大数据分析与探索

【任务描述】

随着互联网的发展，越来越多的法律服务应用不断出现，用户量也随之增加，引发了法律服务相关的数据规模的爆炸式增长。用户使用传统搜索引擎从海量法律相关的数据中快速准确地寻找到自己感兴趣的信息，在这个过程中将产生大量的日志数据。过去，平台无法及时从这些日志数据中获取有价值的信息，对数据的使用效率较低。但是，如今随着大数据技术的成熟，平台可以使用大数据技术来实现对日志数据的分析与处理，延长日志数据的价值链。

【任务目标】

- 了解法律服务大数据分析与探索案例的背景。
- 掌握数据分析与探索的内容。

【知识链接】

1. 案例背景

某电子商务类公司，在基于一个大型法律资讯网站的基础上构建了一个法律服务大数据分析与处理系统。首先法律资讯网站致力于为用户提供丰富的法律信息与专业咨询服务，并为律师与律师事务所提供卓有成效的互联网整合营销解决方案。而法律服务大数据系统则对法律资讯网站的数据进行大数据分析与处理。

法律资讯网站的用户日益增加，访问量增大，其数据信息量也在大幅增长，如海量的用户法律咨询信息、大量入驻的律师及律师事务所信息等。一般访问该网站用户需要从该网站获取对个人有法律方面帮助的信息，面对大量信息时，可以通过网站提供的站内搜索来进行关键字搜索。用户每做出一个访问和搜索操作，后台服务器都会接收到相应的请求并触发相应的事件，从而生成相应的日志数据。

通过利用网站海量的用户访问和搜索日志数据，可研究用户的兴趣偏好，探索数据潜在的商业价值，改善用户浏览体验，为用户提供个性化法律信息服务，增加用户黏度，减少用户流失。

2. 系统架构及流程

法律服务大数据分析与探索的前提是法律资讯网站收集的数据。法律资讯网站提供相关法律信息查询、咨询和搜索等服务。这些操作过程会产生日志数据，这些日志数据可以采用多种方式进行存储，比如使用 MySQL 存储数据。法律资讯网站会定时把日志数据生成日志文件，然后传输到法律服务大数据分析与处理系统中（比如使用 HDFS 保存这些日志文件），然后系统对日志文件进行分析、探索与处理。

法律服务大数据分析与处理系统的数据分析任务有两部分：

（1）在 HDFS 上的日志文件系统可以通过 Hive 进行用户主题分析，得到各种用户相关的统计结果，整体分析用户行为，进行基本数据探索（数据特征分析）。同时，可以发现数据中的异常或缺失值情况，处理各种缺失值或异常值数据、进行数据预处理。上述就是本项目要完成的离线数据分析任务。

（2）法律服务网站会实时产生日志数据，对这些实时日志数据需要进行实时处理。这个过程中包含三个处理步骤：一是实时采集，二是实时传输，三是实时处理。上述三个步骤就是本项目要完成的实时数据分析任务。

【任务实施】

1. 系统数据说明

为简化操作，当用户访问网站页面时，系统会记录用户访问网站的日志。将这些日志内容加以整理，其中包括用户 IP（非真实 IP）、用户访问的时间、访问内容等多项属性的记录。

这些记录数据放在一份 CSV 数据里，数据一共含有 21 个字段，其中包含 IP、地区编号、浏览器代理、用户 ID、客户端 ID、时间戳、标准时间、页面路径、年月日、访问网页、网页类型、主机名、页面标题等。其各个属性及其说明如表 10-1所示。

表 10-1 网站访问记录属性及其说明

属性名称	属性说明
realip	真实 IP
realareacode	地区编号
useragent	浏览器代理
useros	用户浏览器类型
userid	用户 ID，识别不同用户登录的一个唯一的识别字段
clientid	客户端 ID
times_tamp	时间戳
timestamp_format	标准化时间，记录的是用户访问该网页时的详细时间
pagepath	路径
ymd	年月日，记录的是用户访问的日期
fullurl	网址，网页的详细地址，标识了用户访问的不同页面
fullurlid	网址类型，网页的类型 ID，通过 ID 可以知道页面所属类型
hostname	源地址名
pagetitle	网页标题
pagetitlecategoryid	标题类型 ID
pagetitlecategoryname	标题类型名称
pagetitlekw	标题类型关键字
fullreferrer	入口源
fullreferrerurl	入口网址
organickeyword	搜索关键字
source	搜索源

依据表 10-1，按地域研究用户的访问时间、访问内容、访问次数等，深入了解用户访问网站的行为、目的及关心的内容（主要指统计信息）。

2. 网页类型说明

表 10-1中的 fullurlid 字段是针对在法律资讯网站中不同网页类型的编码，这些编码对应的含义如表 10-2 所示。

表 10-2 网页类型描述

网页类型编码	网页类型的网址示例	说明
101001	http://www.***.cn/ask/	咨询首页
101002	http://www.***.cn/ask/browse*.html	咨询列表页
101003	http://www.***.cn/ask/question_*.html	咨询内容页
101004	http://www.***.cn/ask/expert/	律师专家团
101005	http://www.***.cn/ask/moderator/	律师版主团
101006	http://www.***.cn/ask/anstar/	回复之星

续表

网页类型编码	网页类型的网址示例	说明
101007	http://www.***.cn/ask/ranking.html	咨询热榜
101008	http://www.***.cn/ask/online/	在线特约
101009	http://www.***.cn/ask/exp/	法律经验
102001	http://www.***.cn/*/lawyer	专业首页
102002	http://www.***.cn/*/lawyer/p*ll*	具体专业页面
102003	http://www.***.cn/*/online	律师在线
102004	http://www.***.cn/*/lawyer/area	按地区找律师
102005	http://www.***.cn/*/lawyer/pro	按专业找律师
102006	http://www.***.cn/*/lawyer/love	爱心律师
102007	http://www.***.cn/*/lawyer/article	律师文集
102008	http://www.***.cn/*/lawyer/case	成功案例
102009	http://www.***.cn/*/lawyer/team	律师团队
103001	http://www.***.cn/interview	律师访谈
103002	http://www.***.cn/interview/list.html	律师访谈列表页
103003	http://www.***.cn/interview/article/*.html	律师访谈内容页
104001	http://www.***.cn/*/tel*	电话咨询页面
105001	http://www.***.cn/trust/*	案件委托页面
106001	http://www.***.cn/*/lawfirm	事务所页面
107001	http://www.***.cn/info/*/	知识首页
107001	http://www.***.cn/info/*/数字.html	知识内容页
107001	http://www.***.cn/info/*	知识列表页
201001	http://elite.***.cn/*	精英律师页面
301001	http://***.***.cn/*	法律法规页面
1999001		其他类别

用户对法律资讯网站网页各种操作的统计分析结果的显示用的就是这些编码。

3. 数据集

本任务中并不涉及法律资讯网站的搭建和应用服务的实现，所有由法律资讯网站传过来的数据统一转换成 CSV 格式数据集文件，并交由法律服务大数据分析与处理系统进行分析、探索与处理。

【任务小结】

本任务中介绍了法律服务大数据系统的架构和需要进行分析与处理的任务，并给出了系统分析处理所需的数据格式。

【考核评价】

评价内容	评分项	考核点	自评得分	教师考评得分
学习态度	课堂表现、学习活动态度（40）	积极主动（10 分）、沟通合作（10 分）、课堂讨论（10 分）、课后作业（10 分）		
知识技能目标	法律服务大数据系统（20 分）	了解法律服务大数据分析与处理系统的背景、架构和数据说明（20 分）		
	数据分析、探索与处理任务（40 分）	掌握法律服务大数据分析与处理系统的主要任务（40 分）		
总得分				

任务 2　基于 Maven 的项目开发环境搭建

【任务描述】

为了分别基于 Spark 和 Flink 框架开发离线和实时数据处理相关功能，本任务以 IDEA 集成开发环境作为代码编写环境，并以 Maven 插件进行项目和软件包依赖管理。

【任务目标】

- 了解使用 IDEA 构建项目开发环境的基本步骤。
- 掌握基于 Maven 的父子模块的创建。
- 掌握使用 Maven 工具进行项目打包的操作步骤。
- 掌握项目上传的命令。

【知识链接】

1. Maven 简介

Maven 是一个项目管理工具，可以对 Java 项目进行构建、依赖管理。由于本任务基于 Scala 语言进行大数据分析与处理，而 Scala 语言的底层源于 Java 语言，因此本任务可以使用 Maven 工具进行项目管理。值得注意的是，关于 IDEA 如何集成 Maven 插件以及如何配置 Maven 仓库，读者可以参考网络上或者其他 Maven 教程的相关资料进行学习。

2. Maven 依赖与 pom.xml

POM 是项目对象模型（Project Object Model）的简称，它是 Maven 项目中的 XML 格式文件，名称为 pom.xml。该文件主要用于管理项目的依赖关系，其功能十分强大。

3. Maven 项目构建

Maven 工具可以集成到开发工具中，比如 IDEA 可以集成 Maven 插件。使用 Maven 构建的项目与普通项目有一些差别，主要区别体现在文件目录结构上。与普通项目相比，Maven 项目在根目录中还会多一个 pom.xml 文件。构建好的 Maven 项目可以使用 Maven 自带的命令进行操作，但是在 IDEA 集成的 Maven 插件中提供了快捷操作选项，可以以快捷的方式进行清理、编译、打包操作。

Maven 项目构建

【任务实施】

1. Maven 项目构建

（1）新建父模块。首先确定父模块名为 bigdata，GroupId 为 com.bd，ArtifactId 为 bigdata。至于 GroupId 和 ArtifactId 属性的含义与属性值的命名规则，读者可以参考 Maven 相关书籍进行学习。

启动 IDEA 集成开发环境，单击 New Project 按钮，在左侧边栏选择 Maven 选项，然后单击 Next 按钮进入项目配置面板，具体参数配置参考图 10-1。

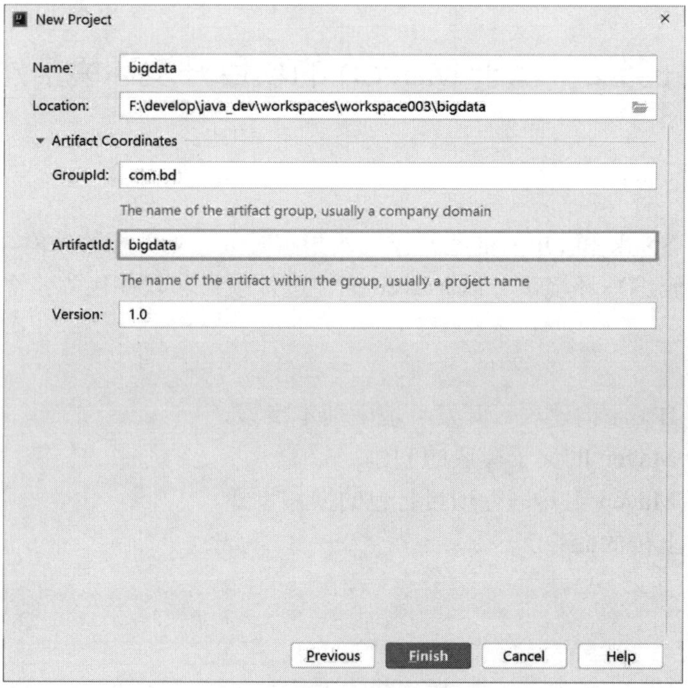

图 10-1　项目参数配置

配置完成后单击 Finish 按钮。至此，父模块 bigdata 便构建出来了。

（2）新建子模块。基于 Maven 的父子模块搭建方式非常有利于大型项目的整合与开发，在父模块中创建子模块，有利于实现子模块对父模块的依赖，实现代码复用等功能。

在父模块 bigdata 上右击，依次选择 New→Module 选项，弹出 New Module 对话框，单击 Next 按钮进入子模块参数配置面板，如图 10-2 所示。

配置完成后单击 Finish 按钮。至此，一个名为 spark 的子模块也就构建出来了。以相同的方式创建名为 flink 的子模块，只需将图 10-2 中的 Name 属性值和 ArtifactId 属性值改为 flink 即可。

（3）添加 Scala 支持。由于本项目是基于 Scala 语言进行大数据分析与处理，因此需要给项目增加 Scala 支持，才能进行 Scala 代码的编写。读者亦可在 pom.xml 文件中添加 Scala 依赖配置，也能实现相同的功能。

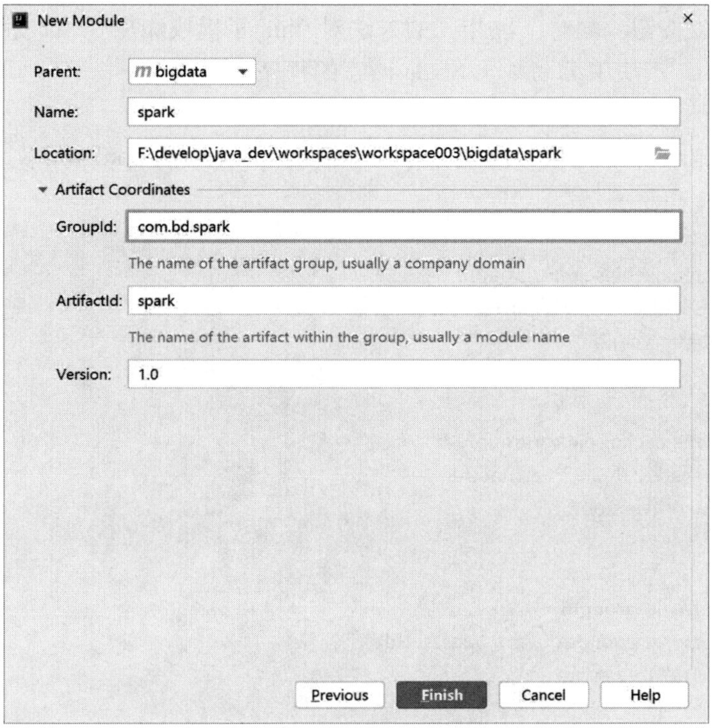

图 10-2　子模块参数配置

在子模块 spark 上右击，然后选择 Add Framework Support 选项，在选项框中选择 Scala（必须保证已经在本地安装好 Scala-2.12.11 版本并配置好环境变量），如图 10-3 所示。

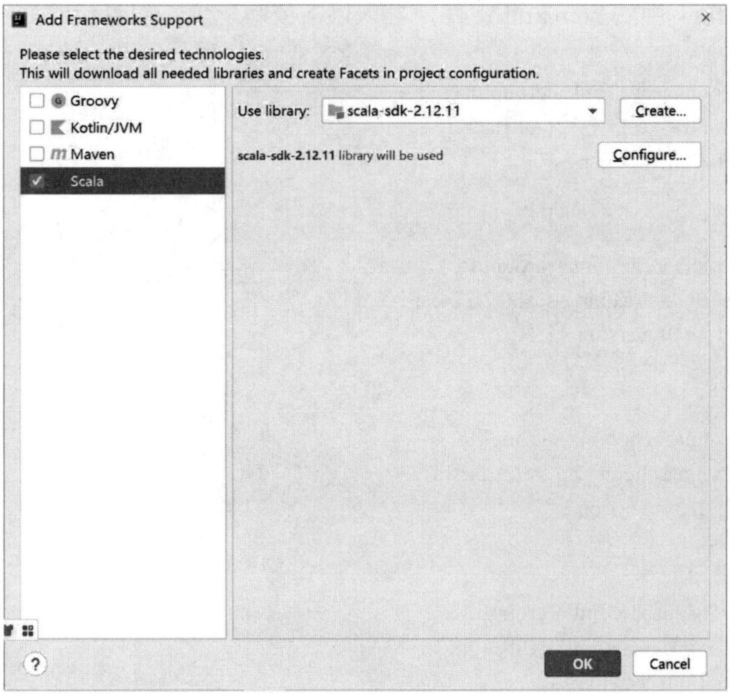

图 10-3　添加 Scala 支持

（4）单击 OK 按钮。同时，以相同的方法对 flink 子模块添加 Scala 支持。至此，读者便可以在 spark 和 flink 模块中编写基于 Scala 语言的程序。

2. 导入依赖

（1）在 pom.xml 中导入依赖配置。打开子模块 spark 中的 pom.xml 文件，导入以下依赖配置，配置代码如下：

```
<dependency>
    <groupId>org.apache.spark</groupId>
    <artifactId>spark-core_2.12</artifactId>
    <version>3.0.0</version>
</dependency>
<dependency>
    <groupId>org.apache.spark</groupId>
    <artifactId>spark-sql_2.12</artifactId>
    <version>3.0.0</version>
</dependency>
<dependency>
    <groupId>mysql</groupId>
    <artifactId>mysql-connector-java</artifactId>
    <version>5.1.37</version>
</dependency>
<dependency>
    <groupId>org.apache.spark</groupId>
    <artifactId>spark-hive_2.12</artifactId>
    <version>3.0.0</version>
</dependency>
```

打开子模块 flink 中的 pom.xml 文件，导入以下依赖配置，配置代码如下：

```
<dependency>
    <groupId>org.apache.flink</groupId>
    <artifactId>flink-scala_2.12</artifactId>
    <version>1.13.0</version>
</dependency>
<dependency>
    <groupId>org.apache.flink</groupId>
    <artifactId>flink-streaming-scala_2.12</artifactId>
    <version>1.13.0</version>
</dependency>
<dependency>
    <groupId>org.apache.flink</groupId>
    <artifactId>flink-clients_2.12</artifactId>
    <version>1.13.0</version>
</dependency>
<dependency>
    <groupId>org.apache.flink</groupId>
    <artifactId>flink-json</artifactId>
    <version>1.13.0</version>
</dependency>
```

（2）刷新依赖。导入依赖配置后，会出现配置项标红或者在配置项下面出现红色的波浪下划线。这是因为本地 Maven 仓库中缺少该依赖配置所指定的软件包导致的，只需在 IDEA 的 Maven 插件中单击“刷新”按钮即可在线下载相关依赖包，如图 10-4 所示。

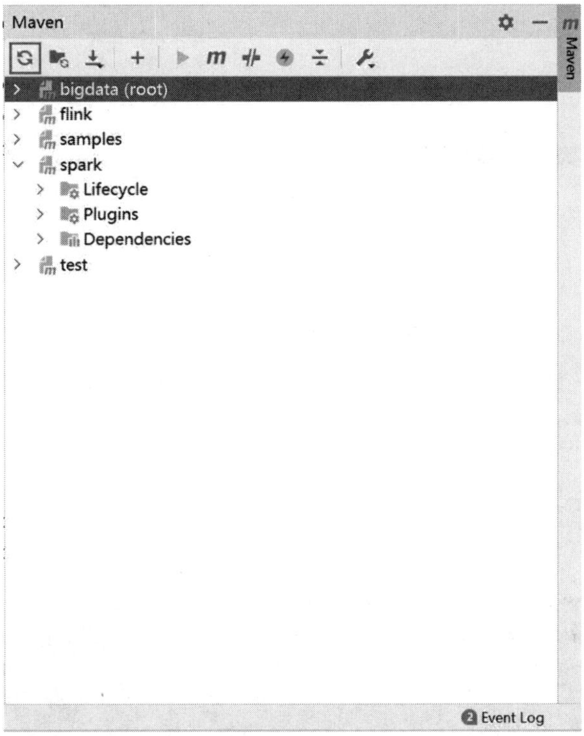

图 10-4　刷新 Maven 项目

至此，如果两个子模块的 pom.xml 文件中没有出现红色字体或者红色波浪线，则基于 Maven 的 spark 和 flink 项目开发环境搭建完成。

3. 项目打包

项目打包

本任务将通过 Maven 插件打包，而在打包前务必保证 IDEA 已经开启“自动构建项目（Build project automatically）”的设置。如果 IDEA 没有开启“自动构建项目”的设置，那么在每次打包时需要“手动构建项目”（读者可自行通过网络查询两种项目构建方式的操作）。需要注意的是，无论“自动构建项目”还是“手动构建项目”，只有当子模块中出现 target 和 classes 目录，且 classes 目录中有最新编译的字节码文件时，打包操作才能成功。

双击 Maven 插件 package 选项，操作过程如图 10-5 所示。等待一会儿，项目会被打成 Jar 包，保存在 target 目录中，如图 10-6 所示。

4. 上传 Jar 包

上传 Jar 包

当项目打成 Jar 包后需要上传到集群环境进行执行，本任务中将使用 scp 命令将 Jar 包上传到集群环境。

首先定位到 Jar 包所在目录，在文件管理器的地址栏中输入 cmd 命令就可以打开该路径下的终端，然后在终端输入以下命令进行上传：

```
scp spark-1.0.jar root@xxx:/root/dev/tmp
```

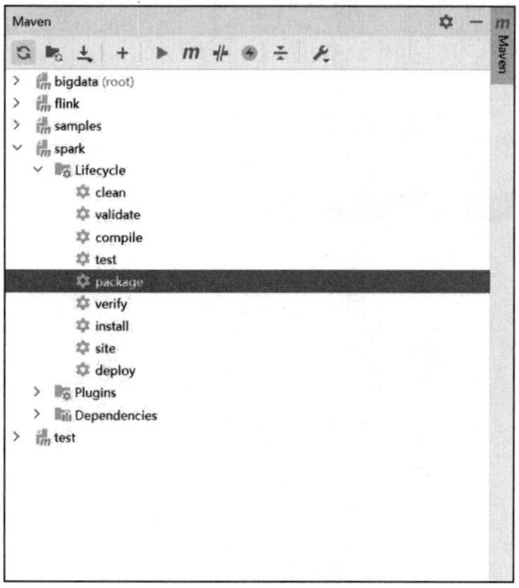

图 10-5 Maven 打包过程

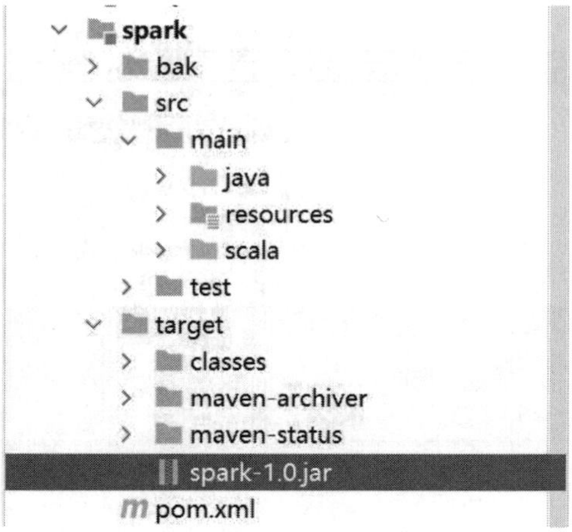

图 10-6 Jar 包保存路径

注意：xxx 是 Spark 集群主节点的 HostName，本任务将所有生成的 Jar 包上传至主节点中的/root/dev/tmp 路径下，如图 10-7 所示。

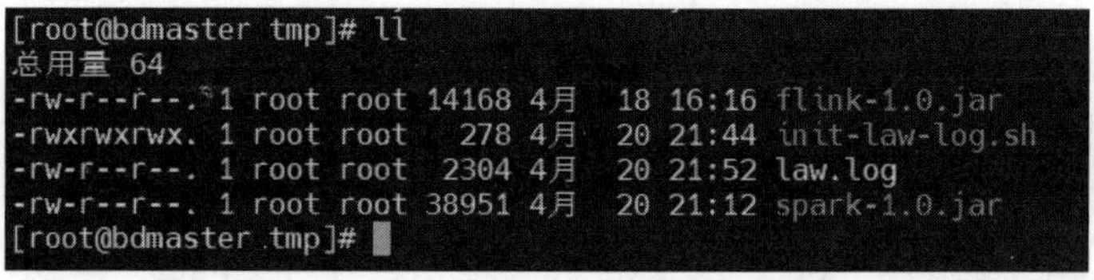

图 10-7 Jar 上传路径

【任务小结】

本任务主要讲解了基于 Maven 的开发环境搭建、依赖导入和项目打包。在此基础上，便可以进行大数据分析与处理项目的开发。

【考核评价】

评价内容	评分项	考核点	自评得分	教师考评得分
学习态度	课堂表现、学习活动态度（40 分）	积极主动（10 分）、沟通合作（10 分）、课堂讨论（10 分）、课后作业（10 分）		
知识技能目标	基于 Maven 的开发环境搭建（20 分）	创建 Maven 项目（5 分）、引入依赖（15 分）		
	项目打包与上传（40 分）	清理项目（10 分）、编译项目（10 分）、对项目进行打包（10 分）、上传项目（10 分）		
总得分				

任务 3 离线基础数据分析与统计

【任务描述】

推荐系统中存放的访问日志原始数据可以通过相关 Hive 命令导入到 Hive 表中，在此基础上实现对数据的统计分析。基础探索分析包括对数据的总记录数、访问用户数、受访问网页数和不同网页类型记录数等进行统计分析。

分析方法包括按全字段对总记录数进行统计和按部分字段对记录数进行统计。首先，对表中数据进行分组统计，并将统计的结果放入到新的字段中以实现降序排序；然后，对表中重复数据进行统计。统计重复数据也是分为两种：一种是按全字段统计，另一种是按部分字段统计。

上述统计功能技术上基于 SparkSQL 实现。

【任务目标】

- 了解 SparkSQL 组件。
- 掌握使用 SparkSQL 按字段去重统计功能的代码实现。
- 掌握使用 SparkSQL 分组统计功能的实现。
- 掌握使用 SparkSQL 新建字段功能的实现。
- 掌握使用 SparkSQL 排序功能的实现。

【知识链接】

1. SparkSQL

SparkSQL 是一个用于结构化数据处理的 Spark 组件。所谓结构化数据，是指具有某种格式（Schema）的数据。SparkSQL 可以使用 SQL 语言查询结构化数据，例如以下代码：

```
results = spark.sql("SELECT * FROM xxx")
```

上述代码中 spark 对象是一个 SparkSession 实例；xxx 可以是临时视图，也可以是 Hive 中的表（需要增加对 Hive 的支持）；results 对象是 sql()方法的返回值，它是一个 DataFrame 实例。

SparkSQL 可以连接到多种数据源，包括 Hive、Parquet、JSON 和 JDBC 等。这便意味着可以使用 SparkSQL 实现对不同数据源（库）的查询等操作，例如对 HDFS 中 JSON 格式文件的查询操作，代码如下：

```
val results = spark.read.load("hdfs://xxx:9000/xxx.json")
results.show()
results.createTempView("xxx")
results.sql("SELECT * FROM xxx")
```

同时，SparkSQL 也支持 HiveQL 语法和 UDF（用户自定义函数），允许访问集群中的 Hive 仓库，在下面的任务中会使 SparkSQL 加入对 Hive 的支持，代码如下：

```
val spark = SparkSession.builder()
        .enableHiveSupport()
```

从 Spark 2.0 以上版本开始，Spark 使用全新的 SparkSession 接口替代 Spark 1.6 中的 SQLContext 以及 HiveContext 接口来实现对数据的加载、转换、处理等功能，也就是说 SparkSession 实现了 SQLContext 和 HiveContext 的所有功能。

2. RDD、DataSet 和 DataFrame

在 Spark 中，RDD、Dataset 和 DataFrame 都是分布式数据集。一个 RDD 所代表的抽象数据集可以看作是一个没有类型，也没有格式（Schema）标识的多行数据集合。相对于 RDD，一个 Dataset 所代表的抽象数据集是对 RDD 的每行数据加上类型约束。一个 DataFrame 所代表的抽象数据集是一个元素类型为 Row 的 Dataset，而 Row 可以看作是一个简单的 Java 对象，即类为 Row 的 Pojo 实例。

3. DataFrame 常用操作

在 DataFrame 创建好后，可以调用一些常用方法实现特定的功能。以下只讲解本任务中用到的方法，如果读者想深入学习 DataFrame 的其他操作，可参考其他书籍。

（1）创建 SparkSession 对象：

```
val sparkSession = SparkSession.builder()
        .enableHiveSupport()
        .appName("DataProcessing")
        .master("spark://bdmaster:7077")
        .getOrCreate()
```

（2）在创建 DataFrame 之前，为了支持 RDD 转换为 DataFrame 及后续的 SQL 操作，需要导入隐式转换：

```
import org.apache.spark.sql.functions._
```

（3）在创建 DataFrame 时，可以使用 Hive 数据源，通过 spark.read 读取 Hive 表为 DataFrame：

```
val lawData = sparkSession.read.table("law.law_log_all")
```

law 是本任务需要创建的数据库名，而 law_log_all 是本任务需要分析和处理的数据表，lawData 是 table()方法返回的 DataFrame 对象实例。

（4）select()操作实现从 DataFrame 中选取部分列的数据：

```
lawData.select("realip","userid","fullurlid","fullurl","pagetitle")
```

realip、userid、fullurlid、fullurl 和 pagetitle 均是本任务数据表 law_log_all 中的部分字段名。

（5）show()操作实现展示 DataFrame 中的数据，第一个参数指定显示的行数，第二个参数指定是否截断每行太长的字符串：

```
lawData.show(1, false)
```

（6）count()操作实现对表的记录数的统计功能：

```
lawData.count()
```

（7）distinct()操作实现对表中每行数据的去重功能：

```
lawData.distinct()
```

（8）groupBy()操作实现对 DatFrame 进行分组统计的功能：

```
lawData.groupBy("fullUrlId").count()
```

（9）withColumn()操作实现将统计结果放入新建字段中的功能，第一个参数指定新字段名，第二个参数指定新字段对应的每行数据值：

```
val urlType = lawData.withColumn("weights", round(col("count") / lawData.count() * 100, 3))
```

urlType 对象是 withColumn()方法返回的一个 DataFrame 实例。

（10）sort()操作实现对结果进行排序的功能：

```
UrlType.sort(desc("weights")).show()
```

desc()操作使得 sort()方法实现降序排序，其参数是降序排序字段。

（11）获取 DataFrame 所有字段名并转化为列表（List）：

```
val columnsName = lawData.columns.toList
```

【任务实施】

1. 日志文件原始数据统计分析的内容和意义

通过对访问日志原始数据的总记录数进行统计，可以对数据集有一个概括性的了解。访问用户和受访问网页是关键数据，因此系统也需要对用户数及网页数进行统计。

表 10-1 中所列的网站访问记录属性中有一个字段 fullurlid，此字段代表网页的类别。可以根据此字段来统计不同网页类型的记录数，并计算其百分比。这样方便后续在进行探索分析时，可以直接使用某一网页类别来处理，减小分析的计算时长。

用户在访问网页的时候，存在用户 ID、访问页面、访问时间一模一样的情况。如果单看 userid、timestamp_format、fullurl 这三列，那么这个数据是重复的，但是如果加入 times_tamp 这一字段，那么这时数据就不是重复的。针对这个问题进行简单的分析，发现有时因为网络延迟、网络缓存等一些意外因素，会将用户的一次访问进行了多次保存，这样就会有重复数据产生。因此，也需要对重复数据进行统计。

根据上述分析，原始数据的统计分析包括 3 类：①总记录数、访问用户数和受访问网页数的统计分析；②不同类型的网页记录数统计分析；③重复数据的统计分析。

2. 数据统计分析的技术实现过程

（1）原始数据上传。在数据文件夹中找到文件 law_log_all.csv。

1）在主节点 Hadoop 安装目录中启动 HDFS 集群服务，启动命令如下：

```
./sbin/start-dfs.sh
```

2）打开 HDFS 的 Web UI 页面（http://bdmaster:50070），如图 10-8 所示。

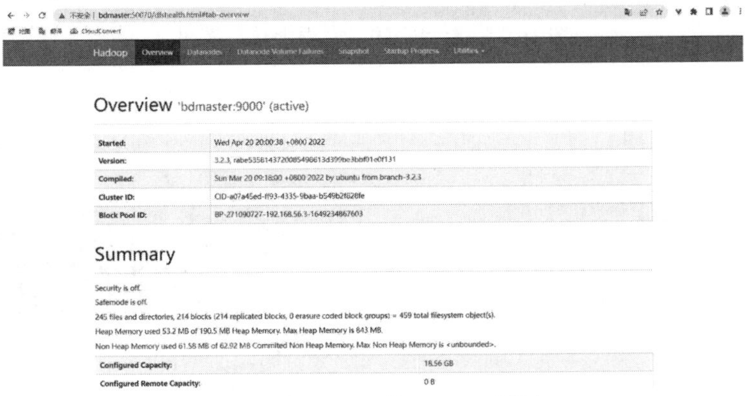

图 10-8　HDFS 的 Web UI 页面

依次单击 Utilities 和 Browse the file system 选项进入 HDFS 的文件系统页面，如图 10-9 和图 10-10 所示。

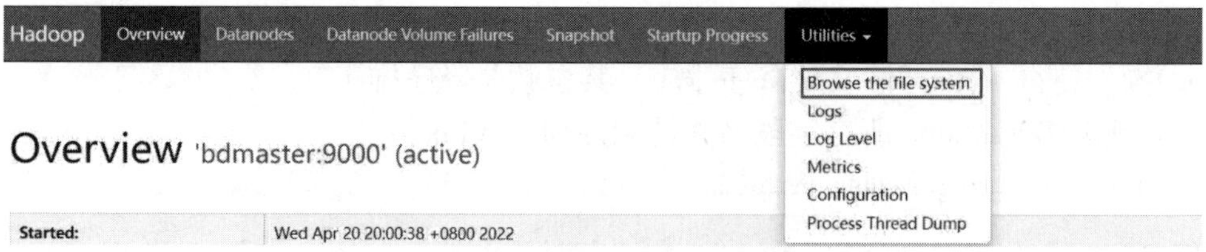

图 10-9　进入 HDFS 文件系统

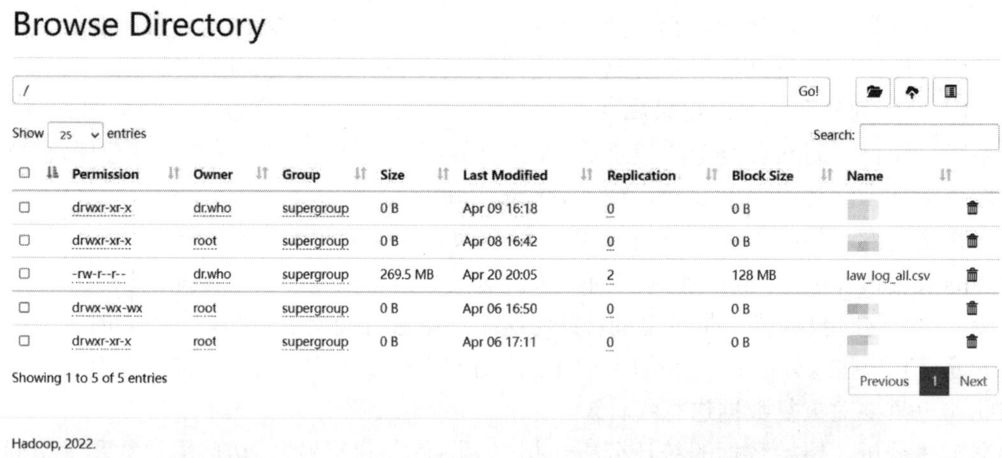

图 10-10　HDFS 的文件系统页面

3）单击 HDFS 文件系统页面的“文件上传”按钮进入上传面板，在上传面板依次单击“选择文件”和 Upload 按钮，如图 10-11 和图 10-12 所示。

图 10-11　HDFS 的“文件上传”按钮

图 10-12　上传面板

至此，原始数据文件 law_log_all.csv 上传到 HDFS 文件系统中，接下来就可以将 law_log_all.csv 文件中的数据以表的形式导入到 Hive 仓库中了。

（2）数据导入到 Hive 仓库。

首先在集群主节点启动 Hive 元数据服务，命令如下：

```
hive --service metastore &
```

接着在 Hive 安装目录中启动 Hive 服务，命令如下：

```
./bin/hive
```

Hive 服务启动结果如图 10-13 所示。

图 10-13　Hive 服务启动结果

接下来，将 law_log_all.csv 文件数据导入到 Hive 数据仓库中，命令如下：

```
hive> create database law;
hive> use law;
hive> CREATE TABLE    law_log_all (
      > realip bigint,
      > realareacode int,
      > useragent string,
      > useros string ,
      > userid string,
      > clientid string,
      > times_tamp bigint,
      > timestamp_format string,
      > pagepath string,
      > ymd int,
      > fullurl string,
      > fullurlid string,
      > hostname string,
      > pagetitle string,
      > pagetitlecategoryid int,
      > pagetitlecategoryname string,
      > pagetitlekw string,
      > fullreferrer string,
      > fullreferrerurl string,
      > organickeyword string,
      > source string)
      > ROW FORMAT DELIMITED FIELDS TERMINATED BY ','
      > STORED AS TEXTFILE;
hive> load data inpath '/law_log_all.csv' overwrite into table law_log_all;
```

最后，当导入成功后，使用以下命令进行验证，命令如下：

```
hive> show databases;
OK
default
```

```
law
Time taken: 2.362 seconds, Fetched: 2 row(s)
hive> use law;
OK
Time taken: 0.091 seconds
hive> show tables;
OK
law_log_all
Time taken: 0.118 seconds, Fetched: 1 row(s)
hive> select fullurlid,fullurl from law_log_all limit 5;
OK
101003    http://www.***.cn/ask/question_5865691.html
101003    http://www.***.cn/ask/question_5943216.html
107001    http://www.***.cn/info/zhaiquan/zqzr/2011092231437.html
107001    http://www.***.cn/info/hunyin/hunyinfagui/20130702166979.html
101003    http://www.***.cn/ask/question_1360451.html
```

命令执行结果如图 10-14 所示。

Hive 数据表建立与导入命令

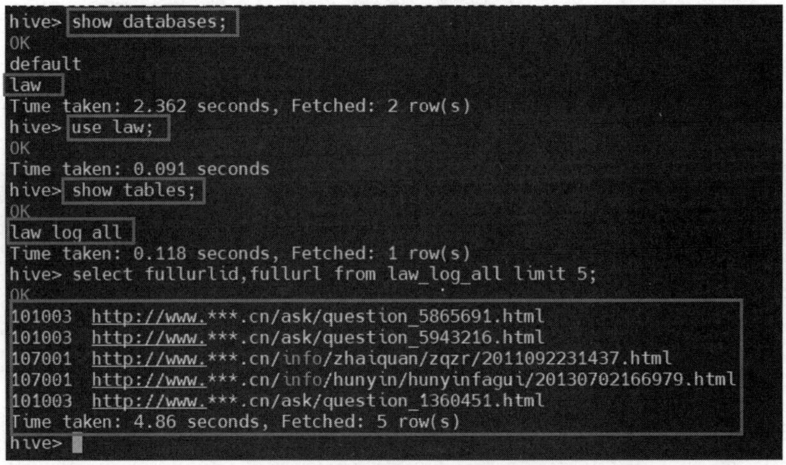

图 10-14　csv 数据导入验证

（3）代码编写。在_003_law 中新建名为 expore 的包，并在 expore 包中新建 Scala 对象 Explore，用来分析统计总记录数、用户数和受访问网页数；新建 Scala 对象 UrlType，用来分析统计不同网页类型的记录数；新建 Scala 对象 DuplicateDataCount，用来分析统计重复数据。在每个对象的 main 方法中分别依次实现各自的功能。

Explore 功能代码如下：

```
//创建一个 SparkSession 对象
val sparkSession = SparkSession.builder()
  //设置程序名称
  .appName("Explore")
  //设置运行模式
  .master("spark://bdmaster:7077")
  //开启 Hive 连接服务
```

```
    .enableHiveSupport()
    //获取已有的 SparkSession 对象，如果不存在，就根据构建器配置的参数创建一个新的 SparkSession 对象
    .getOrCreate()

//设置日志输出等级为 Error
sparkSession.sparkContext.setLogLevel("Error")

/**
 * 使用 SparkSession 对象读 law 数据库中数据表 law_log_all
 *
 * def table(tableName: String): DataFrame-将指定的表作为 DataFrame 返回
 */
val lawData = sparkSession.read.table("law.law_log_all")
/**
 * 展示数据表
 *
 * def show(numRows: Int, truncate: Boolean): Unit-以表格形式显示 Dataset
 * 参数：
 * numRows-要显示的行数
 * truncate-是否截断长字符串。如果为 true，则超过 20 个字符的字符串将被截断，所有单元格将正确对齐
 */
lawData
  .select("realip","userid","fullurlid","fullurl","pagetitle")
  .show(1, false)

/**
 * 数据量、用户数和网页数统计
 *
 * def count(): Long-返回 Dataset 中的行数
 *
 * def select(col: String, cols: String*): DataFrame-选择一组列，只能使用列名选择现有列。
 *
 * def distinct(): Dataset[T]-返回仅包含此 Dataset 中唯一行的新 Dataset（去重）
 */
println("数据量： " + lawData.count())
println("访问用户数： " + lawData.select("userid").distinct().count())
println("受访问网页数： " + lawData.select("fullURL").distinct().count())

//关闭 SparkContext
sparkSession.close()
```

UrlType 功能代码如下：

```
val sparkSession = SparkSession.builder()
  .enableHiveSupport()
  .appName("UrlType")
  .master("spark://bdmaster:7077")
  .getOrCreate()
```

```
sparkSession.sparkContext.setLogLevel("Error")
val lawData = sparkSession.read.table("law.law_log_all")

//导入 SparkSession 对象中的隐式转换
import org.apache.spark.sql.functions._

/**
  * 根据 fullUrlId 进行分组统计
  *
  * def groupBy(col1: String, cols: String*): RelationalGroupedDataset
  * -使用指定的列对 Dataset 进行分组，以便对它们运行聚合
  *
  * def count(): DataFrame-计算每组的行数，生成的 DataFrame 还将包含分组列
  *
  * def col(colName: String): Column-基于给定的列名返回列
  *
  * def withColumn(colName: String, col: Column): DataFrame
  * -通过添加列或替换具有相同名称的现有列来返回新 Dataset
  */
val UrlType = lawData
  //统计每个网页 Id 出现次数
  .groupBy("fullUrlId").count()
  //求网页 Id 出现次数占比，并存入 weights 字段中
  .withColumn("weights", round(col("count") / lawData.count() * 100, 3))

/**
  * 以 weights 倒序的形式输出
  *
  * def desc(columnName: String): Column-根据列的降序返回排序表达式
  *
  * def sort(sortExprs: Column*): Dataset[T]-返回按给定表达式排序的新 Dataset
  */
UrlType.sort(desc("weights")).show()

sparkSession.close()
```

DuplicateDataCount 功能代码如下：

```
def main(args: Array[String]): Unit = {
  val sparkSession = SparkSession.builder()
    .enableHiveSupport()
    .appName("DuplicateDataCount")
    .master("spark://bdmaster:7077")
    .getOrCreate()

  sparkSession.sparkContext.setLogLevel("Error")

  val lawData = sparkSession.read.table("law.law_log_all")
```

```
    /**
     * 获取所有列名（字段名）
     *
     * def columns: Array[String]-以数组形式返回所有列名
     */
    val columnsName = lawData.columns.toList

    //所有字段的重复数据统计
    for (columnName <- columnsName) {
      println(columnName + "字段重复数据量：" + (lawData.select(columnName).count() - lawData.select
      (columnName).distinct().count()))
    }

  //全字段数据的重复数据统计
  println("全字段重复数据量：" + (lawData.count() - lawData.distinct().count()))

  sparkSession.close()
```

（4）项目打包。对子模块 spark 重新按“任务 2 中【任务实施】3. 项目打包”方式进行打包，包名为 spark-1.0.jar。

（5）项目上传。使用 scp 命令将 Jar 包 spark-1.0.jar 上传至集群环境主节点的/root/dev/tmp 路径下，具体上传方式参考“任务 2 中【任务实施】4. 上传 Jar 包”，在此不再赘述。

（6）项目提交。使用 spark-submit 命令进行提交，三个实验任务的提交命令依次如下：

```
./spark-submit \
--master spark://bdmaster:7077 \
--deploy-mode client \
--class com.bg.spark._003_law.expore.Explore \
/root/dev/tmp/spark-1.0.jar
```

```
./spark-submit \
--master spark://bdmaster:7077 \
--deploy-mode client \
--class com.bg.spark._003_law.expore.UrlType \
/root/dev/tmp/spark-1.0.jar
```

```
./spark-submit \
--master spark://bdmaster:7077 \
--deploy-mode client \
--class com.bg.spark._003_law.expore.DuplicateDataCount \
/root/dev/tmp/spark-1.0.jar
```

4. 运行结果

（1）总记录数、访问用户数和受访问网页数分析统计结果。

当使用 spark-submit 命令提交后，稍等片刻，查看 Spark 集群的 WebUI（http://bdmaster:8080/），Explore 任务已启动并正在执行过程中，如图 10-15 所示。

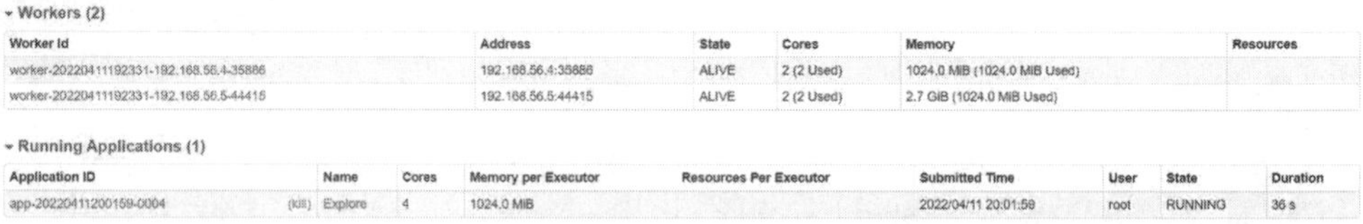

▾ Workers (2)

Worker Id	Address	State	Cores	Memory	Resources
worker-20220411192331-192.168.56.4-35886	192.168.56.4:35886	ALIVE	2 (2 Used)	1024.0 MiB (1024.0 MiB Used)	
worker-20220411192331-192.168.56.5-44415	192.168.56.5:44415	ALIVE	2 (2 Used)	2.7 GiB (1024.0 MiB Used)	

▾ Running Applications (1)

Application ID	Name	Cores	Memory per Executor	Resources Per Executor	Submitted Time	User	State	Duration
app-20220411200159-0004 (kill)	Explore	4	1024.0 MiB		2022/04/11 20:01:59	root	RUNNING	36 s

图 10-15　Explore 任务启动并执行

执行结果如图 10-16 所示。

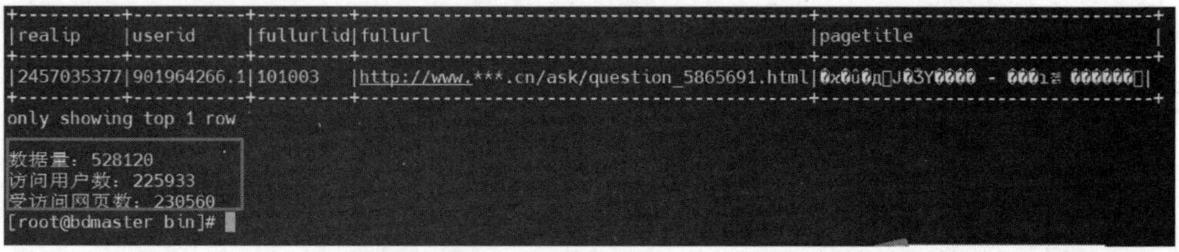

```
+----------+-----------+---------+------------------------------------------+----------------------------------+
|realip    |userid     |fullurlid|fullurl                                   |pagetitle                         |
+----------+-----------+---------+------------------------------------------+----------------------------------+
|2457035377|901964266.1|101003   |http://www.***.cn/ask/question_5865691.html|[illegible]                      |
+----------+-----------+---------+------------------------------------------+----------------------------------+
only showing top 1 row

数据量：528120
访问用户数：225933
受访问网页数：230560
[root@bdmaster bin]#
```

图 10-16　总记录数、用户数和网页数统计程序执行结果

从图 10-16 中可看出数据记录数约 52 万，而用户数约 22 万，那么每个用户平均访问不到 3 个页面。

（2）不同类型的网页记录数分析统计结果。以相同方式执行提交命令后，查看 Spark 集群的 WebUI，UrlType 任务已启动并正在执行过程中，如图 10-17 所示。

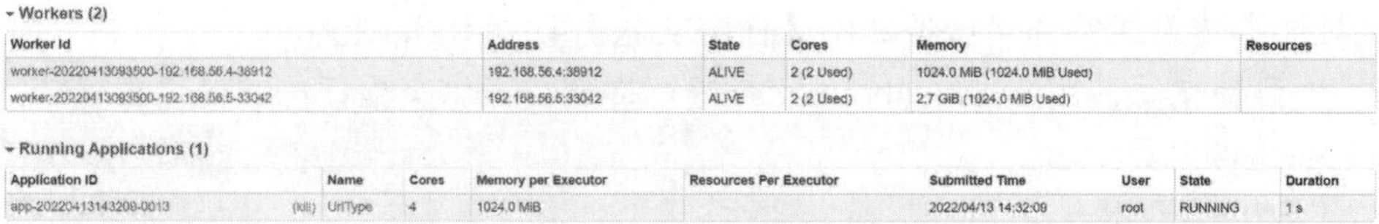

▾ Workers (2)

Worker Id	Address	State	Cores	Memory	Resources
worker-20220413093500-192.168.56.4-38912	192.168.56.4:38912	ALIVE	2 (2 Used)	1024.0 MiB (1024.0 MiB Used)	
worker-20220413093500-192.168.56.5-33042	192.168.56.5:33042	ALIVE	2 (2 Used)	2.7 GiB (1024.0 MiB Used)	

▾ Running Applications (1)

Application ID	Name	Cores	Memory per Executor	Resources Per Executor	Submitted Time	User	State	Duration
app-20220413143209-0013 (kill)	UrlType	4	1024.0 MiB		2022/04/13 14:32:09	root	RUNNING	1 s

图 10-17　UrlType 任务启动并执行

执行结果如图 10-18 所示。

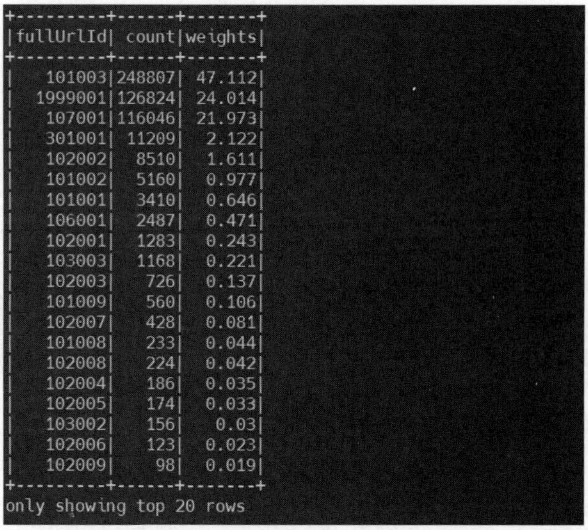

```
+---------+------+-------+
|fullUrlId| count|weights|
+---------+------+-------+
|   101003|248807| 47.112|
|  1999001|126824| 24.014|
|   107001|116046| 21.973|
|   301001| 11209|  2.122|
|   102002|  8510|  1.611|
|   101002|  5160|  0.977|
|   101001|  3410|  0.646|
|   106001|  2487|  0.471|
|   102001|  1283|  0.243|
|   103003|  1168|  0.221|
|   102003|   726|  0.137|
|   101009|   560|  0.106|
|   102007|   428|  0.081|
|   101008|   233|  0.044|
|   102008|   224|  0.042|
|   102004|   186|  0.035|
|   102005|   174|  0.033|
|   103002|   156|   0.03|
|   102006|   123|  0.023|
|   102009|    98|  0.019|
+---------+------+-------+
only showing top 20 rows
```

图 10-18　网页类别统计程序执行结果

从图 10-18 中可以看出用户访问最多的是 101003 和 19999001 类型网页，也就是咨询内容页面、知识相关页面。这两种类型的页面访问量就已经占据了全部访问量的 71%以上，其余类型的访问量相对较少。

（3）重复网页的记录数分析统计结果。以相同方式执行提交命令后，查看 Spark 集群的 WebUI，DuplicateDataCount 任务已启动并正在执行过程中，如图 10-19 所示。

▾ Workers (2)

Worker Id	Address	State	Cores	Memory	Resources
worker-20220413093500-192.168.56.4-38912	192.168.56.4:38912	ALIVE	2 (2 Used)	1024.0 MiB (1024.0 MiB Used)	
worker-20220413093500-192.168.56.5-33042	192.168.56.5:33042	ALIVE	2 (2 Used)	2.7 GiB (1024.0 MiB Used)	

▾ Running Applications (1)

Application ID	Name	Cores	Memory per Executor	Resources Per Executor	Submitted Time	User	State	Duration
app-20220413142213-0011 (kill)	DuplicateDataCount	4	1024.0 MiB		2022/04/13 14:22:13	root	RUNNING	0.6 s

图 10-19 DuplicateDataCount 任务启动并执行

执行结果如图 10-20 所示。

```
realip字段重复数据量：373516
realareacode字段重复数据量：528107
useragent字段重复数据量：506015
useros字段重复数据量：528096
userid字段重复数据量：302187
clientid字段重复数据量：302187
times_tamp字段重复数据量：528119
timestamp_format字段重复数据量：489564
pagepath字段重复数据量：297660
ymd字段重复数据量：528065
fullurl字段重复数据量：297560
fullurlid字段重复数据量：528075
hostname字段重复数据量：528080
pagetitle字段重复数据量：331234
pagetitlecategoryid字段重复数据量：528046
pagetitlecategoryname字段重复数据量：526319
pagetitlekw字段重复数据量：525484
fullreferrer字段重复数据量：523406
fullreferrerurl字段重复数据量：275575
organickeyword字段重复数据量：386382
source字段重复数据量：519665
全字段重复数据量：41716
[root@bdmaster bin]#
```

图 10-20 重复数据统计程序执行结果

从图 10-20 中可以看出统计结果有 41716 条数据重复，对于这样的重复数据，一般情况下的处理措施是只保留一条数据即可。

【任务小结】

本任务实现了对离线数据总记录数和按部分字段去重后的总记录数的分析和统计，也实现了分类统计的功能。

【考核评价】

评价内容	评分项	考核点	自评得分	教师考评得分
学习态度	课堂表现、学习活动态度（40 分）	积极主动（10 分）、沟通合作（10 分）、课堂讨论（10 分）、课后作业（10 分）		
知识技能目标	编写离线数据统计功能的代码（20 分）	总记录数统计（5 分）、用户数和网页数统计（15 分）		
	提交项目（40 分）	spark-submit 命令（10 分）、查看 Web UI（10 分）、查看统计结果（10 分）、做出分析总结（10 分）		
总得分				

任务 4　离线基础数据的过滤与统计

【任务描述】

本任务在对原始数据进行探索分析的基础上，分析和发现与目标无关或并非模型所需要处理的数据，在后面任务中会针对此类数据进行清洗处理，将原始数据处理成模型需要的输入数据。

对原始数据中符合某种规则的数据进行识别，然后对其进行过滤。数据识别采用自定义函数，而过滤规则使用自定义的 SQL 表达式。

【任务目标】

- 掌握自定义函数（User Defined Functions，UDF）的创建与使用。
- 掌握使用 SQL 表达式对表中数据进行过滤操作。

【知识链接】

1. DataFrame 常用操作

filter()操作实现过滤功能，使用 SQL 表达式进行过滤：

```
df.filter("字段 like '%关键值%'")
```

注意：df 对象是 DataFrame 的一个实例，fliter()方法的参数是 SQL 表达式。

2. 自定义函数

SparkSQL 内置了大量函数，主要分为 10 类：UDF 函数、聚合函数、日期函数、排序函数、非聚合函数、数学函数、混杂函数、窗口函数、字符串函数、集合函数。这些函数的使用方式有两种：一种是通过编程的方式使用；另一种是在 SQL 语句中使用。本任务不涉及内置函数的使用，读者可以参考其他书籍进行学习。

当 SparkSQL 提供的内置函数不能满足查询需求时，用户可以根据自己的业务需求编写自定义函数（User Defined Functions，UDF），然后在 SparkSQL 中使用，使用方式和内置函数相同。自定义函数的定义如下：

```
val udfFn = udf { (参数) => {函数体} }
```

【任务实施】

1. 数据清洗任务和作用

对原始数据中关于访问网页记录的分析，发现网址中部分网址有这样的特征，即其最后位置形如"_数字.html"。这些都是原网页翻页所形成的网址。例如 http://www.***.cn/info/xingshisusong/xsssznguan/201809704_1.html、http://www.***.cn/info/xingshisusong/xsssznguan/2018032704_2.html 等。现在需要对翻页网址进行识别、过滤和统计，并将分析和过滤结果作为后续处理的依据。

在部分非 1999001 类别的网址中含有"?"，同时访问这些网址和访问"?"前面的网址具有相同的网页内容。现在需要对这些具有相同网页内容的网址进行识别、分析和过滤，并将分析和过滤结果作为后续处理的依据。

2. 网址识别与过滤代码实现过程

（1）代码编写。在_003_law 中新建名为 filted 的包，并在 filted 包中新建 Scala 对象 NextPage 和 NextPageFunction（该对象只包含识别翻页网页的方法）用来实现识别与过滤翻页网页的功能；新建 Scala 对象 UrlExplore 用来实现识别与过滤含"?"网页的功能。分别在各自对象的 main 方法中实现各自的功能。

NextPage 功能代码如下：

```
val sparkSession = SparkSession.builder()
      .master("spark://bdmaster:7077")
      .appName("NextPage")
      .enableHiveSupport()
      .getOrCreate()

    sparkSession.sparkContext.setLogLevel("Error")

    val lawDataDistinct = sparkSession.read.table("law.law_log_all").distinct()

    import org.apache.spark.sql.functions._

    //构建翻页网址的判别函数
    val nextPageUdf = udf { (page: String, urlType: String) => NextPageFunction.nextPage(page, urlType) }
    //新增一列 next_page_tag，确定每行数据的网址是否是翻页
    val nextPage = lawDataDistinct.withColumn("next_page_tag", nextPageUdf(col("fullUrl"), col("fullUrlId")))

    /**
     * def filter(conditionExpr: String): Dataset[T]-使用给定的 SQL 表达式筛选行
     *
     */
    nextPage
```

```
        .filter("fullUrl like '%/__.html' escape'/'")
        .select("fullUrl", "fullUrlId", "next_page_tag")
        .show(false)
    println("翻页网页记录数：" + nextPage.filter("next_page_tag==true").count())

    sparkSession.close()
```

NextPageFunction 功能代码如下：

```
def small_init(num: String): Boolean = {
        if (StringUtils.isNumeric(num) && num.length < 3)
            true
        else
            false
    }

    def nextPage(page: String, urlType: String): Boolean = {
        //第一类翻页类型网页判断，网页类型为 107001（知识首页、知识内容页、知识列表页）排除
        if (!(urlType == "107001" || page == null || page.length < 6)) {
            return false
        } else if (page.contains(".html") && page.contains("_")) {
            val second = page.lastIndexOf(".")
            val before = page.lastIndexOf("_")
            if (before >= 0 && second > before + 1) {
                val t = page.substring(before + 1, second)
                return small_init(t)
            }
        }
        return false
    }
```

UrlExplore 功能代码如下：

```
val sparkSession = SparkSession.builder()
        .enableHiveSupport()
        .appName("UrlExplore")
        .master("spark://bdmaster:7077")
        .getOrCreate()

    sparkSession.sparkContext.setLogLevel("ERROR")

    val law_data = sparkSession.read.table("law.law_log_all")

    import org.apache.spark.sql.functions._

    val pageWithQuestionMark = law_data
        //筛选出包含“?”的字段
        .filter("fullUrl like '%?%'")
```

```
        //筛选非 1999001 类别的数据
        .filter("fullUrlId != 1999001")
        //分组统计
        .groupBy("fullUrlId").count()
        //计算含“?”的网页 ID 占比
        .withColumn("weights", round(col("count") / law_data.filter("fullUrl like '%?%'").count() * 100, 3))
    //根据 weights 字段进行倒序排序输出
    pageWithQuestionMark.sort(desc("weights")).show()

    sparkSession.close()
```

（2）项目打包。对 spark 项目重新按“任务 2 中【任务实施】3. 项目打包”方式进行打包，包名为 spark-1.0.jar。

（3）项目上传。将包名 spark-1.0.jar 上传至集群环境主节点的/root/dev/tmp 路径下。

（4）项目提交。使用 spark-submit 命令进行提交，两个实验任务的提交命令依次如下：

```
./spark-submit \
--master spark://bdmaster:7077 \
--deploy-mode client \
--class com.bg.spark._003_law.filted.NextPage \
/root/dev/tmp/spark-1.0.jar
```

```
./spark-submit \
--master spark://bdmaster:7077 \
--deploy-mode client \
--class com.bg.spark._003_law.filted.UrlExplore \
/root/dev/tmp/spark-1.0.jar
```

3. 运行结果

（1）对翻页网页的识别和过滤结果。使用 spark-submit 命令提交后，查看 Spark 集群的 WebUI，NextPage 任务已启动并正在执行过程中，如图 10-21 所示。

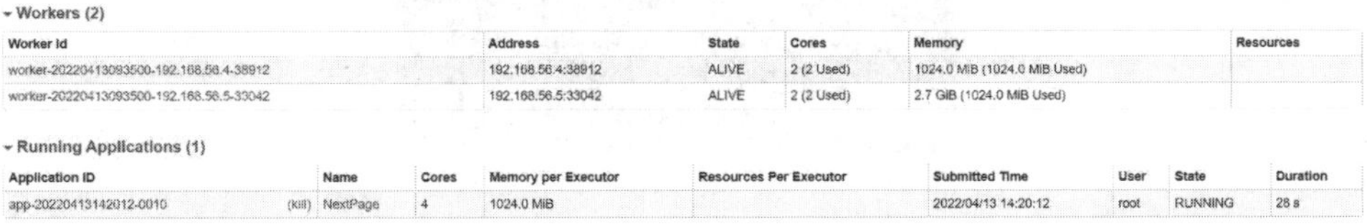

图 10-21 NextPage 任务启动并执行

执行结果如图 10-22 所示。从图中可以看到，在原数据表中，翻页网址都被识别且使用一个新的字段 next_page 一一标注出来。也可以看到，翻页网页数量为 33949 条。

（2）含“?”的网址识别与过滤结果。使用 spark-submit 命令提交后，查看 Spark 集群的 WebUI，UrlExplore 任务已启动并正在执行过程中，如图 10-23 所示。

执行结果如图 10-24 所示。

```
+------------------------------------------------------------------------------------+---------+-------------+
|fullUrl                                                                             |fullUrlId|next_page_tag|
+------------------------------------------------------------------------------------+---------+-------------+
|http://www.***.cn/info/zscq/shangbiaoquan/2009102037332_5.html                      |107001   |true         |
|http://www.***.cn/info/gongcheng/difangfaguizhengce/2010090112713_2.html            |107001   |true         |
|http://www.***.cn/info/shuifa/slb/2012111978933_2.html                              |107001   |true         |
|http://www.***.cn/info/hunyin/hunyinfagui/201411053308986_3.html                    |107001   |true         |
|http://www.***.cn/info/laodong/laodongguanxix/shiyongqi/20120412131152_4.html       |107001   |true         |
|http://www.***.cn/info/hetong/htfalv/20111109145433_2.html                          |107001   |true         |
|http://www.***.cn/info/fangdichan/fcmmshanpu/2010083153963_2.html                   |107001   |true         |
|http://www.***.cn/info/hunyin/lihunfangchan/201411103309156_2.html                  |107001   |true         |
|http://www.***.cn/info/gongsi/slbgzcdj/201312312876742_2.html                       |107001   |true         |
|http://www.***.cn/info/fangdichan/tudizt/tudiliuzhuan/20101203105244_2.html         |107001   |true         |
|http://www.***.cn/info/hetong/htfalv/20111109145433_2.html                          |107001   |true         |
|http://www.***.cn/info/fangdichan/lawxingzheng/201411203309600_3.html               |107001   |true         |
|http://www.***.cn/info/hunyin/jiehun/hunjia/20110920152787_2.html                   |107001   |true         |
|http://www.***.cn/info/hunyin/fuqigongtongcaichan/2010110372656_3.html              |107001   |true         |
|http://www.***.cn/info/laodong/ldzyjqdy/201411043308948_2.html                      |107001   |true         |
|http://www.***.cn/info/zscq/qitazs/20121213129503_3.html                            |107001   |true         |
|http://www.***.cn/info/fangdichan/fangdichanquanshudengji/qita/201501063312910_2.html|107001   |true         |
|http://www.***.cn/info/laodong/cizhi/2010120983908_2.html                           |107001   |true         |
|http://www.***.cn/info/fangdichan/lawxingzheng/201402082879892_2.html               |107001   |true         |
|http://www.***.cn/info/fangdichan/lawxingzheng/201411253309772_2.html               |107001   |true         |
+------------------------------------------------------------------------------------+---------+-------------+
only showing top 20 rows

翻页网页记录数：33949
```

图 10-22　翻页统计程序执行结果

▾ Workers (2)

Worker Id	Address	State	Cores	Memory	Resources
worker-20220413093500-192.168.56.4-38912	192.168.56.4:38912	ALIVE	2 (2 Used)	1024.0 MiB (1024.0 MiB Used)	
worker-20220413093500-192.168.56.5-33042	192.168.56.5:33042	ALIVE	2 (2 Used)	2.7 GiB (1024.0 MiB Used)	

▾ Running Applications (1)

Application ID	Name	Cores	Memory per Executor	Resources Per Executor	Submitted Time	User	State	Duration
app-20220413095135-0003 (kill)	UrlExplore	4	1024.0 MiB		2022/04/13 09:51:35	root	RUNNING	12 s

图 10-23　UrlExplore 任务启动并执行

```
+---------+-----+-------+
|fullUrlId|count|weights|
+---------+-----+-------+
|   107001|  238|  0.574|
|   301001|  175|  0.422|
|   101003|   28|  0.067|
| 20180201|    2|  0.005|
| 20180210|    2|  0.005|
|   102002|    2|  0.005|
| 20180429|    2|  0.005|
| 20180202|    2|  0.005|
| 20180313|    1|  0.002|
| 20180317|    1|  0.002|
| 20180422|    1|  0.002|
| 20180209|    1|  0.002|
+---------+-----+-------+

[root@bdmaster bin]#
```

图 10-24　含“?”的网址统计程序执行结果

从图 10-24 中可以看出非 1999001 类别的网址中包含“?”的网址最多的是类别 107001（总体占比最高）和类别 301001（总体占比第二高）。

【任务小结】

本任务实现了对离线数据按照某种自定义规则过滤而后统计的功能。过滤的网页数据包括形如“_数字.html”的网址和包含“?”的网址。

【考核评价】

评价内容	评分项	考核点	自评得分	教师考评得分
学习态度	课堂表现、学习活动态度（40 分）	积极主动（10 分）、沟通合作（10 分）、课堂讨论（10 分）、课后作业（10 分）		
知识技能目标	编写离线数据过滤功能的代码（20 分）	“_数字.html”网址过滤（5 分）、含“?”的网址过滤（15 分）		
	提交项目（40 分）	spark-submit 命令（10 分）、查看 Web UI（10 分）、查看统计结果（10 分）、做出过滤总结（10 分）		
总得分				

任务 5　离线数据的处理

【任务描述】

对 Hive 表中经过分析的异常数据进行连续而复杂的处理，并将处理后的结果保存到 Hive 新表中，从而实现对处理结果的持久化功能。

【任务目标】

- 掌握连续复杂的大数据处理过程。
- 掌握将处理结果保存到 Hive 新表中。

【知识链接】

1. DataFrame 的保存

使用 df.write 操作（df 是一个 DataFrame 对象），把 DataFrame 保存成不同格式的文件。例如，可以把 DataFrame 保存到 JSON 文件中：

```
df.write.json("xxx.json")
```

或者使用如下格式的语句：

```
df.write.format("json").save("xxx.json")
```

除了可以将 DataFrame 保存为 JSON 格式的文件，还可以保存为 Csv 和 Parquet 文件。注意，xxx 是文件名。

2. DataFrame 保存数据的模式选择

可以使用 df.write.mode()方法指定 DataFrame 数据存储的模式。可以为 mode()方法传入以下参数：

（1）SavelMode.Overwrite（对应着字符串“overwrite”）：表示如果目标文件目录中数据已经存在了，则用需要保存的数据覆盖掉已经存在的数据。

（2）SaveMode.Append（对应着字符串“append”）：表示如果目标文件目录中数据已经存在了，则将数据追加到目标文件中。特别注意的是，数据追加方式是先将表中的所有索引删除，再追加数据。

（3）SaveMode.Ignore（对应着字符串“ignore”）：表示如果目标文件目录中数据已经存在了，则不做任何操作。

（4）SaveMode.ErrorIfExists（对应着字符串“error”）：表示如果目标文件目录中数据已经存在了，则抛异常（这个是默认的配置）。

3．将 DataFrame 保存为表

Spark 提供了两种写入 Hive 的方式，分别为 saveAsTable 和 insertInfo。

对于 saveAsTable 方式，当使用 overwrite 写入模式时，如果表不存在则创建。如果存在则有两种情况：第一种情况，DataFrame 的 Schema（字段）与已存在的 Schema 个数相同（不需要考虑名称是否一致），则会在指定位置进行插入（这一点区别于 insertInto）；第二种情况，Dataframe 的 Schema 与已存在的 Schema 个数不同，则会撇弃原有的 Schema，按照新 DataFrame 的 Schema 重新创建并插入。

对于 insertInfo 模式，要求表必须存在，否则插入会报错，并且 DateFrame 的 Schema 与目标表的 Schema 个数要保持一致。

本案任务使用 saveAsTable 方式和 overwrite 写入模式将处理结果保存在 Hive 的新表中，代码如下：

```
df.write.mode("overwrite").saveAsTable("xxx.xxx")
```

注意，xxx.xxx 表示 Hive 仓库中某张数据表的表名。

【任务实施】

1．数据处理规则

为推荐系统建模数据需要，通过前面任务的数据探索分析后，数据还需要进行进一步处理。与上述数据探索相关的处理规则如下：

（1）针对重复数据进行全字段重复记录去重。

（2）针对翻页网页，还原其为原始网页（“_数字.html”后缀的网页为翻页）。

（3）包含“?”且网页类别非 1999001 的网址需进行“?”的截取，保留“?”前的网址，从而实现网页还原。

接下来，根据处理规则来进行处理：首先，对全字段重复的数据进行去重，得到名为 distinctData 的 Dataset 数据集；其次，对翻页网址进行还原，得到名为 revertNextPageData 的 DataFrame 数据集；再次，对含“?”的网址进行还原，得到名为 revertData 的 DataFrame 数据集；最后，将 revertData 数据集保存到表 law.revert_data 中。

2．技术实现操作过程

（1）代码编写。在_003_law 中新建名为 processing 的包，并在 processing 包中新建 Scala 对象 DataProcessing，在 DataProcessing 对象的 main 方法中实现全字段去重处理、翻页网址还原处理和含“?”网址还原处理三大功能，并将处理后得到的结果数据集保存到 law.revert_data 表中，代码如下：

```
val sparkSession = SparkSession.builder()
        .enableHiveSupport()
```

```
    .appName("DataProcessing")
    .master("spark://bdmaster:7077")
    .getOrCreate()
sparkSession.sparkContext.setLogLevel("Error")
val lawData = sparkSession.read.table("law.law_log_all")
import org.apache.spark.sql.functions._
//数据去重
val distinctData = lawData.distinct()
//构建翻页网址的判别函数
val nextPageUdf = udf { (page: String, urlId: String) => NextPageFunction.nextPage(page, urlId) }
//新增一列 next_page_tag，写入每行数据的网址是否是翻页
val nextPage = distinctData.withColumn("next_page_tag", nextPageUdf(col("fullUrl"), col("fullUrlId")))
//还原翻页网址
val revertNextPageUdf = udf { (page: String, nextPageTag: Boolean) => revertNextPageFunc(page,
nextPageTag) }
//新增一列 url，写入转换后的网址
val revertNextPageData = nextPage.withColumn("url", revertNextPageUdf(col("fullUrl"), col("next_
page_tag")))
//翻页网址转换后的网址展示
revertNextPageData
    .filter("fullUrl like '%/__.html' escape'/'")
    .select("fullUrl", "url")
    .show(false)
//构建含“?”的网址的判别函数
val revertQuestionMarkPageUdf = udf { (page: String, urlType: String) => revertQuestionMarkFunc(page,
urlType) }
//还原含“?”的网址
val revertData = revertNextPageData.withColumn("url", revertQuestionMarkPageUdf(col("url"),
col("fullUrlId")))
//含“?”的网址转换后的网址展示
revertData
    .filter("fullUrlID != 1999001")
    .filter("fullUrl like '%?%'")
    .select(substring(col("fullUrl"), 30, 60), substring(col("url"), 30, 60))
    .show(false)
//将处理后的数据保存到表 revertData 中
revertData.write.mode("overwrite").saveAsTable("law.revert_data")
```

（2）项目打包。对 spark 项目重新按“任务 2 中【任务实施】3. 项目打包”方式进行打包，包名为 spark-1.0.jar。

（3）项目上传。将包名 spark-1.0.jar 上传至集群环境主节点的/root/dev/tmp 路径下。

（4）项目提交。使用 spark-submit 命令进行提交（命令路径是 Spark 集群任意节点的 Spark 安装路径下的 bin 目录），提交命令如下：

```
./spark-submit \
--master spark://bdmaster:7077 \
--deploy-mode client \
```

```
--class com.bg.spark._003_law.processing.DataProcessing \
/root/dev/tmp/spark-1.0.jar
```

当输入以上命令后，按 Enter 键执行命令，稍等片刻，查看 Spark 集群的 WebUI，DataProcessing 任务已启动并正在执行过程中，如图 10-25 所示。

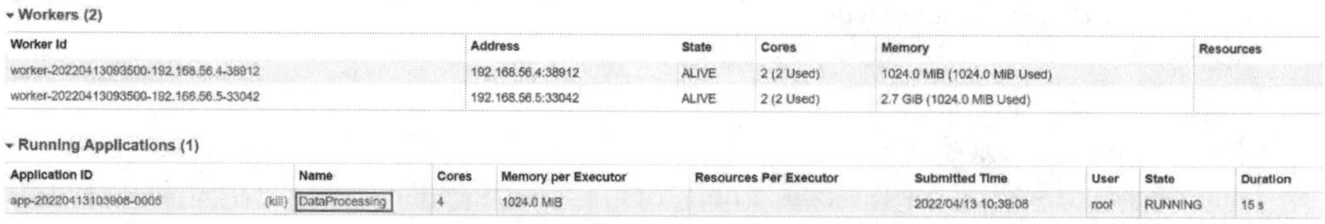

图 10-25　DataProcessing 任务启动并执行

3. 运行结果

（1）结果展示。执行结果如图 10-26 至图 10-28 所示。

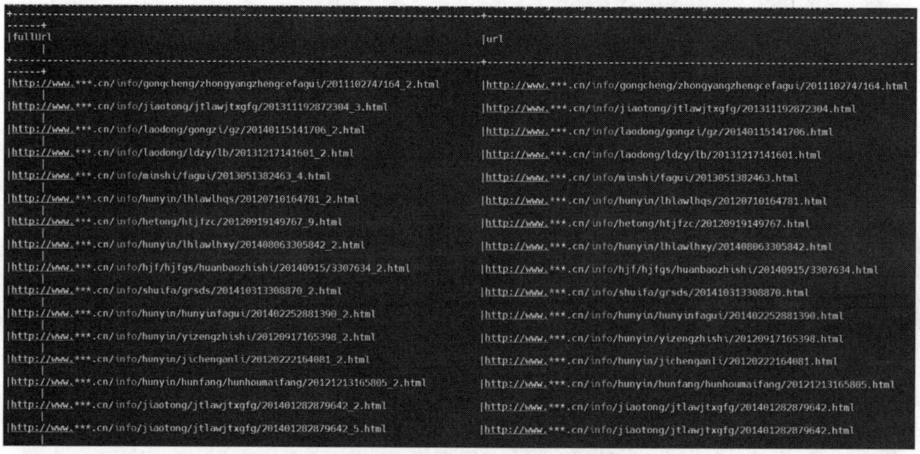

图 10-26　翻页网页还原处理结果

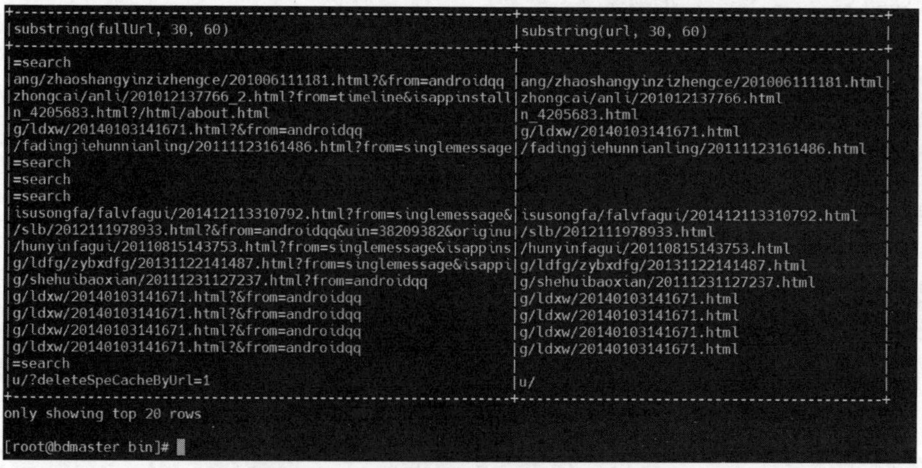

图 10-27　含“?”的网页还原处理结果

```
[root@bdmaster bin]# hive
which: no hbase in (/usr/local/spark/spark-3.0.0-bin-hadoop3.2/bin:/usr/local/scala/scala-2.12.11/bin:/usr/local/kafka/kafka_2.11-2.4.1/bin:/usr/local/flume/f
lume-1.9.0/bin:/usr/local/hive/hive-3.1.2/bin:/usr/local/zookeeper/zookeeper-3.5.7/bin:/usr/local/hadoop/hadoop-3.2.3/bin:/usr/local/hadoop/hadoop-3.2.3/sbin:
/usr/local/jdk/jdk1.8.0_212/bin:/usr/local/sbin:/usr/local/bin:/usr/sbin:/usr/bin:/root/bin)
Hive Session ID = 04efdace-ce8e-4269-8db0-760f759fdfda

Logging initialized using configuration in jar:file:/usr/local/hive/hive-3.1.2/lib/hive-common-3.1.2.jar!/hive-log4j2.properties Async: true
Hive-on-MR is deprecated in Hive 2 and may not be available in the future versions. Consider using a different execution engine (i.e. spark, tez) or using Hiv
e 1.X releases.
Hive Session ID = 7b5a8274-23d6-473a-8c46-d705633a1c58
hive> use law;
OK
Time taken: 2.002 seconds
hive> show tables;
OK
law_visit_log_all
revert_data
Time taken: 0.357 seconds, Fetched: 2 row(s)
hive> 
```

图 10-28　revert_data 表

（2）结果分析。从图 10-26 中可以看到，翻页的网址确实被还原为原始网址，从图 10-27 可以看到，对含“?”的网址也进行了还原，最后得到网址数据被保存在 revert_data 表中，如图 10-28 所示。

【任务小结】

针对任务 3 和任务 4 对离线数据的分析、过滤和统计，在本任务中实现了对分析出的异常数据进行处理的功能，并将处理后的结果进行了持久化处理。

【考核评价】

评价内容	评分项	考核点	自评得分	教师考评得分
学习态度	课堂表现、学习活动态度（40 分）	积极主动（10 分）、沟通合作（10 分）、课堂讨论（10 分）、课后作业（10 分）		
知识技能目标	编写离线异常数据处理的代码（20 分）	“_数字.html”网址还原处理（5 分）、含“?”的网址还原处理（15 分）		
	提交项目（40 分）	spark-submit 命令（10 分）、查看 Web UI（10 分）、查看统计结果（10 分）、做出分析总结（10 分）		
总得分				

任务 6　实时数据分析与处理

【任务描述】

分别利用 Flume 作为数据采集器，Kafka 作为数据传输管道以及 Flink 作为数据处理框架实现对实时日志数据的分析、统计与处理。

【任务目标】

- 了解实时数据提取、分析和处理的重要性。
- 掌握使用 Flume+Kafka+Flink 整合的过程。
- 掌握使用 Flink 框架对实时数据进行分析、统计和处理的基本方法。

【知识链接】

1. DataStream 数据流

根据数据流的“时间边界”，将数据流分为有界数据流和无界数据流。没有时间边界的数据流就是无界数据集，反之就是有界数据集。

在 Flink 中处理的所有类型的数据都是无界数据集。这意味着，Flink 处理的数据是没有时间边界的——数据即产生即处理，不会在特定的某个时间范围内收集数据，然后再处理。值得注意的是 Flink 也可以处理有界数据集，即使用 Flink 进行批数据处理，但是本任务主要讲解实时数据处理案例，而 Flink 是目前关于实时数据处理最优秀的框架之一。因此，本任务并不会涉及使用 Flink 处理批数据的知识，读者可自行参考其他书籍。

在 Flink 中有一个抽象的且分布式的数据集——DataStream。这是一个不可变的数据集合，其元素的数量是无限的（因为数据的产生是没有时间限制的）。

针对无限的数据流，需要进行“流”式处理，实施“流”执行模式。所谓的“流”执行模式是指所有任务都需要在线或者一直运行下去，这便允许 Flink 将通过整个“管道”到来的新记录进行立即处理，这种处理方式就是所谓的连续和低延迟的“流”式处理。

2. Flink 流处理

首先创建一个流处理的执行环境对象 StreamExecutionEnvironment，代码如下：

```
val env = StreamExecutionEnvironment.getExecutionEnvironment
```

接着加载或者创建初始数据，这需要指定数据源，在本任务中使用 Flink 指定 Kafka 作为数据源：

```
val stream = env.addSource(new FlinkKafkaConsumer[String](
        "topictest",
        new SimpleStringSchema(),
        properties))
```

注意，topictest 是 Kafka 的主题名。

紧接着，实现对数据的处理，即在数据流 DataStream 上应用各种转换算子来创建各种派生数据流：

```
val result: DataStream[(String, Int)] = stream.flatMap(_.split(","))
        .filter(_.nonEmpty)
        .map((_, 1))
        .keyBy(_._1)
        .sum(1)
```

一旦生成最终结果的数据流，就可以通过创建接收器将流数据写入外部系统，本任务采用控制台打印输出：

```
result.print()
```

流处理需要在程序的最后调用 StreamExecutionEnvironment 对象的 execute()方法来触发任务的执行，并指定作业的名称，否则任务不会执行。execute()方法返回一个 JobExecutionResult 对象，该对象中包含程序执行的时间和累加器等指标，代码如下：

```
env.execute("StreamKafkaWordCount")
```

注意，StreamKafkaWordCount 是任务名称。

所有 Flink 程序都是延迟执行的，程序执行 main()方法时，不会直接进行数据加载和转换，而是将每个操作添加到数据流图中，当在执行环境中调用 execute()方法显示触发执行时才会执行这些操作。

【任务实施】

1. 实时数据处理任务分析

法律资讯网站在提供服务的时候，会实时产生大量用户访问日志数据。这些实时产生的日志数据包含了非常多的关键信息，这些信息需要被提取、分析和处理才有价值。同时这些日志数据会保存在以.log 为扩展名的文件中，当该文件大小超过某个设定的固定值时，就会被清空。因此，及时处理这些日志数据，就显得格外重要。此任务中将使用 Flume+Kafka+Flink 整合的方式实现实时数据的分析、统计与处理。

由于本书不涉及后端开发相关技术，因此日志数据使用 Shell 脚本模拟产生。该任务大致设计如下：

（1）日志数据源：使用 Shell 脚本实现每隔 1 秒产生 1 条日志数据。

（2）采集器：使用 Flume 日志采集系统进行采集。

（3）数据传输系统：使用 Kafka 分布式发布订阅消息系统将采集到的数据传输到程序中进行实时处理。

（4）数据接收与处理框架：使用 Flink 框架创建 Kafka 消费者接收数据，并将数据进行分析、统计与处理，最后对处理结果进行打印输出。

2. 技术实现操作过程

（1）环境启动。

1）分别在 3 个节点上启动 Zookeeper（启动命令的路径在 Zookeeper 安装路径的 bin 目录中），命令如下：

```
./zkServer.sh start
```

2）分别在 3 个节点上启动 Kafka（启动命令的路径在 Kafka 安装路径的 bin 目录中），命令如下：

```
./kafka-server-start.sh -daemon ../config/server.properties
```

3）在主节点的 Flume 安装路径下的 conf 目录中配置采集方案（关于 Flume 采集方案的配置，读者可参考其他书籍，以下仅对 source 为 exec，sink 为 kafka 进行配置），命名为 scs-exec_tail-kafka-flume.conf，具体配置如下：

```
# example.conf: A single-node Flume configuration
# Name the components on this agent
a1.sources=r1
a1.sinks=k1
a1.channels=c1

# Describe/configure the source
a1.sources.r1.type=exec
a1.sources.r1.command=tail -F /root/dev/tmp/law.log
```

```
# Describe the sink
# 接收数据的缓冲区 kafka
a1.sinks.k1.type=org.apache.flume.sink.kafka.KafkaSink
# kafka 主题
a1.sinks.k1.kafka.topic=topictest
# kafka 的 broker 节点
a1.sinks.k1.kafka.bootstrap.servers=bdmaster:9092,bdslave1:9092,bdslave2:9092

# Use a channel which buffers events in memory
a1.channels.c1.type=memory
a1.channels.c1.capacity=1000
a1.channels.c1.transactionCapacity=100

# Bind the source and sink to the channel
a1.sources.r1.channels=c1
a1.sinks.k1.channel=c1
```

4）当采集方案配置好后，在主节点启动 Flume（启动命令的路径在 Flume 安装路径的 bin 目录中），启动命令如下：

```
./flume-ng agent \
-c ../conf/ \
-f ../conf/scs-exec_tail-kafka-flume.conf \
--name a1 \
-Dflume.root.logger=INFO,console
```

（2）程序实现。

1）在 bigdata 父模块下新建子模块 flink（flink 子模块的创建和 spark 子模块的创建相似，在此不做详细说明），在 flink 子模块中创建包 com.bd.flink。

2）在 pom.xml 中添加 Flink-Kafka 连接器的依赖（其他依赖配置在任务 2 中已说明），依赖配置如下：

```
<dependency>
    <groupId>org.apache.flink</groupId>
    <artifactId>flink-connector-kafka_2.12</artifactId>
    <version>1.13.0</version>
</dependency>
```

3）在包 com.bd.flink 中创建包_002_flinkkafka，并在包_002_flinkkafka 中创建 Scala 对象 StreamKafkaWordCount。

4）在对象 StreamKafkaWordCount 的 main 方法中实现“实时字段统计”功能，代码如下所示：

```
    //第一步：创建流处理的执行环境
    val env = StreamExecutionEnvironment.getExecutionEnvironment
    //第二步：从 Kafka 读取流数据
    //“从 Kafka 读取流数据”的参数配置
    val properties = new Properties()
    // Kafka Broker 连接地址
    properties.setProperty("bootstrap.servers", "bdmaster:9092,bdslave1:9092,bdslave2:9092")
```

```
// Kafka 消费者组 ID
properties.setProperty("group.id", "flink-kafka")
// 添加 Kafka 消费者
val stream = env.addSource(new FlinkKafkaConsumer[String](
  "topictest",                      //Kafka 主题名称
  new SimpleStringSchema(),         //字符串反序列化器
  properties))                      //Kafka 连接参数
//第三步：转换 Kafka 流数据
val result: DataStream[(String, Int)] = stream.flatMap(_.split(","))     //以“,”分割字段
  .filter(_.nonEmpty)               //过滤空字段
  .map((_, 1))                      //转换成(字段,1)形式的元组
  .keyBy(_._1)                      //按照 key（元组中第一个值）对数据分组（重分区）
  .sum(1)                           //执行求和运算
//第四步：输出结果到控制台
result.print()
//第五步：触发任务执行
env.execute("StreamKafkaWordCount")          //指定作业名称
```

（3）程序执行。在 StreamKafkaWordCount 编辑界面中右击，选择 Run StreamKafka-WordCount 选项。程序启动后会“卡住”（Flink 程序是延迟执行的），等待实时数据的到来，如图 10-29 所示。

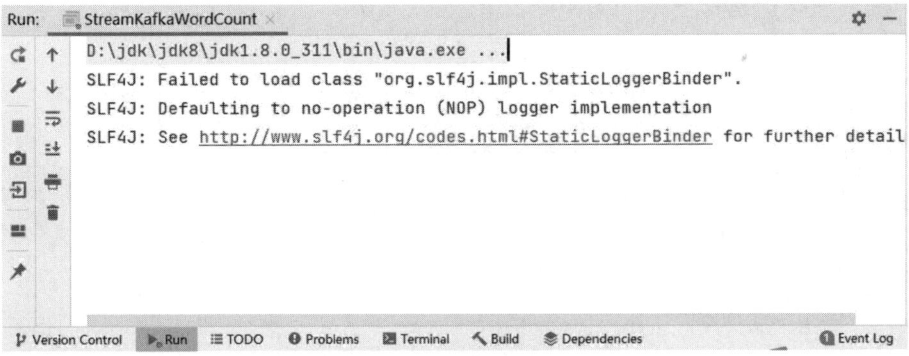

图 10-29 程序等待

（4）启动 Shell 脚本模拟实时数据。在主节点的/root/dev/tmp 目录中新建名为 init-law-log.sh 的 Shell 脚本，并对脚本赋予可执行权限，脚本命令如下：

```
#!/bin/bash
i=1
for i in $(seq 1 60)
    do
        fullurlid=`openssl rand -base64 8 | cksum | cut -c1-8`
        fullurl="http://www.***.cn/abc/"`openssl rand -base64 8 | cksum | cut -c1-4`
        echo $fullurlid","$fullurl >> /root/dev/tmp/law.log
        sleep 1
    done

chmod 777 init-law-log.sh
```

再在同一目录中创建名为 law.log 的日志文件，如图 10-30 所示。

```
[root@bdmaster tmp]# pwd
/root/dev/tmp
[root@bdmaster tmp]# ll
总用量 42372
-rw-r--r--. 1 root root    14168 4月  18 16:16 flink-1.0.jar
-rw-r--r--. 1 root root 43317025 4月  18 12:28 flink-shaded-hadoop-2-uber-2.8.3-10.0.jar
-rwxrwxrwx. 1 root root      425 4月  19 09:45 init-law-log.sh
-rw-r--r--. 1 root root     1520 4月  19 09:57 law.log
-rw-r--r--. 1 root root    39385 4月  14 15:12 spark-1.0.jar
-rw-r--r--. 1 root root     1077 4月   9 16:24 yarn-site.xml
```

图 10-30　law.log 日志文件

执行 Shell 脚本模拟每秒产生一条日志数据，可使用 tail -F 命令实时查看日志数据的变化，如图 10-31 所示。

```
[root@bdmaster tmp]# tail -F law.log
27943466,http://www.***.cn/abc/1138
40629760,http://www.***.cn/abc/3099
51626964,http://www.***.cn/abc/2527
30748187,http://www.***.cn/abc/2894
```

图 10-31　实时数据模拟

3. 运行结果

（1）结果展示。执行结果如图 10-32 所示。

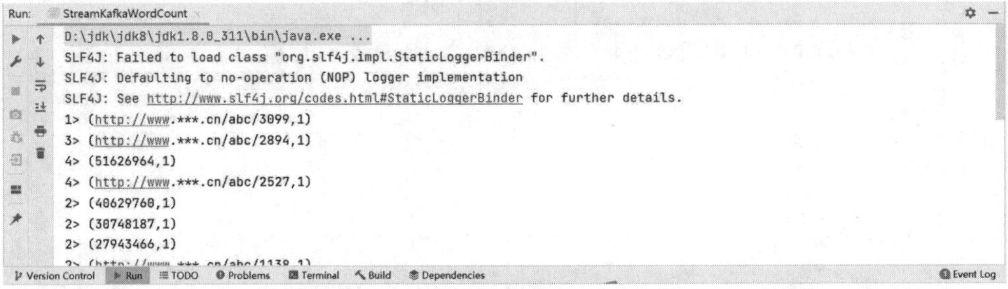

图 10-32　实时数据分析与处理

（2）结果分析。从图 10-32 中可以看到，每隔一秒左右，在 law.log 文件中会产生一条实时日志数据，而这条实时日志数据就会立刻传输到程序中进行处理，并在 IDE 的控制台中打印输出。

至此，整合 Flume+Kafka+Flink 的任务就实现了实时处理的基本流程，现在就可以根据不同的业务需求在代码中使用多种不同的方法实现对实时数据的处理，读者可以自主实现相关功能。

【任务小结】

本任务使用 Shell 脚本模拟实时数据的产生，使用 Flume+Kafka+Flink 整合的方式实现实时数据的采集、传输和接收与处理。通过对模拟的实时日志数据字段统计的实现，可构建出实时大数据处理的基本开发流程。

【考核评价】

评价内容	评分项	考核点	自评得分	教师考评得分
学习态度	课堂表现、学习活动态度（40 分）	积极主动（10 分）、沟通合作（10 分）、课堂讨论（10 分）、课后作业（10 分）		
知识技能目标	编写实时数据处理的代码（20 分）	“流”式处理的实现（5 分）、字段统计的实现（15 分）		
	Flume+Kafka+Flink 整合（40 分）	Flume 启动（10 分）、Kafka 启动（10 分）、模拟数据的 Shell 脚本（10 分）、Flink 构建 Kafka 消费者（10 分）		
总得分				

项目拓展

请自行参考以上操作过程完成基于 Maven 的项目开发环境搭建、离线数据分析与处理和实时数据的分析与处理。

重要提示：本项目中离线数据的分析和处理结果是在基于 Spark Standalone 模式的集群环境中运行得出的。

思考与练习

实训题

1．进行离线数据探索分析的目的是什么？

2．基于 Spark On YARN 模式的环境运行以上离线数据分析与处理代码。

3．使用实时大数据分析与处理技术将处理结果持久化到 MySQL 中。

参考文献

[1] 维克托·迈尔-舍恩伯格，肯尼斯·库克耶．大数据时代[M]．周涛，译．杭州：浙江人民出版社，2013．

[2] 陈明．大数据基础与应用[M]．北京：北京师范大学出版社，2016．

[3] 戴海东，周苏．大数据导论[M]．北京：中国铁道出版社，2018．

[4] 林子雨．大数据技术原理与应用[M]．3 版．北京：人民邮电出版社，2021．

[5] 娄岩．大数据应用基础[M]．北京：中国铁道出版社，2018．

[6] 王庆喜，陈小明，王丁磊．云计算导论[M]．北京：中国铁道出版社，2018．

[7] 阿里云计算有限公司．大数据分析与应用：初级[M]．北京：高等教育出版社，2021．

[8] 甘勇，陶红伟．大数据导论[M]．北京：中国铁道出版社，2019．

[9] 饶文碧，袁景凌，张露，等．Hadoop 核心技术与试验[M]．武汉：武汉大学出版社，2017．

[10] 高永斌，钱亮宏，方志军．Hadoop 大数据分析[M]．北京：中国铁道出版社，2019．

[11] 黑马程序员．Hadoop 大数据技术原理与应用[M]．北京：清华大学出版社，2019．

[12] 王国珺，饶绪黎，王鹏．大数据应用技术[M]．北京：人民邮电出版社，2021．

[13] 百度百科．数据库[EB/OL]．[2008-04-20]．http://baike.baidu.com/view/1088.html．

[14] 周雪峰．关于 NoSQL 数据库你应该知道的 10 件事[EB/OL]．[2010-09-02]．http://database.51cto.com/art/201009/223769.html．

[15] 倪申．基于 TRIP 的数字资源管理系统的设计与实现[D]．北京：北京工业大学，2016．

[16] 段晨辉，张小女．大数据时代传统关系数据库与 NoSQL 数据库的对比与分析[J]．信息与电脑（理论版），2021，33（15）：172-174．

[17] 陈明．NoSQL 数据库系统[J]．计算机教育，2013（11）：107-111．

[18] CSDN．常见的关系型数据库[EB/OL]．[2018-07-25]．https://blog.csdn.net/logicr/article/details/81204553．

[19] 张尧学．大数据导论[M]．北京：机械工业出版社，2018．

[20] 樊银亭，夏敏捷．数据可视化原理及应用[M]．北京：清华大学出版社．2019．

[21] 匡泰，周苏．大数据可视化[M]．北京：中国铁道出版社．2019．

[22] 王珊珊，梁同乐．大数据可视化[M]．北京：清华大学出版社．2021．

[23] 王文，周苏．大数据可视化[M]．北京：机械工业出版社．2019．

[24] WELNSCHENKS．设计师要懂心理学[M]．徐佳，马迪，余盈亿，译．北京：人民邮电出版社．2013．

[25] 刘跃进，周忠强．“左图右史”的传统及图像在古代社会生活中的运用[J]．苏州大学学报，2015，36（3）：120-128．

[26] 赵凡，蒋同海，周喜，等．面向多维稀疏时空数据的可视化研究[J]．中国科学技术大学学报，2017，47（7）：556-568．

[27] 盛毅韬．数据可视化在科技传播中的应用：以 BBC 与《纽约时报》埃博拉病毒报道为例[J]．科技传播，2014，6（20）：36-37．

[28] 新华三技术有限公司．大数据平台运维（初、中级）[M]．北京：电子工业出版社，2020．

[29] 张伟洋．Spark 大数据分析实战[M]．北京：清华大学出版社，2020．

[30] 林子雨，赖永炫，陶继平．Spark 编程基础：Scala 版[M]．北京：人民邮电出版社，2018．

[31] 黑马程序员．Spark 大数据分析与实战[M]．北京：清华大学出版社，2019．

[32] 张伟洋．Flink 大数据分析实战[M]．北京：清华大学出版社，2022．